U0176685

国家社科基金项目“中国近代海洋灾害资料的收集、整理与研究”（项目号：20BZS109）的阶段性成果

海洋灾害与海洋强国建设研究

蔡勤禹　李　尹◎主编

中国海洋大学出版社
·青岛·

图书在版编目（CIP）数据

海洋灾害与海洋强国建设研究 / 蔡勤禹，李尹主编. —青岛：中国海洋大学出版社，2022.9

ISBN 978-7-5670-3289-7

Ⅰ.①海… Ⅱ.①蔡… ②李… Ⅲ.①海洋－自然灾害－研究－中国 ②海洋战略－研究－中国 Ⅳ.①P73 ②P74

中国版本图书馆CIP数据核字（2022）第185352号

HAIYANG ZAIHAI YU HAIYANG QIANGGUO JIANSHE YANJIU

海洋灾害与海洋强国建设研究

出版发行	中国海洋大学出版社		
社　　址	青岛市香港东路23号	**邮政编码**	266071
网　　址	http://pub.ouc.edu.cn		
出 版 人	刘文菁		
责任编辑	滕俊平	**电　　话**	0532-85902342
电子信箱	appletjp@163.com		
印　　制	青岛国彩印刷股份有限公司		
版　　次	2022 年 10 月第 1 版		
印　　次	2022 年 10 月第 1 次印刷		
成品尺寸	170 mm × 240 mm		
印　　张	14.75		
字　　数	240 千		
印　　数	1 ~ 2000		
定　　价	89.00 元		
订购电话	0532-82032573（传真）		

发现印装质量问题，请致电0532-58700166，由印刷厂负责调换。

目录 MU LU

第四章　新时代海洋强国思想的理论探讨

第五章　"一带一路"建设的实践与路径

后　记

第一章
灾害理论与灾害研究趋势

新时代中国灾害叙事的范式转换*

夏明方

中国人民大学清史研究所暨生态史研究中心

摘　要： 当前，中国灾害史研究出现了内在的学术困境，表现为叙事范式陈旧、研究碎片化和内卷化、研究内容狭窄、重“救”轻“防”、面临新兴应急管理学和其他社会科学研究灾害学的冲击。中国灾害史研究要走出困境，应构建更具包容性的新范式，即灾害的生态史叙事，其核心是人文精神。

关键词： 新时代；灾害叙事；范式；人文精神

突如其来的庚子年新冠肺炎疫情，使中国乃至全球绝大多数地方迄今仍面临着严峻的生存或发展危机，也引发了全国人民乃至全球社会对包括疫情在内的灾害事件及其应对的深刻反思。此反思以当前疫情为主体，涉及人文与自然两大学科几乎各个领域，并触及整个人类历史时期的疫病、灾害与社会、文化的相互关系，以及人类对灾害响应的经验和教训，已经而且势必继续推进中国乃至全球灾害治理的嬗变，推动灾害研究进入新的历史阶段，反

* 国家社会科学基金重大项目“中国西南少数民族灾害文化数据库建设”（17ZDA158）的中期成果。

过来也给传统的灾害史研究带来了巨大的挑战。如何在新的时代际遇下，努力借鉴跨学科研究方法，坚守历史思维和历史逻辑，从多种不同的角度总结包括今日在内的不同历史时期、不同民族、不同区域的灾害文化及灾害治理的经验，进而为当前国家防灾减灾建设提供借鉴，是灾害史学者不容回避的责任与使命。应该强调的是，人类对于灾害事件的历史探讨，并不仅是作为置身事外的旁观者所放的“马后炮”，而是人类楔入历史演化机体之中的创造性活动，是人类减灾文化建设不容忽视的重要内容。

不过对于这样一种史学之用，不少人可能不以为然，甚至会做出某种极端化的判断，即所谓“历史给人类的最大教训，就是人类从来不会在历史之中吸取教训”。但是这样的激愤之词，与其说是对历史之用的否定，还不如说恰恰反证了向历史学习的重要性，提醒人们应该尊重历史。另一方面，姑且假定这一表述是对历史的蔑视，那么根据人类对当下疫情的反应，完全可以说，被蔑视的对象同样可以置换为哲学、政治学、经济学、社会学、人类学等一众非历史的人文社会学科，甚至是包括医学在内的种种自然科学。也就是说，正是这一在全球范围内看似纵横恣肆、不可阻遏的小小病毒，让人类一直以来引以为傲的知识、理论和智慧，不管是传统的，还是非传统的，不论是自然科学，还是人文社会科学，都显得顾此失彼。这正好印证了1958年毛泽东在其著名的七律诗《送瘟神》中发出的一番感慨：“绿水青山枉自多，华佗无奈小虫何！”[①]这无疑显示了一切指导现实和未来人类行为实践的高远理论，究其本质而言也都是对过去经验的归纳、总结和提炼，至多也只是得到相关人士较为广泛的认可，相对切近当下正在发生的未知事件的某种“共识”而已。还是黑格尔说得好，密涅瓦的猫头鹰总是在黄昏才起飞。也就是说，反思总是开始于事件结束之际；即便报晓的雄鸡，也是因为曾经经历过无边的黑暗。人类的任何哲学冥思都离不开其自身在历史中的磨炼及其对历史的观察和体验。相应地，对历史的书写从来就不是历史学家的囊中物，而是所有历史参与者有意无意共同为之而又相互竞争的公共话语，贯穿其中的不变之核，就是对真理的坚韧探索以及对人类命运的深切关怀。

如果这样的理解大致不误的话，我们似乎就没有必要对历史和历史之学过于苛刻，进而过于失望了。历史作为已然经历的过去以及对这一看似确定

---

① 蔡清富、黄辉映：《毛泽东诗词大观》，四川人民出版社，2015年，第342页。

了过去的认识，当然仍有诸多未知的空间有待继续探索，也有诸多看似颠扑不破的真相依然会遭遇新的质疑和挑战，但就如同从遥远的背后摇曳而来的一缕烛光，它固然不可能为人类的未来之路展现清明透彻的时间隧道，却至少能以其相对而言被广泛接受的共识或某种确定性的认知框架，在人类摸索前行的道路上，为其朦朦胧胧地勾勒出自身所未知的阴影；至于之后如何移步换形，将未知转换成已知，将身前的阴影化为身后进一步延伸的烛光，则取决于当事人的抉择。这样的抉择，源于历史，又创造历史，进而推动历史向着不可预期的新方向迈进。如果我们过于执着地用过去的行为来规范当下和未来，实际上也就终结了历史的无限丰富性和多样性。历史给予我们的不是某种确定无疑的命运指南，而是对无尽之未知勇于探索和谨慎应对的条件和动力。

当然，从另一个角度来讲，尤其是对新冠肺炎疫情这类起初不明原因或源头的诸多预料外风险的防范实践而言，此种对于历史的认知理应具有某种方法论的价值。我们不知道未来到底会有什么样的不确定性风险或突发性事件倏然袭来，但历史会告诉我们，这样的不确定性事件一定会发生；我们也不知道此种不确定性到底源自何方，是祸是福，但至少就防疫的历史给我们的启示而言，越是不明原因的疫情，越具有危险性，越可能导致社会的恐慌，并大规模流行，造成人类生命财产的巨大损失，因而也越需要引起政府和社会的高度关注。历史的经验告诉我们，疫情的突发性、未知性，并不是我们推卸责任的托词，而是果断采取行动的警号。如果等到我们对导致疫情的根源调查得一清二楚时再推出一套完美的防治蓝图，那么如此带来的可怕后果自然是可想而知了。可以这样说，我们对于突发疫情的恐惧，固然是出于未知，但在更大的程度上应是出于对历史时期疫情之破坏性效应的经验或了解，而此种恐惧本身也将成为人类进一步行动的动力。事实上，从已然持续了一年有余的疫情防控的实践来看，无论是对于过去之灾害历史的言说，还是对疫情发生及其传播的溯源式考察和流行病学调查，以及对疫情应对经验与教训的不间断的归纳、总结和提炼，无不闪现着历史思维之光，也显示了以所谓的过去作为研究对象的历史之学，在持续的历史演化过程中的建构性作用。历史学者，不仅仅是历史的观察者，也是历史的创造者。

就中国而言，这种类型的灾害叙事，至少从孔子作《春秋》即已肇其端，并被《史记》之后的历代正史所继承。人们常说，一部二十四史就是一部灾害史、饥荒史，其更多是从正史之中连绵不绝的灾害记述来立论的。此处或许可以更进一步，亦即把包括各种灾害记录在内的体现国家意志的所有正史，都看作对于灾难或危机的整体性叙事，毕竟其根本目标就在于应对形形色色的天灾人祸以维持王朝统治于不辍，即所谓的“资治通鉴”，而贯穿其中的核心理念就是以“天人感应”“天人合一”为主导的天命观或灾异论。其中对于灾害的记述固然呈现了不同时期中华民族曾经遭遇过的各种劫难，但在传统的文明叙事体系之中，这些被记录下来的灾害事件，事实上扮演的通常是某种中介性的角色，准确地说是作为人间君主统治出现危机的警告性讯号。因此，在一种由天、地、人三者机械性对应所构成的关联性宇宙体系之中，所谓的“天灾”并非今日我们理解的自然灾害，而是被理解为人类自身的行为，尤其是统治者的不当作为所致，昊昊苍天在这一关联性体系中所起的作用主要是担当人类行为的监督者。依据这样的政治话语逻辑，人类对于灾害的应对，不仅映照了特定王朝的统治能力，也体现了王朝统治的合法性存在，用现代学术话语来表述，就是对国家治理能力和国家合法性的考量。相应地，从传统历史叙事中可以发现，这样一种以君主官僚为中心的减灾体系，并不止于灾时之救，还包括灾前之预防和灾后之重建；也不止于对单纯的人类行为和社会制度的纠正，而是对包括天、地、人在内的宇宙关联机制进行适应性的调整，即所谓“参赞化育”，用《史记·天官书》的话来说，就是“太上修德，其次修政，其次修救，其次修禳，正下无之”①。

晚清以来，现代意义上的灾害史叙事逐步取代了两千多年来一直占据统治地位的传统天命史观。这是以西方自然科学为主导的灾害认知体系或科学的灾害观在灾害叙事中的体现。这种科学观，坚守方法论上的个体主义和机械的还原论，主张自然与社会的相互分离，坚信确定性的自然秩序和持续进步的文明，从中凸显的是人类对自然的无休止征服。即便在自然的规律性演化过程中出现异常性的变动，并对人类造成损害，也往往被视为某种外在的突发性现象，是可以借助技术手段予以消除或减轻的非常态事件。于是，人类社会对于灾害的应对，更多偏重于工程与技术层面，其对于社会的动员也仅是国家或社会治理过程中相对次要的部分，而在具体的实践中，这样的应对又被限定在应急式的救灾环节。故而，此时期对于灾害的叙事，虽然从传

①《史记》卷二七《天官书第五》，中华书局，1959年，第1351页。

统的总体历史中被抽离出来，逐渐获得了相对独立的地位，但也丧失了曾经有过的整合历史书写的统帅角色。

近代以来，此种现代科学意义上的灾害史叙事，是在自然科学、人文社会科学领域的诸多学者从历史的角度探索中国灾害问题的过程中逐步形成的。其对后世影响深远的主要是20世纪20年代竺可桢倡导的气候史观以及20世纪30年代邓拓构建的以唯物史观为主导的救荒史观。中华人民共和国成立后，自然科学导向的灾害叙事占据主导性地位，并以其对历史时期灾害的周期性震荡与空间分布的揭示服务于国家经济建设。改革开放以后，以历史学为主的人文社科导向的灾害叙事异军突起，它与前者相互呼应，相互合作，共同推动了中国灾害史研究的繁荣与发展。迄至今日，其研究力量遍布全国，研究视野日趋多元，研究领域不断扩大，大体确定了其作为历史学分支学科的地位。

然而，不容否认的是，随着国内外灾害情势的不断变化，随着国家防灾减灾战略的重大转型，随着历史学之外的其他各类人文社会学科对灾害研究领域的大规模介入，当前中国的灾害史研究却显得相对滞后。更重要的是，经过百余年的长期积累，其内在的学术困境也愈发凸显出来，成为灾害史叙事进一步发展的瓶颈。大体说来，有以下几个方面的表现。

其一是范式“老”了。在今日的历史学科体系之中，灾害史还是被当作一门相对年轻的分支学科，但主导现时期灾害研究的范式已有百余年的历史，这就是前面提到的竺可桢的气候变化模式和邓拓的救荒史模式，两者作为灾害史研究的理论支柱，各自在自然与人文两大领域占据主导性地位，迄今未见动摇，这固然显示了两种理论的强大活力，也映衬出后人在理论创新中的无能和乏力。尤其是在新发展时期，国家防灾减灾机制已经发生重大的战略性转变，已被教条化的邓拓的救荒史模式显然难以与此相适应，而竺可桢的以单纯自然变化为考察范围的气候历史模式，也无法涵括20世纪后半叶全球经济大加速时代人类活动对气候变化的影响。

其二是领域“碎”了。与当前中国历史学的总体发展趋势一样，从总体史中分离出来的专门化的灾害史学，也同样面临着碎片化格局。按通常的理解，此种碎片化，其具体表现就是研究选题微型化（个案化、细节化），研究视野的多元化，研究对象的多样化，研究领域的细分化以及研究空间的区域化（地方化）。不过，真正的“碎片化”与这种微型化、多元化、多样化、细分化、区域化并无直接的关联，相反，诸如此类的差异化选择本是学科自身拓展和深化的产物与标志，其所带来的应是学科自身在更高层次上的整合与繁荣。当前中国灾害史研究的碎片化，实际上更应该理解为学术的内卷化，也就是在无法突破现有研究范式的情况下滋生和蔓延的选题的单一、方法论的僵化以及结论的重复性。这样的研究固然可以增长见闻，却无益于知识的积累和创新。

其三是学科“窄”了。其表现为对灾害应对的论述，重“救”轻“防”，有关灾害重建的更是少之又少，更不用说把灾前、灾中和灾后作为一个全过程来进行考察。在研究时段的选择上，更多的是关注过去，而对现实生活中发生的灾害往往置之不问，更谈不上对未来灾害大势的探测。历史在这里变成了一种僵死的、消失了的过去，而非不断变化的过程。更进一步，这样的灾害史研究，虽然总是号称要探析灾害与社会的互动，然而在实际的研究中人们往往是将灾害问题视为社会演化过程中的非常态变化，也就在很大程度上削弱了灾害事件对于整体历史的驱动性作用，不能将灾害作为一种视野，从而对整体的历史重新进行阐释。

其四是资料“完”了。它有两个含义，一是从中国灾害记录的时空不均衡性来质疑中国灾害愈来愈多的累积性发展趋势的真实性，二是后现代史学对文献记录之客观性的挑战。但后者更值得关注，它不像前者只是讨论史料的多少问题，而是讨论史料本身的可靠性问题。即便你完全占有史料并据以得出结论，但如果史料本身就是主观构建的产物，那么你的结论也是建立在流沙之上。1949年以来自然科学主导的灾害研究者，主要靠的就是把历史时期各种不同的灾害记录整理出来，分门别类，划分等级，再据此分析灾害的时空分布大势和各类灾害之间的关联，由此得出灾害演化规律，进而对未来的灾害情势进行预测。他们对于这些记录虽然也会做一些校核纠谬的工作，但对绝大多数文献记载还是确信无疑的。然而经过后现代史学的冲击之后，面对同样的史料，我们再也不能像以往那样淡定了，我们首先需要了解的是：这是谁记的？是在什么情况下记的？为什么要这样记？是如何取舍的？他之所记到底是真是假？我们先前以为是最可靠的、能够支撑我们结论的所谓的原始史料，现在已经统统变换了模样。若果真如此，百余年来辛苦经营的中国灾害史学，就需要彻彻底底地重新打量一番。

其五，“狼”来了。现代意义上的中国灾害研究从其诞生伊始就与灾害史的进展密不可分。此局面直到改革开放以后才逐步有所改观，尤其是1998年长江大洪水、2003年“非典”事件之后，经济学、法学、社会学以及公共管理、新闻传播等学科相继介入。2008年汶川地震之后，灾害问题已经变成自然、人文和社会科学多层次、全方位关注的公共性的研究园地，一门新的一级学科——应急管理学也应运而生。这些不同的学科不仅从各自的角度研究现实的灾害问题，甚至把触角探入历史的领域，并利用其理论上的优势与历史学者进行对话。对灾害史研究而言，这当然是其自身学科发展的良好契机，但也带来了巨大的外部竞争压力，灾害史的学术话语权在这些新来的“大灰狼”的猛烈冲击之下，难免荣光不再，其对于国家减灾事业的公共服务功能亦大为削弱，稍有松懈，即有可能沦落为新兴灾害研究领域的附庸，而非基础。

回顾过去，面对现实，展望未来，如何才能走出灾害史研究的困境，抑或走出灾害史研究的“舒适圈”，进而构建符合时代要求的新灾害叙事？近年来已有不少学者在这方面做出了难能可贵的新探索，此处亦略陈管见，乞教于方家。

首先，针对已经“老”了的旧范式，是时候考虑范式转换的问题了。对此当然应该持开放的态度、多元的胸襟，力求在一种竞争性的学术对话过程中达成新的共识。此外还需对范式转换的机制进行辩证的理解，须知这样的转换并非李代桃僵、非此即彼，而是对过往相互继替的各种范式的批判性融合，一方面要看到过去以现代科学观替古人发声的谬误，要把被这一号称科学的灾害范式遮蔽掉的传统灾害叙事的优长解救出来；另一方面又不能把两者看成截然两分、完全不可通约的话语体系，而应尽可能寻找两种叙事体系或话语体系的最大公约数，从而构建更具包容性的新范式。以己之见，最适合担当此种新范式之重任的，就是从20世纪末涌现于世的一种新的灾害认知即灾害的生态观，由此展开的灾害历史研究或可称为“灾害的生态史叙事”。

此为纲，纲举而目张，所谓碎片化的问题由此可以迎刃而解。仅就研究空间而言，我们完全可以跳出地域的限制对中国的灾害历史进行全国性、跨区域乃至全球化的思考。在一个全球化和逆全球化紧张拉锯的新时代，灾害史研究显然不能就中国谈中国、就区域谈区域，我们需要把个体、地方、区域、国家、跨国界乃至全球范围内自然、社会的种种变化及其相互关联用历史之刃予以剖析，并以国际性、全球性的灾害认知体系为基础构建具有中国气派的灾害叙事理论体系。我们还要突破此种发生在地球平面上的横向全球化，更加自觉地从中国古史的传统之中汲取智慧，将前文所说的天、地、人相互呼应的关联性宇宙体系与当今欧美学界盛行的以星球为单位的“人新世”理论结合起来，努力构建对于全球环境变化和人类命运的新思维，形成融天、地、人于一体的垂直型或立体式的全球化。这一路径在20世纪八九十年代我国科学界开展的自然灾害综合研究中已经有了比较充分的体现，可惜随着老一辈科学家的退休或去世，其逐步从灾害研究的主流话语中退隐。当然，不管是什么类型的全球化，只有落实到更加细微、更加多样，也更具差异性的微观研究对象之上，才能真正贯彻到底。从这一意义上来说，碎片化与总体化、全球化实为相辅相成，而非相残相贼。

就相对窄化的灾害史学来说，我们需要突破应急式救灾思维的局限，采取“大荒政”视野，从防、抗、救的全过程重新整理中国的灾害治理历史；我们不能把灾害仅仅作为社会的一部分或社会生活中的某一个环节来看待，而应把它作为人与自然这一生态复合体的整体构造里不容忽视的一部分，甚至是非常重要的一部分来看待。我们需要用它来观察作为整体的社会，观察政治，观察经济，观察文化，观察一切，进而得出与其他观察视角不一样的新认识。我们同样需要把对过去的研究和对现在的考察结合起来，形成真正以灾害为中心的通古今之变的史学格局。新冠肺炎疫情期间，历史学者主动利用各种各样的特殊机遇，从历史的角度对现实的疫情变化及其应对进行人类学式的调查和研究，实际上也就把自己融入了当代正在发生的伟大历史进程中。

至于被后现代思维“判了死刑”的历史文献，同样也可以用后现代，当然是不同于激进后现代的具有建设性的后现代思维将其复活。后现代史学把历史研究当作文学一样的想象，企图将历史学的合法性从根本上予以拔除。我们完全可反过来把后现代史学对史学求真的质疑转变为对历史真实的再建构。一切历史固然都是建构的，但我们还要反问一句，没有建构哪有历史？所有的历史都是人创造的，人有所思，有所想，有所计划，有所实践。这个实践有好有坏，有对有错，有是有非，但此类好坏、对错、是非，随时可在实践之中进行调整，那这样的适应性行为不都属于建构性的吗？建构的本身就是真实发生的人类实践过程，就是活生生的历史。三聚氰胺奶粉是假的，但三聚氰胺不是客观存在的吗？造假的过程和造假的人不都是客观存在的？我们不能因为这种奶粉是假的，就连造假的过程、造假的人和造假的产品的客观存在都否定了。就此而论，过往对于灾害的记录，当然属于灾害话语的建构，但这一建构本身不也正是对于曾经发生的灾害所做的真实的应对吗？

最后，也是最重要的一个问题，就是灾害叙事的本位并不是灾害本身，也不是由它的学科属性所决定的。灾害叙事的本位应是贯穿其中的人文精神，其核心就是对人类生命和人格尊严的维护和保障。任何灾害叙事，包括灾害史在内，一旦脱离了人文的关怀，就将毫无意义。就科学与人文的关系而言，脱离了科学的人文往往步履蹒跚，而脱离了人文的科学肯定灾难深重。就国与国的关系而言，当前疫情给予我们的最大启示就是如何在守卫国家安全的同时，超越民族、国家的界限，努力构建人类命运共同体。就国家内部而言，则是要更多地将关注的目光转向防灾能力比较薄弱的贫困地区或弱势群体。而在这一方面，我们的救灾实践，包括国家防灾减灾制度体系的建设，尽管已经取得了比较大的成就，但还是有很长的路要走。这就需要我们这些从事人文研究的历史学者，要尽可能地从中华文明的历史宝库里面，搜寻相关文献信息，并把它们提炼出来、讲述出来，努力构建以人民为中心的减灾文化机制。同时还要考虑到与我们相伴相依的生物世界和整个自然界。也就是说，我们对于人文精神的追求，绝非极端的人类中心主义的人文，而是追求人与自然和谐共生的充满着生态精神的人文。

（原刊于《史学集刊》2021年第2期）

中国灾害史研究的历程、取向及走向

朱　浒

中国人民大学清史研究所

摘　要：现代学术意义上的中国灾害史研究，萌发于百年之前。中华人民共和国成立之后，中国灾害史研究才得到长足发展。从20世纪50年代开始，自然演变取向成为灾害史研究的主流。改革开放以后，大批历史学者加入灾害史研究的行列，社会变迁取向逐步成为该领域的另一个重要方向。在这两个取向指引下取得的大量成果，构成了中国灾害史研究的主干。要推动中国灾害史研究的进一步发展，一方面需要以建设综合性灾害历史数据库为纽带，强力深化自然科学界和人文社会科学界的通力合作；另一方面，历史学者需要强化问题意识，运用新史学方法，努力克服灾害史研究中的非人文化倾向。

关键词：中国灾害史；研究取向；发展方向

中国灾害史研究是指对中国历史上发生的自然灾害及其关联内容所展开的研究。在漫长的历史中，中国与自然灾害如影随形。经济史家傅筑夫曾言，一部二十四史，“几无异一部灾荒史”[①]。但在很长一段时间里，中国灾害史研究很少为人所了解。直到21世纪初，有人还在《读书》杂志上感叹：“关于灾荒研究方面的著作却少得可怜。”[②]事实上，现代学术意义上的中国灾害史研究的萌生，至今已将近百年。遗憾的是，学界以往对灾害史研究缺乏系统把握，也就难以展现该领域的完整面貌。

① 傅筑夫、王毓瑚：《中国经济史资料·秦汉三国编》，中国社会科学出版社，1982年，第96页。

② 包泉万：《承平日久　莫忘灾荒》，《读书》2001年第8期。

灾害史研究是一个覆盖面极其广泛的学术领域，其包含的内容兼跨了自然科学和人文社会科学两大部类。就自然科学而言，许多学科中都存在着大量以历史上自然灾害为研究主体内容的成果，但这些成果大都有着较强的专业性，所以一般不易为大众乃至许多史学工作者所知。在人文社会科学范围内，灾害史研究的主要阵地是历史学，而如何统筹把握相关内容也是长期令人困扰的问题，即便是在史学界内部，也出现了许多内涵不同的提法。概言之，灾害史研究领域长期高度分散的局面，无疑极大地增加了对其进行整体性认知的难度。

21世纪以来，随着资源、环境等问题的加剧，灾害史研究引起了越来越多的注意，发展势头十分迅猛，但各种隐忧亦随之而来。同时，推进自然科学与人文社会科学之间的沟通与合作亦愈发迫切。这就意味着，亟须更为系统地总结灾害史研究，深入检视其发展历程、实践取向，展望其未来发展方向。本文便是针对这项工作的尝试，以收抛砖引玉之效。另需说明的是，本文是以问题为中心，所以只能提及笔者认为具有代表性的成果，其间挂一漏万之处，敬祈方家指正。至于国外学界的中国灾害史研究，因艾志端已有精当的总结①，此不赘述。

一

中国有关文字记载的灾害历史可以上溯3000年之久，其丰富性、连续性，世所罕有。约从《史记》开始，中国又形成了有意识整理和归纳灾害历史记录的传统。当然，这一传统还不能视为对灾害史的研究。现代学科意义上的中国灾害史研究，是随着现代科学体系在中国的确立而形成的。20世纪20年代，在一场席卷华北五省的特大旱灾及海原大地震爆发后，第一批关于中国灾害史的研究成果诞生。这一现象绝非巧合，后来的事实表明，每次重大灾害发生后，中国都会出现一个灾害史研究较为繁荣的阶段。另外，在最早一批灾害史研究者中，既有人文社会科学工作者，也有自然科学工作者。因此可以说，现代灾害史研究在中国的萌发，自然科学和人文社会科学研究者都做出了开拓性贡献。

---

①〔美〕艾志端：《海外晚清灾荒史研究》，杜涛译，《中国社会科学报》2010年7月22日，第7版。该文实际上涉及了整个清代灾害史研究的状况，而清代灾害史又是国外中国史学界研究最为集中的时段，所以基本代表了国外研究的一般状况。

迄今为止，于树德于1921年在《东方杂志》发表的《我国古代之农荒预防策——常平仓、义仓和社仓》，是第一篇关于中国灾害史的研究论文。[①]于树德早年留学于日本，攻读经济学，回国后执教于北京大学，是国内早期合作化思想的传播者之一。作为一位受过现代学术训练的学者，他在这篇论文中，初步梳理了我国备荒仓储体系的组织类型及历史沿革，并剖析了仓储的备荒功能及其利弊。这一时期出现的另一项重要的灾害史研究成果，是1926年出版、马罗立所著《饥荒的中国》。[②]马罗立时为著名非政府救灾组织——华洋义赈会总事务所的秘书，他在书中运用现代科学知识，考察了灾害在中国的发生历史与现实状况，并探讨了自然与社会两方面的致灾根源。而在自然科学领域，最早对灾害史研究做出贡献的学者当属竺可桢。1927年，他在《科学》杂志上发表《直隶地理的环境与水灾》一文，运用气象学理论和地理学知识，精当地分析了清代以来直隶地区频繁发生水灾的原因。[③]

1931年江淮流域特大洪水的发生，掀起了灾害史研究的一个小高潮。更多学术工作者步入这一研究领域，相关成果的数量大量增加，质量也较前大为提高。据初步统计，这一时期的成果数量大概占1949年前相关成果总数的四分之三，其研究内容也扩展到灾害计量、灾害与社会、救灾制度等许多方面。在这些成果中，首先值得称道的是王树林在1932年对清代灾害记录所做的定量统计工作。他从社会学统计的角度出发，首次对整个清代灾害的发生频次进行了较为系统的计量处理，所附统计表格共有18份之多。[④]另外一项令人瞩目的成果，也是对后来具有深远影响的成果，则是时为河南大学社会经济系学生的邓拓（时名邓云特）在1937年6月完成的《中国救荒史》一书。[⑤]该书以唯物史观和辩证思维为指导，首次完整勾勒了中国上古至民国时期的灾情、历代救荒思想和政策的演变状况，是一部具有中国灾害通史性质的著作。该书既立足于此前灾害史研究的基础，又全面贯穿了马克思主义

---

① 于树德：《我国古代之农荒预防策——常平仓、义仓和社仓》，《东方杂志》1921年第18卷第14、15期。

② Walter Mallory, *China: the Land of Famine*, American Geographical Society, 1926. 该书于1929年便有了中文译本（吴鹏飞译，民智书局，1929年）。

③ 竺可桢：《直隶地理的环境与水灾》，《科学》1927年第12卷第12期。

④ 王树林：《清代灾荒：一个统计的研究》，《社会学界》，1932年第6期。

⑤ 邓拓：《中国救荒史》，商务印书馆，1937年。

史学视角，是民国年间灾害史研究的集大成之作，其社会知名度至今不衰。

在《中国救荒史》面世后，中国进入了连续十多年的大规模战争时期，其间又伴之以1939年海河大水、1942年中原大旱灾等大型灾害。在艰难时势下，无论是自然科学领域还是社会科学领域都有依然坚守灾害史研究的学者。其中较有价值的成果，大致可分为三类：一是对灾害史资料的系统整理，其代表作是暨南大学历史系教授陈高佣于1939年完成的《中国历代天灾人祸表》一书[①]；二是对救灾的制度史梳理，其代表作是王龙章的《中国历代灾况与振济政策》和于佑虞的《中国仓储制度考》，前者较《中国救荒史》更为系统地总结了民国时期救灾制度的建设与发展，后者则较为全面地考察了中国备荒仓储机制的演变状况及其利弊[②]；三是来自自然科学界的研究，其代表性成果是气象学家谢义炳以及涂长望、张汉松等人分别对明清时期水旱灾害的发生周期进行了探索。[③]虽然这一时期灾害史研究的势头远不如前一时期，但也属难能可贵了。

中华人民共和国成立后，中国灾害史研究走上了新的发展征程。不过，直到改革开放前，灾害史研究总体上是向自然科学部类“一边倒”的，也就是自然科学工作者主导了最主要的研究进展。出现这种情况的主要原因在于，该时期开展灾害史研究有着很强的现实需求和导向，那就是要优先为恢复和发展经济建设事业、创建社会安全保障机制服务。特别是为了解决有关工矿企业和城市建设的选址、农田水利建设以及生命健康等问题而开展的历史回溯，更是自然科学工作者大显身手的地方。与此对应，这一时期的成果大都集中出现在自然科学类期刊上。相较而言，人文社会科学工作者在这一领域的工作，远远无法与自然科学工作者比肩。除了协助自然科学工作者完成资料整理等辅助性工作外，这一时期的史学工作者基本没有产出具有较大影响的灾害史成果。

无疑，历史学者在灾害史研究中的缺席是十分不正常的现象。正如夏明

---

① 陈高佣：《中国历代天灾人祸表》，上海书店，1986年。

② 王龙章：《中国历代灾况与振济政策》，独立出版社，1942年；于佑虞：《中国仓储制度考》，正中书局，1948年。

③ 谢义炳：《清代水旱灾之周期研究》，《气象学报》1943年第17卷第1–4期合刊。涂长望、张汉松：《明代（1370—1642）水旱灾周期的初步探讨》，《气象学报》1944年第18卷第1–4期合刊。

方所说，自然科学主导下的灾害史研究，“对人在其中所起的作用以及这些变化对人类社会的影响往往语焉不详”，甚至“隐约还存在着一种摆脱社会科学而昂然独进的意向”，由此导致灾害史研究中长期存在着非人文化倾向。[①]改革开放以后，历史学亟须摆脱教条化框架的束缚，走向更广阔的研究领域，灾害史研究遂悄然回归史学视野。20世纪80年代中期，李文海痛感“史学危机”的说法，在中国人民大学成立了“近代中国灾荒研究课题组”，带动了一批同事和学生从事灾害史研究，该课题组也成为灾害史研究的重要阵地。此后，史学工作者在这一领域的成果也逐渐引起学界和社会的注意。

自20世纪90年代开始，随着环境恶化、资源紧张、人口压力等问题在中国受关注的程度急剧增加，灾害也成为社会热点问题。特别是在1991年、1998年长江流域特大洪水，2003年“非典”，2008年汶川地震等重大灾害事件的刺激下，灾害史研究的成果日益增多，研究队伍亦不断壮大。据统计，在2000年以前，以灾害史为主体内容的研究成果，有专著5部，有论文约150篇。而自2001年至今，出版相关专著20部以上，发表的论文则几乎每年都超过100篇（不包括硕士和博士学位论文）。2004年，中国灾害防御协会灾害史专业委员会成立，中国灾害史学界首次拥有了独立的学术组织。自此之后，以灾害史为主题的学术会议年均至少召开1次。因此，说灾害史研究当下方兴未艾，绝非夸大其词。

21世纪以来的灾害史研究取得了显著成绩。首先，随着研究队伍的不断壮大，该领域覆盖的范围得到极大扩展。曾几何时，灾害史研究者寥若晨星。而如今，国内外学界都能看到不断加入灾害史阵营的新成员。此外，随着研究人员的增加，灾害史研究涉及的时空范围亦空前广阔。就时段而言，上起先秦、下至中华人民共和国时期，都出现了专门研究。就空间而言，灾害史研究也对当今中国所有政区基本实现了全覆盖。此外，在区域社会史影响下，很多研究者更是从地方视角和微观层面来考察灾害问题，从而使灾害的历史面相更加细化。

另一个重要成绩，是灾害史资料得到了大规模的整理和出版。在20世纪80年代之前，学界所能利用的资料较为有限。那些主要从自然科学的角度出发而编纂的资料，集中反映的是灾害本身的情况，社会内容基本缺失。只有

① 夏明方：《中国灾害史研究的非人文化倾向》，《史学月刊》2004年第3期。

李文海牵头编写的《近代中国灾荒纪年》及其续编，成为史学界较多依靠的资料。[①]21世纪，资料整理工作得到了显著加强。其中最具代表性的工作，是《中国荒政书集成》的出版[②]和《清代灾赈档案史料汇编》的整理。前者收录了自宋代至清末出现的所有重要救荒文献，后者则是对中国第一历史档案馆所藏清代灾赈档案的首次全面整理。在这股潮流中，一些汇集了方志或历代官书中灾害资料的大型文献汇编也纷纷面世。

不过，上述成绩更多体现了灾害史研究在“量”上的进展，而在“质”的方面，即在问题意识、研究视角、观点和水平等方面，尚未得到充分梳理。以往对灾害史研究状况的诸多综述，大多是对研究成果的分类和概括，很少对研究取向及研究水平做出明确判断。更何况，自然科学和人文社会科学各自开展的灾害史研究，有着差别很大的研究框架、理念和方法，也大大增加了综合判断该领域学术进展的难度。现下，需对灾害史研究形成正确认识。这是因为，如果不能充分认识到前人研究的长处与不足，就很难避免低水平的重复劳动，也很难迅速提高灾害史领域的学术水平。有鉴于此，本文试图梳理一下该领域的不同研究路径及其价值，以期对探索灾害史研究的发展方向有所裨益。

二

如前所述，中华人民共和国成立后，灾害史研究一度主要是由自然科学工作者主导和开展的。这一方面基于现实的社会需要，另一方面因为灾害史研究得到许多著名科学家的重视，所以自然科学领域的灾害史研究很快形成了自身特有的研究路数，并产生了极大的影响。大体上，这种路数可以概括为灾害史研究的自然演变取向，也就是以探讨历史上灾害的自然属性、发生规律等问题为主要内容，以现实应用为基本导向。尽管迄今为止，自然科学内部涉足灾害史研究的学者来自诸多差异很大的学科，这种基本取向却被普遍遵循。而且，无论是在资料整理方面还是在研究实践方面，自然科学工作者都对这一取向贯彻得相当彻底。

显著体现这种自然演变取向的首个例证，来自中国地震史研究领域。

---

① 李文海、林敦奎、周源等：《近代中国灾荒纪年》，湖南教育出版社，1990年；李文海、林敦奎、程歗等：《近代中国灾荒纪年续编》，湖南教育出版社，1993年。

② 李文海、夏明方、朱浒：《中国荒政书集成》，天津古籍出版社，2010年。

1954年，时任中国科学院副院长的李四光，根据参加中国经济建设的苏联专家的要求，倡议整理编辑中国地震历史资料，为选择厂矿地址提供参考。经地震工作委员会讨论通过，决定委托历史学家范文澜、金毓黼主持此事。[①]中国科学院历史研究所第三所（现为中国社会科学院近代史研究所）的工作人员，在地球物理研究所和一些高校的支持下，从8000多种历史文献中，获取了从公元前12世纪至1955年的地震记录，编成《中国地震资料年表》。[②]而最早大力利用这一资料的则是地震学家李善邦。他依据年表资料编制了全国历史地震烈度统计图和全国地震区域划分图，初步满足了工业建设地点选择和工程抗震级别确定的要求。此后，他又主持编写了《中国地震目录》第一、二集，初步揭示了远古以来我国历史地震演变发生的规律以及地震危险区空间分布的基本轮廓，被誉为“用科学方法整理史料”的一项工作。[③]

1976年，在唐山大地震的刺激下，中国科学院、中国社会科学院、国家地震局又联合组成中国地震历史资料编辑委员会，组织历史工作者和地震工作者对地震史料再作一次广泛的搜集，委托国家地震局地球物理所研究员谢毓寿和中国社科院近代史所研究员蔡美彪主持编纂，对原有地震年表进行了全面扩充，其成果是5卷本的《中国地震历史资料汇编》。虽然该书编者在前言中称，“本书所收历史文献资料，均保持原貌，依据年月顺序编排，不做地震学的分析和综合，以便研究者可以直接利用原始资料，依据自己的观点和方法进行研究判断”[④]，但其实，该书的编辑主要还是遵循地震学界的思路，把重点放在挖掘震情记述、地震前兆等内容上。而对这些地震史料进行最充分利用的，还是地震学界据此进行的历史地震的震级估定、等震线图绘制以及震中位置确定等。尽管21世纪以来不少历史学者也加入了地震史研究的行列，但仍无法撼动地震学者在地震史领域的主导地位。

第一个突出反映自然演变取向的例证，出现在气象史研究中。并且，在

① 黎澍：《中国地震历史资料汇编·序言》，载中国地震历史资料编辑委员会总编室：《中国地震历史资料汇编》（第一卷），科学出版社，1983年。

②《编辑“中国地震资料年表”的说明》，载中国科学院地震工作委员会历史组：《中国地震资料年表》，科学出版社，1956年。

③ 夏明方：《民国时期自然灾害与乡村社会》，中华书局，2000年，第10页。

④《中国地震历史资料汇编·编辑例言》，载中国地震历史资料编辑委员会总编室：《中国地震历史资料汇编》（第一卷），科学出版社，1983年。

这一领域，自然科学工作者更少与历史学者合作。20世纪50年代，由于兴办农田水利，亟须深入了解和分析各地区水旱等自然灾害的发生及其规律，国内由此出现了整理旱涝灾害历史记载的高潮。中国科学院的徐近之是这一潮流的代表人物，他大力整理中国历史气候资料，由此探讨历史上温度、雨量的波动及其对农业生产的影响。[①]从1956年到1958年，水利水电科学研究院组织大批力量，从清代档案奏折中搜集全国范围内从1736—1911年有关水利的史料。[②]这批洪涝档案史料的整理成果，除了支持气象灾害研究外，还对水利史研究具有珍贵价值，故而从1981年起，水利水电科学研究院又组织学者按照全国七大江河流域的分野分别加以整理，以《清代江河洪涝档案史料丛书》为名陆续出版。

与此同时，各地气象局、文史馆、水利局或农科院，也纷纷开展这类旱涝灾害历史记载的整理工作。1977年，中央气象局研究所与南京大学气象学系等十几个单位协作，编成《全国近五百年旱涝等级资料》和《全国近五百年旱涝分布图》各一卷。1978年，中国气象学会在年会总结中宣称："我们气候工作者根据……整理出自1470年以来的旱涝资料，评定了全国118个代表站1470—1977年逐年旱涝等级。……讨论了十五世纪以来我国气候变化的主要特征，对近五百年来我国气候变化的大致轮廓有了初步认识。"[③]而20世纪80年代以前对气候历史资料的整理、研究工作的汇总和最具代表性的成果，便是至今仍被广为利用的《中国近五百年旱涝分布图集》。[④]

此后，中国科学院地理研究所的张丕远又组织力量对地方志中的气候信息再次进行整理，且除旱涝之外，还整理了诸如饥馑、霜灾、雪灾、雹灾、冻害、蝗灾、海啸和瘟疫等灾情状况，内容愈加丰富。[⑤]张德二主编的《中国三千年气象记录总集》，是迄今最详实、最丰富的中国气候史资料集，系

---

①《纪念徐近之先生逝世四周年》，载《中国科学院南京地理研究所集刊》编辑部：《中国科学院南京地理研究所集刊》（第3号），科学出版社，1985年。

②《清代海河滦河洪涝档案史料·前言》，载水利水电科学研究院：《清代海河滦河洪涝档案史料》，中华书局，1981年。

③ 徐近之：《历史气候学在中国》，载《中国科学院南京地理研究所集刊》编辑部：《中国科学院南京地理研究所集刊》（第3号），科学出版社，1985年。

④ 中央气象局气象科学研究院：《中国近五百年旱涝分布图集》，地图出版社，1981年。

⑤ 夏明方：《大数据与生态史：中国灾害史料整理与数据库建设》，《清史研究》2015年第2期。

统编列了3000多年来全国各地的天气，气候，各种气象灾害的范围、危害程度以及与气象条件有关的物候、农业丰歉、病虫害及疫病等记述，采用地方志达7713种。[①]气象学家张家诚称，该书的出版是“中国历史气候学研究走向成熟的一个标志”[②]。在大批新气候史料得到整理的基础上，气象灾害史研究也步入了新的研究阶段，修正、弥补了以往研究的许多缺陷和短板，满志敏、葛全胜等人的研究是这方面的突出代表。[③]

第三个充分展示自然演变取向的例证，应属一些自然科学工作者在灾害史研究基础上提出将灾害学作为一门综合性独立学科的构想。早在20世纪60年代，一批自然科学工作者即力图开展跨学科合作，以深入认识各种天文和地球现象之间的复杂联系。在这种天文、地球、生命有机结合的思想认识指导下，高建国较早地阐述了开展灾害学研究的构想。他认为，灾害学虽是一门崭新的学科，其目的是为了预报，但是，“抗御未来自然灾害的主要方法之一是尽量了解自然灾害的历史，以掌握自然界变化的规律”。而中国基于文献记录的长期传统，开展灾害学研究又有着十分特殊的优势。[④]在具体研究中对这种灾害学思路的贯彻，以宋正海、高建国等人开展的“中国古代自然灾异整体性研究”工作最为显著。1992年出版的《中国古代重大自然灾害和异常年表总集》，包括251个年表，是首部大型综合性中国古代自然史工具书。[⑤]在此基础上，宋正海等人又进一步综合、推进了关于中国古代自然灾（害）异（常）群发期的基础理论。该理论认为，“自然灾害或异常的发生不是均匀的，而是起伏的，明显集中于少数几个时期”。中国历史上可以明显辨识出来的基本自然灾异群发期，主要有夏禹洪水期、两汉宇宙期、明清宇宙期三个时期。在这些研究者看来，这种群发期理论“科学地揭示了自然界复杂的内在联系和变动的整体性”，“不仅有利于对历史上某些重大社会变动、文化事件、科技成就的出现作出更为科学的解释，也有利于当代全球性

---

① 张德二:《中国三千年气象记录总集》，凤凰出版社、江苏教育出版社，2004年。

② 张家诚:《历史气候学趋向成熟的标志——评〈中国三千年气象记录总集〉》,《科学通报》2005年第50卷第5期。

③ 满志敏:《中国历史时期气候变化研究》，山东教育出版社，2009年；葛全胜等:《中国历朝气候变化》，科学出版社，2011年。

④ 高建国:《灾害学概说》,《农业考古》1986年第1期；高建国:《灾害学概说（续）》,《农业考古》，1986年第2期。

⑤ 宋正海:《中国古代重大自然灾害和异常年表总集》，广东教育出版社，1992年。

变化研究、自然灾害的中长期预报和国民经济远景规划的自然背景预测”。[①] 这类研究也表明，从自然科学出发的灾害史研究也需要超越自然史领域，以进一步去解释人类社会的变迁。

三

实际上，从灾害现象来透视相关历史时期的社会变迁，正是灾害史研究的另一个重要取向。这种社会变迁取向的主体思路，是以历史上灾害的社会影响和社会应对问题为重心，通过揭示灾害与政治、制度、经济和社会诸场域之间的互动关系，来认知相关时期社会变迁的具体进程及其脉络。简单说来，社会变迁取向的灾害史研究更侧重人类在自然界面前的反应，而自然演变取向的灾害史研究更关注自然界在人类面前的变动。这种社会变迁取向，在民国时期于树德和邓拓等人的研究中已有明确显现，但其后来的发展却长期逊色于自然演变取向。直到改革开放以后，社会变迁取向才得到长足发展。

如前所述，历史学界大力开展灾害史研究，是从20世纪80年代开始的。以历史学者为主力军，加上来自社会学、人类学、经济学等社会科学学科的学者，乃至部分自然科学学科的学者，共同形成了社会变迁取向的灾害史研究队伍。随着这支研究队伍的壮大，社会变迁取向的灾害史研究日益成为一股学术潮流，从而大大丰富了灾害史研究的内容。21世纪，以社会变迁取向为指导的灾害史研究成果，呈现出越来越繁盛的发展势头，与自然演变取向一起，有力推进了灾害史研究。对于这种发展态势，从政治史、经济史和社会史等路径出发所展开的灾害史研究就是最显著的证明。

以政治史为路径的灾害史研究，主旨是通过分析灾害与政治、制度等方面的关联与相互影响，将灾害作为一把钥匙，来理解和把握相关历史时期国家的能力水平和制度建设的成效。邓拓的《中国救荒史》已展示了这一路径的基本框架，我国港台地区的个别学者则较早地运用了这一路径。1960年，我国台湾学者王德毅系统考察了宋代荒政体制，高度评价了宋代“自上而下的救荒热忱”和“详明而切实的备荒措施”，以此“说明宋代立国的精

---

① 宋正海、高建国、孙关龙等：《中国古代自然灾异群发期》，安徽教育出版社，2002年，序。另外，高建国曾认为，在这三个群发期之外，还有第四个群发期即“清末宇宙期”（约1870—1911年）。

神”。[①]我国台湾学者何汉威于1980年推出的关于晚清“丁戊奇荒”的著作，则是另一项重要的灾害政治史研究。作者详尽论述了灾荒期间清政府的救灾活动，认为此次大灾对社会造成了极大的破坏，而清廷及灾区因局限于财力的短绌、行政效率的低下，使得赈灾成效不大。[②]由此可见，清朝在灾荒中的国家能力是其关心的重点。

在内地（祖国大陆）学界，灾害政治史研究从20世纪80年代兴起。较早意识到这一路径重要性的学者是李文海，他指出，灾荒问题“是研究社会生活的一个非常重要的方面”，“从灾荒同政治、经济、思想文化以及社会生活各个方面的相互关系中，可以揭示出有关社会历史发展的许多本质内容来”。[③]他一再强调，要注意自然灾害“给予我国近代的经济、政治以及社会生活的各个方面以巨大而深刻的影响，同时，近代经济、政治的发展，也不可避免地使得这一时期的灾荒带有自己时代的特色”[④]。正是基于这种认识，他率先进行了将灾害引入近代中国政治史研究的一系列尝试。这方面最具代表性的成果，是其1991年发表的《清末灾荒与辛亥革命》一文。该文展示了如何以灾荒问题为视窗，又如何将灾荒作为重要变量来审视重大历史事件，同时又避免给人以“灾害决定论”的偏激印象。[⑤]

相对而言，灾害政治史研究的学术积累堪称丰厚。在20世纪90年代面世的灾害史著作，绝大部分采用政治史路径。除了李文海及其研究团队推出的几部著作外，较为重要的专著还有张水良的《中国灾荒史（1927—1937）》，该书通过分析十年内战期间中国灾荒的实况、成因和影响，着重论述了国民党政府和中国共产党革命根据地对于灾荒的不同应对。[⑥]另外还有李向军的《清代荒政研究》一书，该书较为全面地描述了鸦片战争前的清代荒政体制及其成效，认为清代荒政集历代之大成，是维持社会再生产、保持国家稳定的一项基本国策。[⑦]21世纪，断代性的灾害政治史研究得到更多的重视，秦

---

① 王德毅：《宋代灾荒的救济政策》，台湾商务印书馆，1960年，第9、202页。

② 何汉威：《光绪初年（1876—1879）华北的大旱灾》，香港中文大学出版社，1980年，第109-110页。

③ 李文海：《论中国近代灾荒史研究》，《中国人民大学学报》1988年第6期。

④ 李文海：《中国近代灾荒与社会生活》，《近代史研究》1990年第5期。

⑤ 李文海：《清末灾荒与辛亥革命》，《历史研究》1991年第5期。

⑥ 张水良：《中国灾荒史（1927—1937）》，厦门大学出版社，1990年。

⑦ 李向军：《清代荒政研究》，中国农业出版社，1995年。

汉以降几乎历朝历代荒政问题都得到了深度不等的研究。

灾害经济史研究着眼于灾害打击下的经济现象及活动与灾害应对的经济基础等内容，据此来判断相关时期国家经济结构的性质、特点及能力等问题。这方面的开拓之作，是王方中的《1931年江淮大水灾及其后果》一文。该文详实论述了水灾造成的多项重大经济损失，有力证明了此次大水灾是促成20世纪30年代国民经济危机的重要因素。[①]夏明方的《民国时期自然灾害与乡村社会》是我国第一部对民国时期灾害经济史进行全面研究的专著。该书以灾害为切入点，通过对民国时期乡村生产力和生产关系诸要素的深入辨析，清楚解释了以往近代经济史学界所认为的许多悖论现象，重新分析了民国乡村的经济结构及其秩序的特性，也充分展示了民国社会脆弱性的经济基础。[②]

清代灾害经济史也是学界关注较早、成果较为丰富的一个领域。对清代前期的研究重点是自然灾害与农业经济的关联。如陈家其分析了明清时期气候变化所导致的自然灾害对太湖流域农业经济的巨大影响，认为这是粮食产量下降的主因之一。[③]王业键等人考察了清前期气候变迁、自然灾害、粮食生产与粮价变动的关系，指出长江三角洲地区的粮价高峰大都出现在自然灾害多的年份。[④]李伯重认为，19世纪初期气候剧变使江南地区连续遭遇大水灾，农业生产条件急剧恶化，这是导致中国经济出现“道光萧条”的重要原因之一。[⑤]对晚清时期的灾害经济史，主要集中在灾害与近代工业化的关系上。夏明方关于灾荒与洋务运动的系列研究表明，在清末灾害群发期的历史条件下，自然灾害对中国近代工业化的资本原始积累起到了极大的消极作

---

① 王方中：《1931年江淮大水灾及其后果》，《近代史研究》1990年第1期。

② 夏明方：《民国时期自然灾害与乡村社会》，中华书局，2000年。

③ 陈家其：《明清时期气候变化对太湖流域农业经济的影响》，《中国农史》1991年第3期。

④ 王业键、黄莹珏：《清代中国气候变迁、自然灾害与粮价的初步考察》，《中国经济史研究》1999年第1期。

⑤ 李伯重：《“道光萧条”与“癸未大水”——经济衰退、气候剧变及19世纪的危机在松江》，《社会科学》2007年第6期。

用。[①]朱浒的系列研究则指出了灾害与近代工业化的另一个面相，即赈务关系所激发的社会资源，成为以洋务企业为代表的新生产力在中国具体落实的重要途径。[②]

以社会史为路径的灾害史研究，在近些年来发展势头迅猛、研究路数亦相对较为多元。大体上，这一方向研究的主旨可以归结为，通过探究灾害驱动下的社会行为和诱发灾害的社会因素，进而揭示深层社会结构、进程及社会权力格局的演变。就迄今为止的总体状况来看，灾害社会史领域中得到较多关注的向度有两个：其一是通过灾害场域来探讨国家与社会的关系，其二是通过灾害来勘察地域社会的变动机制及其脉络。

较早涉及通过灾害场域来探讨国家与社会的关系的研究，当属李文海对晚清时期义赈活动的研究。该研究率先指出，义赈的兴起与洋务运动之间有着密切关联，是一项新兴的社会事业。[③]沿着这个思路，朱浒进一步拓展了对义赈活动的研究，深入剖析了其发展动力、运作机制及社会影响，从更为广泛的视角论述了义赈与近代中国社会变迁的关系。[④]在关于民国时期华洋义赈会的研究中，主导框架也是国家与社会。黄文德从国际合作的角度出发，认为该会的经验是近代中国非政府组织与国际社会互动的一个重要起源。[⑤]蔡勤禹认为，该会凸显了中国现代化进程中民间组织的角色、地位乃至市民社会成长的兴衰跌宕和“公”的领域的起伏变迁。[⑥]此外，余新忠关于清代江南瘟疫的研究，虽然以医疗社会史为视角，但其问题意识仍是以探讨中国本土的国家与社会关系为指归，并提出应以合作与互补来认知两者的

---

① 夏明方：《从清末灾害群发期看中国早期现代化的历史条件——灾荒与洋务运动研究之一》，《清史研究》1998年第1期；《中国早期工业化阶段原始积累过程的灾害史分析——灾荒与洋务运动研究之二》，《清史研究》1999年第1期。

② 朱浒：《从插曲到序曲：河间赈务与盛宣怀洋务事业初期的转危为安》，《近代史研究》2008年第6期；《从赈务到洋务：江南绅商在洋务企业中的崛起》，《清史研究》2009年第1期；《同治晚期直隶赈务与盛宣怀走向洋务之路》，《历史研究》2017年第6期。

③ 李文海：《晚清义赈的兴起与发展》，《清史研究》1993年第3期。

④ 朱浒：《地方性流动及其超越：晚清义赈与近代中国的新陈代谢》，中国人民大学出版社，2006年。

⑤ 黄文德：《非政府组织与国际合作在中国——华洋义赈会之研究》，秀威资讯科技股份有限公司，2004年。

⑥ 蔡勤禹：《民间组织与灾荒救治——民国华洋义赈会研究》，商务印书馆，2005年。

互动。[①]

在另一个向度上，即通过灾害来勘察地域社会的变动机制及其脉络，较早的实践者是王振忠。他通过考察明清时期福州社会对自然灾害的反应与对策、与灾害相关的民间信仰及乡里组织等问题，展现了当地政治、经济、文化和社会结构及其演变进程的内在脉络。[②]2000年后，这一思路得到更多运用。如苏新留探讨了民国时期河南乡村社会的灾害应对与灾害打击下的民生，展现了当地生态环境和社会经济的脆弱性。[③]汪汉忠则从民国时期苏北地区灾害与社会的互动出发，探讨了当地特定社会经济结构导致现代化进程滞后的原因与机制。[④]张崇旺以明清时期江淮地区自然灾害为主线，探讨了该地区社会经济长期落后的根源。[⑤]不难想见，随着研究资料的进一步开发，这一向度的研究必然会愈加丰富。

四

综上所述，自然科学界主导下的自然演变取向和以历史学界为主力军的社会变迁取向，构成了中国灾害史研究的主体框架。除了前面提及的成果外，还有许多限于篇幅无法提及的高质量专著和论文，保证了中国灾害史研究在学术界占有不容忽视的一席之地，也产生了较为广泛的社会影响。然而，毋庸讳言，灾害史研究在迅猛发展的同时，自身存在的某些缺陷也在潜滋蔓长，并且在有些方面已经到了相当严重的程度。

目前灾害史研究中最为明显的一大缺陷，当属跑马圈地式的粗放性研究。这方面的具体表现是，尽管许多成果的研究对象是不同时空范围内的灾害，其研究思路和框架却是千人一面。这类研究大都涵盖三个方面的内容：其一是某地域空间或某时段中灾害的发生状况，其二是灾害对某时某地造成的各种影响，其三则是国家与社会的各种灾害应对。除了所述时空范围的区别外，这类研究最终形成的看法往往雷同。例如，凡谈及灾情特点必称其严

---

① 余新忠：《清代江南的瘟疫与社会》，中国人民大学出版社，2003年。

② 王振忠：《近600年来自然灾害与福州社会》，福建人民出版社，1996年。

③ 苏新留：《民国时期河南水旱灾害与乡村社会》，黄河水利出版社，2004年。

④ 汪汉忠：《灾害、社会与现代化——以苏北民国时期为中心的考察》，社会科学文献出版社，2005年。

⑤ 张崇旺：《明清时期江淮地区的自然灾害与社会经济》，福建人民出版社，2006年。

重性，述及灾害影响便称其破坏性，论及救灾效果必称其局限性。至于对某一地域、某一时段内灾害与社会关系的特定表现，则缺乏提炼。可以说，这类研究表面上似乎要综合自然演变取向和社会变迁取向，实则属于缺乏深度的“大拼盘”。

第二个较大的缺陷，是学界对人文社会科学和自然科学研究成果的借鉴、融合还有待进一步加强。具体而言，主要应该大力避免两种极端情况。其一是不少研究者对自然科学界的灾害史研究不了解，在讨论灾害成因时，往往陷入“天灾就是人祸，人祸导致天灾”的循环论式的说法而不能自拔，对于自然演变对社会结构的长时段影响缺乏足够认识。其二则是夸大自然因素的作用，脱离自然科学的学科情境，将某些特定情况放大到“灾害决定论”的程度。例如，灾害灭亡了某一王朝或国家，“明清小冰期”造成的气象灾害打断了社会正常发展进程，等等说法，都属此列。事实上，自然科学界的不少重要灾害史成果，其数据和信息并不完全准确，再以之为基础来判断灾害的演变规律，也就难以可靠。

第三个较为明显的不足，是在研究视野上往往出现失之片面的情况。特别是在一些研究成果数量较多的领域，这种情况更为明显。这方面最明显的例子，便是关于备荒仓储的研究。早先对于备荒仓储的研究，大多集中在对政府政策和制度建设的梳理方面，而忽视实践层面的具体展开。20多年来，备荒仓储研究的风向又主要转向了区域社会史角度。而这一角度的研究在观察备荒仓储结构形态的转变时，往往将之认定为国家权力的衰微、基层社会控制权的下移的证据。其实，这是在缺乏对国家视角的充分把握下做出的主观判断。已有学者指出，要理解备荒仓储的结构性变动，决不能将国家视角置于次要的位置。[①]另外一个例子是关于近代中国两个最大的救灾组织即华洋义赈会和红十字会的研究。既有研究基本都是在现代化范式的指引下而展开的，长期忽视了非常重要的本土化和国际化向度。这两个组织虽然有十分强烈的西方化色彩，但要解释它们被中国社会的接受过程和扎根途径，就必须探究本土化向度；要理解西方对华赈灾力量的具体组成以及中国本土实践对于国际合作救济事业的影响等问题，就必须更多关注国际化向度。因此，

① 朱浒：《食为民天：清代备荒仓储的政策演变与结构转换》，《史学月刊》2014年第4期。

仅以现代化范式为指归还是过于狭隘了。

那么，中国灾害史研究如何符合新时代进一步发展的要求呢？

就目前学界的前沿动向来看，紧跟大数据的时代潮流，建设中国自然灾害历史信息综合性数据库，在此基础上大力开展量化研究和总体研究，已成为中国灾害史研究未来的首要走向。夏明方指出，随着技术的发展，已经可以建立一个“能够记录灾害发生完整过程和信息，亦即包括从天气、地质等自然变异现象到成灾过程，乃至对于人类社会影响及响应的综合性灾害数据库”，“以便更全面地揭示灾害成因和环境后果，更好地满足自然变动（如气候变化）、灾害分异、灾害影响与适应、防灾减灾应用等多方面研究的资料需求”。[①]这种灾害史数据库，采用既有别于以往自然科学界偏重于摘取自然信息的处理方式，也不同于史学界常用的文献汇编的方式，即融史料考订和信息集成为一体。

这一平台系统的出现，为灾害史的量化研究和总体研究提供了更为坚实的基础。有关灾害中自然因素的信息化和标准化，以往自然科学界已经做了许多卓有成效的工作，完全可以在灾害历史信息数据库的建设中继续推行。同时，灾害的社会影响和社会应对中的许多信息，如人口和资产损失、灾蠲和赈济力度，既能够也迫切需要加以量化处理。而据此探讨灾害与国家能力建设、政治变动和经济周期等问题的关联，无疑能够大大改变依靠定性描述的惯性。此外，这种综合了灾害的自然演变信息和社会变迁信息的数据平台系统，也为灾害史的总体研究开辟了道路。具体而言，在任何灾害事件发生和扩散时，环境、社会与个人同时进入了同一个极限情境。依靠相对完整和连续的信息链，这种极限情境内部的各种复杂关系都可以被发掘出来，也就能充分展现出环境变动、社会变迁的深层与个人生活世界的表层之间的结构性互动。

灾害史研究的另一个未来走向是，历史学界应该更加注重问题意识，深入贯彻新史学方法，进一步克服灾害史研究的非人文化倾向。目前中国灾害史研究最明显的短板，就是问题意识的明确性和敏感性不足。客观而论，国内具有原创意识和观点的成果还是少数，许多研究尚属于对灾害事件的描

---

① 夏明方：《大数据与生态史：中国灾害史料整理与数据库建设》，《清史研究》2015年第2期。

摹。相形之下，国外的灾害史研究大都具有鲜明的学术脉络，所论问题也都能与学术范式进行对话。如魏丕信对乾隆朝早期救灾行动的研究，主要反思的问题乃是当时流行于西方学界的“明清社会停滞论”观点和“西方中心论”意识。[①]这就不难理解为什么该书的影响会远远超出灾害史乃至历史学领域。具有这种影响的国外灾害史研究，远不止于这一部。与之形成对照的是，国内学者的灾害史成果中，能够在国外学者那里作为学术对话的对象的，迄今仍非常少见。

广泛融会各种社会理论的新史学意识，业已成为新时期史学界的潮流，故而在灾害史研究中大力贯彻新史学方法也是应有之义。在这方面，新文化史视角的应用颇具启示意义。这一视角在灾害史领域的较早应用，来自燕安黛和艾志端。她们关注的中国灾害史的历史书写、社会记忆和不同信仰背景下的文化反应等内容，不仅丰富了灾害史研究的视角，还有助于对历史文献性质的反思和再阐释。[②]国内则在近年来开始出现一些较具水平的研究，如陈侃理关于灾异的政治文化史研究。[③]另外，新文化史还扩大了对于灾害历史文献的认识。例如，一大批以灾荒诗、灾荒小说、灾荒歌谣为代表的文学性历史文献，长期以来始终没有得到过灾害史学界的重视；而在新文化史的观照下，这类文献显然能够深化对相关时代灾害观及社会意识的变化等问题的理解，从而充分发挥人文学者的特长，有力推动灾害史研究向人文化、集约型方向发展。

灾害史研究是历史学科中极具现实关怀和经世致用性质的一个领域，也是研究难度很大的一个领域。其现实性和致用性在于，自然灾害至今仍是人类社会很难预测和控制的巨大威胁，所以历史上人类对灾害的认识、防灾减灾和救灾经验，始终是值得认真总结的宝贵财富。其研究难度大的原因是，自然灾害的产生因自然环境和人类社会的双重变动，所以仅凭自然科学

① 〔法〕魏丕信：《18世纪中国的官僚制度与荒政》，徐建青译，江苏人民出版社，2003年。

② 〔德〕燕安黛：《为华北饥荒作证——解读〈襄陵县志〉〈赈务〉卷》，载李文海、夏明方：《天有凶年：清代灾荒与中国社会》，生活·读书·新知三联书店，2007年；〔美〕艾志端：《铁泪图：19世纪中国对于饥馑的文化反应》，曹曦译，江苏人民出版社，2011年。

③ 陈侃理：《儒学、数术与政治：灾异的政治文化史》，北京大学出版社，2015年。

或人文社会科学中的某一个学科开展研究，不啻盲人摸象。随着新时代的到来、新技术的开发和新思维的出现，中国灾害史研究迎来了前所未有的发展良机。而在深入融合灾害的自然演变信息和社会变迁信息、重新审视人与自然的关系框架的基础上，充分发挥中国灾害历史记录和灾害史研究在世界范围内的特色和优势，完全可以为认识人类命运共同体的重大意义做出应有的贡献。

［原刊于《北京大学学报》（哲学社会科学版）2018年第6期］

灾害史研究的自然回归及其科学转向*

卜风贤

陕西师范大学西北历史环境与经济社会发展研究院

摘　要：灾害史研究中的人文化与非人文化倾向论争直接关系到人们对其学科属性的认识与定位。从过去几十年的研究进展看，灾害史研究中自然科学家做了大量基础性工作，也曾经一度影响到灾害史研究的发展方向。2000年以后，因为历史学家的介入灾害史研究中才有了人文社会科学与自然科学的充分交融，也呈现出综合灾害史、减灾技术史、灾害文化史、灾害社会史、灾害经济史及区域灾害史等多个分支方向齐头并进的迅猛发展势头。本文重新检视了灾害史研究的发展历程、学科基础、研究对象、研究内容等问题，并从灾害史研究所体现的自然与人文相结合、灾害与社会相关联、历史与现实相对应的学科特点出发，提出了灾害史研究本质以自然属性为主的新观点，解释了灾害史研究中非人文化倾向的论断误区。

关键词：灾害史研究；人文化倾向；非人文化倾向；自然回归；科学转向

在灾害史研究中，研究者们虽然注意到了因为研究主体的文理学科分化所导致的人文化和非人文化倾向[①]，但有关这种人文化、非人文化倾向的主体力量，即自然科学家和历史学家的学术贡献并未进行充分讨论，由此引申出来的灾害史学科归属问题迄今也没有一个明确的论定方案。理解灾害史研究中的人文化、非人文化倾向，既需要站在学术史角度辨析讨论问题的根

* 国家社科基金项目“历史灾害书写及其文献体系研究”（18BZS154）的阶段性成果。

① 夏明方：《中国灾害史研究的非人文化倾向》，《史学月刊》2004年第3期。

源，也要重新审视几成定论的灾荒之国[①]、消极弥灾等认识问题[②]。这些问题与中国灾害史学术历程息息相关，也会影响到灾害史研究的进一步发展。

一、灾害史研究兴起发展过程中的自然科学力量

灾害史研究的兴起和发展极为迅猛，过去几十年间就已经由零散的个人探索转向大团队研究的学术道路。仅从近年来国家社科基金立项目录看[③]，灾害史研究也是历史学科中举足轻重的一个研究方向。

目前我国的灾害史研究并无学科藩篱约束，研究者可以在历史学下专门史领域内做荒政史、灾害史、慈善史、减灾史、灾荒文化史等多方面的研究工作，也可以在断代史领域内做各历史时段灾害史、在中国古代史领域内做综合灾害史、在历史地理学领域内做区域灾害史等专题研究；或者在经济史、科学史学科内做相关的灾害史研究，灾荒经济、粮食安全、灾害规律、减灾措施等问题多是在这样的学术背景下取得一系列成果的。相较于20世纪30年代邓云特（即邓拓）《中国救荒史》时期的灾害史研究局面而言，如今的灾害史研究不但成果数量多、研究方向多、研究团队力量增强，大项目研究和大型成果也很多，灾害历史文献整理、历史灾害时空分布规律研究、灾害与社会互动关系探讨构成了过去几十年灾害史研究的基本内容。[④]与此相

---

① 马罗利在《饥荒的中国》（*China Land of Famine*）一书中提出“灾荒之国”的概念，概指中国灾荒特征，此后遂被中国灾荒史研究所关注。该书英文版由American Geographical Society于1926年出版，吴鹏飞翻译的中文版《饥荒的中国》于1929年由上海民智书局出版。

② 邓云特在《中国救荒史》中将历代救荒思想划分为“消极之救济论”与“积极之预防论”，其中赈济、调粟、养恤、除害等后世常规性的救荒措施一概归入消极救荒策略。这一论断是基于防重于治的灾害观念而确定的，即如邓云特所言，“惟其内容有属于事后救济之消极方面者，有属于事先预防之积极方面者”。详见邓云特：《中国救荒史》，上海书店，1937年，第205页；卜风贤：《中国古代灾荒防治思想考辨》，《中国减灾》2008年第11期。

③ 在全国哲学社会科学工作办公室（NSSFC）官网所列的重大项目数据中，研究灾害史的项目有周琼教授主持的“中国西南少数民族灾害文化数据库建设”（17ZDA158）、夏明方教授主持的“清代灾荒纪年暨信息集成数据库建设”（13&ZD092）、龚胜生教授主持的“《中国疫灾历史地图集》研究与编制”（12&ZD145）和温艳教授主持的“近代西北灾荒文献整理与研究”（16ZDA134）等。其他以灾害史为主题的一般项目、重点项目和青年基金项目更是数目众多，每年都有一批灾害史研究项目立项中标。

④ 卜风贤：《历史灾害研究中的若干前沿问题》，《中国史研究动态》2017年第6期。

反，有关灾害史学科建设的专门研究和总体思考略有欠缺[①]，灾害史研究者一般都理所当然地认为其学科属性为历史学，可是在历史学科体系中根本查找不到灾害史的立足之地，教育部公布的《学位授予和人才培养学科目录》（2018年4月更新）中历史学（06）下仅设考古学（0601）、中国史（0602）和世界史（0603）三个一级学科，而在教育部公布的《学科专业目录及名称代码表》中，历史学一级学科下分为八个二级学科，即史学理论及史学史、考古学及博物馆学、历史地理学、历史文献学、专门史、中国古代史、中国近现代史、世界史。按照历史学惯例，专门史下一般有经济史、思想史、科学史等方向，1988年厦门大学专门史被评为国家重点学科，在韩国磐教授带领下以经济史为主攻方向。此后的专门史重点学科建设单位分别有四川大学、北京大学、清华大学、南开大学、云南大学、西北大学等。即使作为国内灾害史研究重镇的中国人民大学清史研究所，在李文海先生带领下做了大量开创性的灾害史研究工作，但该所公布的六个教研室中迄今没有灾害史专门机构。这种冷清局面与历史学领域灾害史研究的热度相比反差极大，虽有灾害史研究却无灾害史学科名目。究其原因，或许与灾害史研究的主体对象——自然灾害的基本属性有关。

灾害史的研究对象以自然灾害为主体，这与一般以人为主的历史研究有显著不同，考察灾害史的发展历程和研究内容可以看出历史学只是灾害史研究的方法和手段，而自然科学与灾害史研究之间具有极为密切的内在关系。

---

① 灾害史概论性成果在20世纪80年代以前也有相关论文，如李迪的《我国古代人民同地震斗争的历史》（《科学通报》1977年第4期、第5期）、岳定的《我国地震史上两条路线的斗争》（《红旗》1977年第9期）、郑斯中的《气候对社会冲击的评定——一个多学科的课题》（《地理译报》1982年第1期），但对灾害史研究的理论思考还是20世纪80年代灾害学出现后才有的，代表性成果有张建民等的《灾害历史学》（湖南人民出版社，1998年）、许厚德的《论我国灾害历史的研究》（《灾害学》1995年第1期）、卜风贤的《农业灾害史研究中的几个问题》（《农业考古》1999年第3期）、杨鹏程的《灾荒史研究的若干问题》（《湘潭大学社会科学学报》2000年第5期）、赖文的《应重视古疫情研究》（《中国中医基础医学杂志》2002年第8期）、卜风贤的《中国古代的灾荒理念》（《史学理论研究》2005年第3期）、高建国的《论灾害史的三大功能》（《中国减灾》2005年第1期）、余新忠的《文化史视野下的中国灾荒研究刍议》（《湖南税务高等专科学校学报》2014年第4期）、闵祥鹏的《历史语境中“灾害”界定的流变》[《西南民族大学学报》（人文社科版）2015年第10期]、陈业新的《深化灾害史研究》[《上海交通大学学报》（社会科学版）2015年第1期]。

在灾害史研究的兴起与发展过程中，自然科学领域的学术关注和研究探索起到了重要的推动作用。从灾害史专题研究角度看，早期的成果多集中于灾害史概论、历史灾害发生原因、水旱等灾害的发生及灾情演变等方面，竺可桢、丁文江等在灾害史研究方面都有重要论著成果。[①]这对其后的灾害史研究有极其重要的带动和影响作用，以至于20世纪相当长的时间内灾害史研究领域的诸多开创性工作都是由气象学、生物学、地理学等领域的科学工作者来完成的，如历史灾害资料汇编方面各大江河水系洪涝灾害资料的整理汇编多是在水利水电科学研究院等专业水文水资源机构的组织领导下完成的[②]，新中国成立后相当长时间内各省、地、市、县集中力量整理自然灾害资料，成为地方干部领导群众大力发展农业生产、战胜自然灾害的重要工作内容。大量自然科学家的积极参与使得灾害史研究具有明显的自然科学倾向，这不仅仅体现在早期灾害史研究成果中自然科学家的论文数量较多，也体现在灾害史研究观念与方法具有浓厚的自然科学色彩。从20世纪20年代关注水旱灾害的历史特征，直到2000年左右研究各种灾害的时空分布特征，灾害史的研究路径一般是在史料整理基础上进行量化分析，特别是数理分析方

---

① 丁文江是我国杰出的地质学家，也是北京大学地质学系的教授，1935年在*Geografiska Annaler*发表“Notes on the Records of Droughts and Floods in Shensi and the Supposed Desiccation of N.W. China”一文研究水旱灾害史。竺可桢先生除了专门研究气象学和气象史外，也做一些灾害史研究工作，如20世纪20年代发表于《科学》杂志的《南宋时代我国气候之揣测》《论祈雨禁屠与旱灾》《直隶地理的环境与水灾》，在《史地学报》发表的《中国历史上之旱灾》，在《农林新报》发表的《二千年来之荒歉次数》，都是灾害史研究理论思考与方法探索方面的奠基之作。除此以外，一批科学家对多种灾害分别进行了专门的历史研究，既有对历代灾害概括论述的专题研究，如李仪祉的《黄河根本治法商榷》(《华北水利月利》1923年第2期)、吴福桢的《中国重要农业害虫问题》(《江苏省建设月刊》1931年第6期)，也有基于水、旱、风、雨、蝗虫、地震等灾害事件的科学解读，如存吾的《地震之研究——地震之科学的解释及二十四史五行志中之地震观》(《地学杂志》1921年第4-7期)，还有历史灾害发生频次的计量分析，如马骏超的《江苏省清代旱蝗灾关系之推论》(《昆虫与植病》1936年第18期)。

② 水利电力部水管司、水利水电科学研究院:《清代淮河流域洪涝档案史料》，中华书局，1988年；水利电力部水管司、水利水电科学研究院:《清代珠江韩江洪涝档案史料》，中华书局，1988年；水利电力部水管司、水利水电科学研究院:《清代辽河松花江黑龙江流域洪涝档案史料清代浙闽台地区诸流域洪涝档案史料》，中华书局，1998年；水利电力部水管司、水利水电科学研究院:《清代黄河流域洪涝档案史料》，中华书局，1993年。

法进入灾害史研究领域后一度出现非人文化的发展态势，大量研究成果是自然科学研究者做出来的，灾害史研究队伍中自然科学领域的科研工作者属于绝对的主力阵营。2004年，夏明方教授针对灾害史研究中的这一文理学科分化局面而疾呼历史学家积极参与灾害史研究，“在中国灾害史研究中，以人文社会科学为职志的历史学家们——仅就国内学者而言，——迄今也不曾像麦克尼尔所说的那样‘扮演较重要的角色’。与自然科学研究者业已取得的成就相比，这些历史学家们所做的贡献殊属微薄”①。2006年，第三届全国灾害史学术会议在西北农林科技大学举行，当时会议筹办方的主要目的就是邀请尽可能多的历史学家参与其中②，而这次会议也被后来的灾害史学者屡屡提及并把它作为灾害史研究中的一个重要界标——更多历史学者由此加入灾害史研究队伍中。

在回顾和总结我国的灾害史百年历程时，如何评价和定位20世纪自然科学研究者的灾害史研究工作是一件颇有难度的事情。

20世纪，我国的灾害史研究中自然科学研究者热情高、成果多是一个不争的事实。我们可以看到历史学家的灾害史成就，邓云特的《中国救荒史》迄今都被视为中国灾害史研究的扛鼎之作。但是面对极其庞杂的自然灾害问题，历史学家既没有系统的灾害观念认识，也不具备专门而深入的自然灾害专业知识，面对扑朔迷离的历史灾害乱象往往无所适从，不能通过历史灾害过程解释灾害机理，也不能通过灾害与灾害、灾害与饥荒的关系做一些比较可靠的定量分析，历史学家除了对个别灾害类型予以定性考察外，研究的重心则脱离灾害事件转向救荒与荒政史研究。所以，在灾害史学科发展中出现文理分化现象不仅仅是因为研究队伍的彼此疏离，也是研究理念和研究方法格格不入的结果。而在这样的情况下，自然科学研究者毅然决然扛起了灾害史研究的重担并孤军奋战，代表性成果有气象科学研究院的《中国近五百年旱涝分布图集》（地图出版社，1981）、中国科学院地震工作委员会的《中国地震资料年表》（科学出版社，1956）、中国科技大学张秉伦等的《淮河和长江中下游旱涝灾害年表与旱涝规律研究》（安徽教育出版社，1998），等等。

这些灾害史的科学研究，从历史灾害资料处理的科学量化、灾害史研究

① 夏明方：《中国灾害史研究的非人文化倾向》，《史学月刊》2004年第3期。

② 卜风贤、朱宏斌：《第三届中国灾害史学术研讨会会议纪要》，《中国农史》2006年第3期。

内容的科学体系建构到灾害史研究的古为今用等方面都有一个共同特点，就是对历史灾害问题进行科学研究。所谓历史灾害的科学研究，就是将历史灾害资料作为科学研究的一般对象，运用自然科学的理论与方法去分析、解读历史灾害资料。因此，在灾害史研究中，大量的历史文献得到整理汇编和初步利用，灾害史研究的方法手段不断更新，技术性大大强化，研究视野进一步放大，不仅研究各种灾害问题，还把灾害与天文结合起来研究自然灾害的宇宙背景和太阳黑子活动成因①，把灾害与地理地质结合起来研究地气耦合关系②，把灾害与经济波动、社会稳定和王朝兴衰结合起来研究历代社会变迁的灾害机制③。

近年来国内外学者已经采用$\Delta^{14}C$资料、Sunspots资料研究历史灾害问题并取得诸多成果，④特别是最近11000年来Sunspots Number序列的重建和近10000年来高精度$\Delta^{14}C$数据测算⑤，为开发利用我国灾害文化资源提供了有益启迪，也促使我们通过建立历史灾害数据库以揭示古代灾害资源和现代科学研究成果之间的紧密关系。这些努力带动了一大批科学工作者参与灾害史研究，灾害史研究的社会影响力也日渐提高。在推动灾害史研究起步和发展中

① 高建国：《海洋灾害、大气环流和地球自转的关系》，《海洋通报》1982年第5期；灵提多：《太阳黑子活动与宁夏山区旱灾》，《宁夏大学学报》（自然科学版）1982年第2期；肖嗣荣：《自然灾害群发性及可能成因——以17世纪华北地区为例》，《灾害学》1987年第1期；高庆华：《试论地球运动与地质灾害及自然灾害系统》，《中国地质科学院院报》1988年第18号；王璐璐、延军平、韩晓敏：《环渤海地区旱涝灾害与太阳黑子活动、ENSO关系的统计研究》，《中山大学学报》（自然科学版）2016年第1期；刘静、殷淑燕：《中国历史时期重大疫灾时空分布规律及其与气候变化关系》，《自然灾害学报》2016年第1期。

② 孙根年、黄春长：《关中盆地地-气系统灾变的节律性及耦合关系》，《自然灾害学报》2003年第4期；郭增建、荣代潞：《从地气耦合讨论某些天灾预测问题》，《自然灾害学报》1996年第4期；高晓清、汤懋苍：《天灾成因的一种新认识》，《自然灾害学报》1995年第3期；郭增建、秦保燕、李革平：《地气耦合与灾害的某些讨论》，《西北地震学报》1991年第1期。

③ 魏柱灯、方修琦、苏筠等：《过去2000年气候变化对中国经济与社会发展影响研究综述》，《地球科学进展》2014年第3期；葛全胜、郑景云、郝志新等：《过去2000年中国气候变化研究的新进展》，《地理学报》2014年第9期。

④ Hodell D, Solar Forcing of Drought Frequency in Maya Lowlands, *Science*, 2001: 292.

⑤ Solanki S, et al., Unusual Activity of the Sun during Recent Decades Compared to the Previous 11000 Years, *Nature*, 2004: 431; Stuiver M. High-Precision Radiocarbon Age Calibration for Terrestrial and Marine Samples, *Radiocarbon*, 1998, 40（3）.

自然科学研究者居功至伟，功不可没。

但是灾害史研究还需要符合史学规范，还需要做更多的灾害史料考辨甄别等基础性工作，还需要在灾害社会史、灾害文化史、灾害经济史等方面做进一步探索研究，对自然科学研究者而言确实容易在这方面出现一些错误和疏漏。[①]因此，目前我国的灾害史研究还面临诸多困难，如一度备受关注的长时间序列历史灾害数据库的构建和历史灾害文献的信息化处理，在最近几年的灾害史研究中又有再度勃兴之势。但是历史灾害计量分析必须符合科学流程，这就要求灾害史数据库建设工作不仅仅要做灾害资料的汇编整理，还要做历史灾害事件的逐次核定，只有从文献记录以来的灾害事件逐次核定做起，梳理不同文献中有关同一次灾害事件记录的史源关系，校订每一次灾害事件的时间、地点、灾情、灾害过程、救荒减灾等要素，才有望建立比较可靠的历史灾害序列。首先在以县为单元（县级行政区）基础上做历史灾害事件的逐次核定，然后做历史灾害事件等级量化，最后才是计量分析。历史灾害事件的逐次核定应该充分利用五行志、一统志、省志、府志、县志、政书、笔记、实录、档案、碑刻等资料，按照历史灾害事件的时空特征、种类、灾情编订类目，再做等计量化。这项工作不但费时费工，而且需要灾害史学界普遍认同与分工协作才有望建立资料全面、信息可靠的历史灾害数据库。

对灾害规律性的把握是一项建立在长序列、连续性强的信息资源基础上的特殊研究工作，这直接阻碍了历史灾害文献整理利用和灾害历史研究的进一步开展。历史灾害文献信息化处理的关键在于建立科学合理的信息量化的标准和方法。面对数以千万计的灾害文献资源，信息量化标准必须以灾害学理论为基础，信息量化方法必须简便可行。

客观地讲，灾害史料辨识过程中出现错误遗漏是在所难免的，并无历史学和非历史学的专业界别。历史灾害信息量化要求史料全面可靠，而迄今为止尚无人能够全面地清理历史灾害文献资料，甚至断代的灾害资料或者某一方面的灾害资料也不能符合这样的规则要求。目前所见较为全面的灾害史料汇编有张德二的《中国三千年气象记录总集》（凤凰出版社，2004年），贾贵荣等的《地方志灾异资料丛刊》（第一编）（国家图书馆出版社，2010年），

---

① 邹逸麟：《对学术必须有负责和认真的态度》，《中国图书评论》2003年第11期。

于春媚等的《地方志灾异资料丛刊》(第二编)(国家图书馆出版社，2012年)，来新夏的《中国地方志历史文献专集·灾异志》(学苑出版社，2009年)，古籍影印室的《民国赈灾史料初编》(国家图书馆出版社，2008年)，詹福瑞的《民国赈灾史料续编》(国家图书馆出版社，2009年)，夏明方的《民国赈灾史料三编》(国家图书馆出版社，2017年)，李文海等的《中国荒政书集成》(天津古籍出版社，2010年)等等。

从灾害史料的文献学来源看，历史灾害文献大概有正史、方志、儒家经典、诏令奏议、类书、古农书、档案、报刊等类型。[①]而目前建构历史灾害序列的工作或偏重于五行志资料，或偏重于救荒文献，很少有人能够先做扎实的灾害资料汇编工作，集各种类型的灾害史料于一体，然后再进行计量分析。所以，就现有灾害史的计量工作而言，最大的问题依然是资料的全面性没有很好地解决，遑论资料考订、计量方法等更本质的灾害史研究工作。即使经过严格的历史学训练建立了较为全面的灾害数据库，在灾害信息量化方面没有进行分等定级的信息处理，也不能贸然采取计量分析并以此作为对历史灾害的规律性认识。所以，历史灾害研究的基础工作中，基于历史学准则的资料整理仅仅是初步工作，影响历史灾害研究结论的关键因素还有灾害史料的识别判定和适当的计量方法的选取。[②③]也许正是因为这样矛盾交织的学术形势，2004年夏明方先生指出，“历史学家的长期缺场以及由此造成的灾害史研究的自然科学取向乃至某种‘非人文化倾向’，已经严重制约了中国灾害史乃至环境史研究的进一步发展”[④]。2015年上海交通大学科学史研究院陈业新教授再次表达了对夏明方教授“非人文化倾向”的认同与赞许，“如此，不仅不利于全面厘清历史灾害的真实情状，而且有悖于灾害史研究的初衷，削弱了灾害史研究的价值和意义”[⑤]。

---

① 张波、张纶、李宏斌等:《中国农业自然灾害历史资料方面观》,《中国科技史料》1992年第3期。

② 卜风贤:《我国历史农业灾害信息化资源开发与利用》,《气象与减灾研究》2011年第4期。

③ 卜风贤:《历史灾荒资料的信息识别和利用》,《中国减灾》2007年第1期。

④ 夏明方:《中国灾害史研究的非人文化倾向》,《史学月刊》2004年第3期。

⑤ 陈业新:《深化灾害史研究》,《上海交通大学学报》(哲学社会科学版)2015年第1期。

二、灾害史研究与科学史的内在逻辑关系

灾害史的研究对象和研究内容以见载于历史文献的气象灾害、地质灾害和生物灾害为主，与科学史密切相关且与农学史、医学史、地学史等学科的内容有一定程度重合。现在总论灾害史研究的一些文章坚持认为灾害史研究具有自然科学和社会科学的双重属性，但是从灾害史的发展历程看灾害史研究的自然属性和社会属性是有差别的，并非对等关系。自然灾害的本质特征的确有自然属性与社会属性的两面性，但是自然灾害首先具有自然属性，如气象灾害、生物灾害和环境灾害的起源滋生和灾害载体都是自然物质，只有灾害的成灾对象是人文社会和生命财产。灾害的自然属性是首要的前提性因素，居于主导地位；灾害的自然属性不但决定着灾害的发生过程、危害程度、成灾对象、灾害时间、灾害地区等灾情要素，还会进一步影响灾害的社会反应、灾害应对等减灾救荒要素。

辨别灾害的人文与自然属性之间的关系，有助于我们进一步认识灾害史研究的发展历程。20世纪的灾害研究史中存在明显的非人文化倾向已被学者充分论证并得到学界肯定，但是很少有人反问何以出现这种非人文化倾向？难道仅仅是因为历史学家的“缺场”这么简单吗？即使是因为历史学者的“缺场”导致了灾害史研究的非人文化倾向，那么历史学家何以在如此重要的灾害史研究领域“缺场”？早在20世纪30年代就有《中国救荒史》这样显赫的著作，何以后来的几十年时间中历史学家反倒对灾害史研究不感兴趣了？这岂非咄咄怪事？

对灾害史研究中非人文化倾向问题的回答必须立足于辨析灾害史学科的自然属性。在20世纪灾害史学科发展过程中，气象灾害、生物灾害和环境灾害的历史研究表现出了明显的自然科学学科特征，气象学家做水、旱、风、雨、雹、霜、雪等灾害史研究，生物学家做蝗灾史、病虫害史研究，地质地理学家做地震、沙尘暴等灾害史研究，没有现代科学知识和科学素养很难对各种灾害资料进行专业整理和专门研究，如虫灾下就有螟、蜮、蟊、贼等多个名目，《诗经》中列举螟螣蟊贼之虫[①]，《吕氏春秋》记录螟蜮为害[②]，若非熟知昆虫学知识则极易混淆文献，出现解读错乱。20世纪七八十年代灾害史

---

①《诗·小雅·瞻昂》:“去其螟螣，及其蟊贼。”

②《吕氏春秋·任地》:“大草不生，又无螟蜮。”

研究领域兴起的谱分析等数理分析技术更加强化了研究工作的科学难度，这是历史学家难以参与其中的一个重要原因。[①]

从过去几十年的灾害史发展历程看，基于历史文献对灾害规律性的探索和对灾害发展演化特征的研究具有明显的科学史特征，而经历了灾害史的科学内史研究，灾害史才逐步转向灾害社会史、灾害文化史和灾害经济史等灾害外史的进一步拓展研究。[②]这样的发展历程和中国科学史领域先有内史再有外史的研究路径极为相似。[③]因此，基于自然科学的灾害史研究是中国灾害史发展的必然阶段，期间虽然表现出一定的非人文化倾向，但这是灾害史学科发展的必由之路，既不是灾害史的发展缺陷，也不是历史学家无缘无故“缺场”的结果。窃以为夏明方先生当时敏锐体察到灾害史研究中人文学科的潜在力量才提出灾害史研究中非人文化倾向一说，其主旨在于促进灾害史研究中人文化倾向与非人文化倾向互补兼容式的综合发展，其中并无扬此抑彼的文理分化意图。至于后来蜂拥而上的人文化倾向引申论辩其实在很大程度上是对灾害史学科发展阶段的臆断和误判，明显脱离了20世纪五十年代以来灾害史研究的时代背景而遽下论断。但是漠视灾害史研究发展的特殊阶段和灾害史研究的自然属性，不能就灾害史研究中非人文化倾向与人文化倾向的关系予以准确判断的话，过度助力灾害史研究中的人文化倾向也会事与愿违，非但会使人文社会学科的灾害史研究更加偏离灾害史的主方向，即使灾害史研究中遗留至今的灾害信息量化、历史灾害序列重建、灾害规律分析、灾害链、巨灾事件等基本问题也不能得到妥善解决。

在灾害史研究的内史问题没有得到根本性解决之前，即使充分鼓动历史学家参与其中也不能遏制或者阻止非人文化倾向，这是20世纪前中期灾害史研究的实践所揭示的学术历程；灾害史研究所呈现出的阶段性特征，既是对人文化倾向的呼唤，也是对非人文化倾向的肯定，甚至可能进一步调和，促

---

① 但这里有个例外情况，袁林先生长于灾荒史研究并有逾百万言的《西北灾荒史》出版，且获得国家“五个一”工程奖，学界评价甚高。但袁林《西北灾荒史》中采用自然科学家擅长的谱分析技术对历史灾害史料进行量化研究，研究方法完全脱离史学领域既有的灾害史范式。对这一现象灾害史理论研究中也应予以关注，这对理解20世纪九十年代以前历史学界整体“缺场”灾害史研究领域具有典型意义。

② 卜风贤：《中国农业灾害史研究综论》，《中国史研究动态》2001年第2期。

③ 魏屹东：《科学史研究为什么从内史转向外史》，《自然辩证法研究》1995年第11期。

进灾害史研究中的内史、外史研究兼容并蓄，人文化倾向与非人文化倾向并向而行且形成合力，共同促进灾害史研究进入一个新的繁荣阶段。而这样的趋势在目前的灾害史研究中已经有所表现，自然科学家的灾害史研究更加明显地向灾害社会史、灾害经济史、灾害文化史方面倾斜，历史学家的灾害史研究也跨越既有的“楚河汉界”，大张旗鼓地建设历史灾害数据库并推行大数据和灾害史料计量分析方法的改进革新。

三、灾害史研究的科学转向

灾害史研究的内史价值是由灾害史研究的特殊性，即历史灾害事件的自然属性和灾害史研究的自然科学性决定的。在经历了艰难曲折的灾害学建构历程之后，灾害史研究面对非人文化倾向问题时就有相当充分的理由予以解释应对：灾害史研究中的非人文化倾向并没有削弱灾害史研究的价值和意义，也不是严重制约中国灾害史发展的阻碍性因素。在目前灾害史研究中呈现显著人文化倾向的学术趋势下，非人文化倾向的灾害史研究仍然需要给予足够重视并促使其进一步发展。只不过，在今后的灾害史研究中应该更多关注于人文化倾向研究与非人文化倾向研究的协作与合流。

因为灾害史研究具有内在的非人文化特性，基于现代灾害学基础的灾害史研究应重点做好以下几方面的研究工作。

第一，历史灾害文献整理与数据库建设利用。自然科学家殚精竭虑地研究灾害史的成绩之一就是历史灾害资料整理成果最多、影响极大，但是遭受历史学家的批评也最多。近年来因为大数据资源建设的兴起，历史学家开启了灾害文献整理利用的新局面，现有的国家社科基金重大项目“清代灾荒纪年暨信息集成数据库建设”（13&ZD092）、“中国西南少数民族灾害文化数据库建设”（17ZDA158）、“近代西北灾荒文献整理与研究”（16ZDA134）都是历史学家承担重任。这些重大项目既是对过去自然科学家所做灾害资料整理工作的继承和延续，也是对历史灾害事件的基础研究工作的进一步拓展。在灾害史研究的人文化倾向和非人文化倾向相背而行的情况下，历史灾害文献整理工作中出现了自然科学家与历史学家研究工作的有机融合，亦即人文化倾向与非人文化倾向的相向而行。其中，过去自然科学家所面临的困难、出现的问题依然存在，历史灾害数据库建设的任务依然任重而道远。在资料完备而信息准确的历史灾害数据库建构完成之前，任何灾害史量化研究都是存在缺陷的；即使充分利用各种历史文献资源建构完成历史灾害数据库，进行科学的历史灾害规律的计量分析也会存在各种各样的问题。所以，灾害史研究中的史料整理和信息量化是一项极为艰辛的工作，也是极其艰巨的任务。但是，问题越多、困难越大，也就越具有挑战性。这个工作不是几个项目能够解决的，也不是几个学者能够承担的任务，需要灾害史研究者持续地开展相关基础性研究工作。

第二，历史灾害的计量分析。历史灾害的计量分析是灾害史料整理后的必然工作，但是如何进行灾害史的计量研究则有颇多争议。过去的灾害史研究中，自然科学研究者多偏重于历史灾害的量化研究，历史学家则致力于历史灾害文献的旁征博引和定性论述。甚至当历史灾害时空分布的计量研究空前泛滥的时候，我们不得不提出灾害史研究的固化现象，并以灾害史研究陷于瓶颈而对此作法予以大肆抨击。究其原因，经过一定自然科学训练的农业科学、气象学、地理学、地质学等学科的研究者开展灾害史的计量分析时往往表现出明显的简单化倾向，或者简单地将某一区域的灾害文献记录转化为数字信息进而计算其频率密度，或明知资料不足却没有进一步搜罗文献而仓促量化分析推出成果，或依据现有资料所做历史灾害时空分布的规律性研究结论与已有成果大同小异甚或完全雷同，诸如此类的研究工作极大地削弱了自然科学家从事灾害史研究的科学价值，并一度备受历史学家的诟病非议。这是自然科学家在灾害史研究中经历的曲折历程，也是自然科学知识在灾害史研究中的无助、局促。它告诉我们：灾害史研究虽然具有科学史属性并需要一定的自然科学知识，但是简单的资料解读完全不是灾害史研究应该使用的方式、手段，灾害史研究既需要自然科学知识的引导判断，更需要扎实的历史学功底去梳理资料并做实证分析。利用不完整的数据贸然进行不科学的计量分析，比起没有科学性的灾害史料堆砌罗列式的史学范式更加荒诞不经。

在灾害史计量分析方面，前人已经做过多种探索，有些方法经过验证有一定可行性，有些方法虽然公之于众但反响平平，今后的灾害史研究应从科学史方面做更多的探索性、创新性工作，以适应今后的灾害史研究形势。这方面上海交通大学科学史研究院陈业新教授近年做的一些工作很有意义，他在前期历史灾害文献实证研究的基础上转向灾害史计量分析研究并有所成就。①他所做的这项工作的意义是：历史学专业的灾害史研究者转向自己并不熟悉、并不擅长的历史灾害计量研究方面并取得了很好的成绩，这对长于数理分析的自然科学专业的灾害史研究者提出了很大的挑战。这是一个很有意思的话题，更是一个科学史领域开展灾害史研究的很好的范例，同时也告诉更多的年轻一代的灾害史研究者，历史灾害的计量分析不管是从自然科学角度去思考，还是从历史学角度去考察，都是一个极有学术意义和学术价值的灾害史研究方向。

第三，历代减灾技术史研究。在科学史学科点选择灾害史研究为学术方向培养研究生已经不是个别现象，也不是新近出现的尝试摸索，西北农林科技大学、陕西师范大学、南京农业大学、华南农业大学等学校的科学史学科已有多年选择灾害史研究培养研究生的学术经历。与历史学领域开展灾害史研究略有不同的是，科学史学科选择研究灾害史问题时会更加倾向于减灾科学史方向。这是学科的要求使然，也是灾害史研究亟须拓展减灾科学史研究的必然结果。

减灾科学史研究包括不同历史时期蝗灾防治、水灾治理、旱灾应对等各种灾害的预防与控制，这些方面的灾害史研究具有很突出的技术史要素，其产出作为科学史学术成果实至名归，如于国珍的《清代陇东地区自然灾害与农耕社会》（陕西师范大学，2011年），汪宁的《明清时期关中地区旱荒关系研究》（陕西师范大学，2016年），汪志国的《自然灾害重压下的乡村——以近代安徽为例》（南京农业大学，2006年）。但是相对于历史学科领域的灾害史研究，科学史方向的减灾科学史研究势单力薄，应者寥寥。造成这种局面的主要原因在于科学史学科对灾害史研究的认同与定位。虽然历史学家明显地将灾害史研究区分为自然史方面的灾害史研究和社会经济史方面的灾害史研究，并将自然史方面的灾害史研究置于历史学门墙之外，但以自然科学为基础的科学史学科领域向来对灾害史研究漠然置之，既没有对其进行明确的学科界定，也没有从学科理论方面对灾害史研究进行学科解释和附属招安。即使在中国科学院自然科学史研究所和中国科技大学、上海交通大学等科学史研究重镇相继有人从事灾害史研究的学术条件下，灾害史的学科定位依然

---

① 陈业新：《1960年代以来有关水旱灾害史料等级化工作进展及其述评》，《社会科学动态》2017年第2期。

颇多尴尬。这样必然导致除了个别长期坚持灾害史研究的老师还能培养灾害史方向的研究生外，其他科学史工作者大多在学科史和科学史其他方面开展工作，反倒很少介入灾害史领域。

在突出灾害史研究的非人文化倾向并进一步推进其科学转向的过程中，也要理解和解释中国灾害史研究的“制度陷阱”。在进行中国灾害史研究时，也会不可避免地接触到著名经济学家阿玛蒂亚·森教授的饥荒理论，即灾害发生后并不一定出现饥荒，而不合理制度却是饥荒发生的根本原因。但是通考中西方灾害史就会发现，传统农业时代的灾荒机理具有明显的技术导向[①]，在生产力水平低下的条件下即使制度不变，如果人口增长超过了粮食产量水平所能承担的幅度的话，饥荒的发生也会是一个极其普遍的社会问题，明清时期中国饥荒遍地的根本原因在于农业科技瓶颈而不是制度陷阱。当我们将中国灾害史的问题症结聚焦于科技因素的时候，就会在灾害与科技之间构建起一条沟通彼此的桥梁，也会在中国灾害史的科学转向问题上找寻到更加坚实的立足点。因为灾害的本质属性以自然为主，历史灾害与科学技术之间的密切关系就会得到进一步加强，灾害史研究中表现出的非人文化倾向也就比较容易理解了。

（原刊于《河北学刊》2019年第6期）

① 卜风贤：《传统农业时代乡村粮食安全水平估测》，《中国农史》2007年第4期；卜风贤：《农业技术进步对中西方历史灾荒形成的影响》，《自然杂志》2007年第5期。

第二章 明清以来海洋灾害治理的机制演变

明清东部河海结合区域水灾及官民应对

王日根

厦门大学人文学院

摘　要：明清时期，沿海如台风、风暴潮、地震等灾害肆虐，给农业化的沿海区域带来了巨大的生命财产损失，围海造田的人们通过各种水利设施尽量减轻灾害造成的损失，虽多有成就，但人类在自然面前，仍多显示出被动和无奈。在明清社会变迁过程中，排洪泄洪与海水倒灌等往往进一步加剧沿海地区的海洋灾害影响，虽官方和民间屡有兴造，但效果多不理想。随着海岸线东移，明清许多沿海港口经历了不断内陆化的过程，海洋因素渐渐成为其越加遥远的记忆。立足于海洋视角，我们便不难窥见明清时期官民在面对海洋变迁时所做出的应对，其中不乏若干值得汲取的教训。

关键词：明清时期；海洋灾害；官民应对

一、海的运动与成灾

海上飓风时作，引起海浪滔天，有时高十余丈，“漫屋渰田。即无大雨，江水涨溢，则田畴积咸，连年失耕，沿海苦之”[①]。“春月东风大作，海涛

① 万历《琼州府志》卷三《地理志》。

挟雨，翻腾而起，高溢数丈，濒海之地皆为咸没。”[①]明嘉靖十八年（1539年）七月初三，“通州海门各盐场，海溢，高二丈余，溺死民灶男妇二万九千余口，漂没官民庐舍不可胜计”[②]。海州“大风，昼晦，海潮大涨”[③]。淮安府阜宁、盐城沿海“东北起大风，天地尽晦，海潮大涨”[④]。扬州府沿海“海潮溢，高二丈余，溺死民灶男妇二万九千余人”。兴化县“大风偃禾黍，海潮涨溢，高二丈余，漂没庐舍人及畜不可胜纪。十余年不复”[⑤]。东台县“海潮暴至，陆地水深至丈余，漂庐舍亭场，损盐、铁，灶丁溺死者数千人”[⑥]。有时，人们看到的潮水上涌就像海水沸腾了一样，首先带给人们的就是恐惧感，《明史·五行志》中记载：“明万历十七年六月，浙江海沸，杭、嘉、宁、绍四府属县廨宇多圮，碎官民船及战舸，压溺者二百余人。”明成化八年（1472年）七月，东台大雨，海涨浸没盐仓及民灶田产。[⑦]万历十年（1582年）正月，“淮扬海涨，浸丰利等盐场三十，渰死二千六百余人”[⑧]。崇祯五年（1632年）六月二十八日，琼州临高县“飓风大作，人牛马立不安足，海涨没庐舍，伤禾稼”[⑨]。清嘉庆元年（1796年）七月二十五日，东台暴风雨，火块闪烁其中，渡昼夜，海潮涌，灶舍灶丁俱没，莫知其所在。

明清时期，人们对海的认识仍存在诸多局限，无法解释海水泛涨的运行机理，因而有时将这类现象记载在五行志中，有时因为无知过度渲染其可怕，增加了人们对海洋的惧怕。

江苏沿海的地方志中经常见到“海啸”的记载，明万历二十四年（1596年）八月初九酉时，河海水齐啸，行舟遭冲激。[⑩]清顺治十六年（1659年）

---

① 康熙《乐会县志·地理志·海潮》。
② 康熙《通州志》卷一《机祥》。
③ 嘉庆《通州直隶州志》卷三一。
④ 民国《淮安府志》卷二四《祥异》。
⑤ 康熙《兴化县志》卷一《祥异》。
⑥ 嘉庆《东台县志》卷七《祥异》。
⑦ 嘉庆《东台县志》卷七《祥异》。
⑧ 嘉庆《东台县志》卷七《祥异》。
⑨ 光绪《临高县志》卷三《灾祥》。
⑩ 嘉庆《东台县志》卷七《祥异》。

七月，大水，海啸，平地深数尺，行者之舟筏往往覆没死。[①]康熙六十一年（1722年）六月十九日，海啸，因为潮淤，多成斥卤。[②]

在变幻多端的海洋面前，人们往往被动地接受着海洋灾害的劫夺，在一波人群遭遇灭顶之后，又有新一波的人们重复着这样的历程。

二、围海造田与海潮侵袭

以农业为主导和根基的王朝在面对海洋开发的新课题时，总是习惯性地使用围海造田的固有生产方式，木兰陂就是其中的一个显著事例。在沿海州县中，海洋灾害大多表现为围海造田遭遇海潮侵袭，导致田畴荒芜、土地盐碱化，人民的生计无所着落。崇明岛的开发也在较长时期走过这样的路径。

明清时期沿海和岛屿区域经历了一个农业化的过程，但是海潮的入侵往往给沿海和海岛农业以灭顶之灾，还长久地导致土地的盐碱化。如崇明县就是如此：康熙《重修崇明县志》卷四《蠲赈》记明洪武二十三年（1390年），潮灾，邑人赵以礼赴京陈请发帑以赈。永乐十二年（1414年）邑人宋伯亮诣阙奏请特遣官发赈，仍复徭者二年。隆庆三年（1569年）闰六月，潮灾，同知张云狱履勘发谷二十九万斛先赈后闻。

崇祯三年（1630年）六月至八月，潮溢，民饥，知县王宫臻蠲俸首赈，生员沈廷扬捐四千金，设厂堡城关帝庙赈济。顺治七年（1650年），潮灾，两告知县刘公纬捐俸劝助设八厂煮粥，日给数千人；十一年（1654年），大风潮，巡抚张提督梁捐俸大赈；十七年（1660年）寇退，潮灾，知县陈公申请按张公起凤起秋粮尽行题蠲；十八年（1661年）夏旱，秋潮，知县龚公被参，总督郎具题奉旨：崇明县屡遭寇犯，赖士民竭力，全城所欠盐课，尽行蠲免。

类似的记载普遍见于各地地方志之中，明洪武八年（1375年）七月初二夜，“大风雨，海溢，潮高三丈，平阳九都、十都、十一都等处男女死者二千余口”[③]。永乐二十年（1422年）五月初三，广州沿海“飓风暴雨，潮水泛溢，溺死者三百六十余口”[④]。弘治十七年（1504年），海丰“海水溢，浪高

---

① 嘉庆《赣榆县志》卷三《灾异》。

② 嘉庆《海州直隶州志》卷三一。

③ 万历《平阳县志》卷六《灾祥》。

④ 康熙《番禺县志》卷一四《事纪》。

如山，须臾，平底水深一二丈，金锡、杨安二都民居濒海，漂流淹死不可胜数”[①]。嘉靖十八年（1539年）闰七月初三，江苏兴化沿海“大风偃禾黍，海潮涨溢，高二丈余，飘没庐舍人畜不可胜计。十余年不复”[②]。

历史上海岸线不断变迁，东移现象非常明显。宋代范仲淹曾针对这种情况修筑了范公堤，力求保障堤西民众的生命财产安全，沿海一线本来设置了若干出海港口，如竹港海口、王家港海口、关龙港海口、新洋港海口和射阳港海口，但这些港口所处地带往往无法排泄低于海平面的水，反而易被海水倒灌，给西侧的民众带来殃害。

宋真宗天禧五年（1021年），范仲淹调任泰州西溪盐仓监，负责监督淮盐贮运及转销。西溪濒临黄海，唐时李承修筑的旧海堤因年久失修，多处溃决，卤水充斥，淹没良田，毁坏盐灶，人民苦难深重。于是，范仲淹上书江淮漕运张纶，痛陈海堤利害，建议修筑海堤，重修捍海堤。仁宗天圣三年（1025年），张纶奏明朝廷，仁宗调范仲淹为兴化县令，全面负责修堰工程。天圣四年（1026年）八月，范仲淹母亲谢氏病逝，范仲淹辞官守丧，工程由张纶主持完成。范仲淹出任泰州期间，征调4万多人，重修捍海堤，自天禧五年（1021年）至天圣四年（1026年）完成，新堤跨通、泰、楚三州，全长约100千米，不仅使当时人民的生活、耕种和产盐均有了保障，还在后世“捍患御灾”中发挥了重要作用。仁宗景祐元年（1034年），苏州久雨霖潦，江湖泛滥，积水不能退，造成良田委弃，农耕失收，黎民饥馑困苦，范仲淹出知苏州后，根据水性与地理环境，提出开浚昆山、常熟间的五河，将积水导流太湖，注入于海的治水计划。范仲淹以“修围、浚河、置闸”为主的治水经画，不但获得时舆的赞扬，而且泽被后世。范公堤既可“泄内河之水”，又可“御海口之潮”[③]，它的兴修与否，“两淮盐政兴废系焉”[④]。

在围海造田的政策驱动下，沿海居民通过大量的实践，形成了若干捍御海潮侵袭的经验，具有较显著的效果。

涂田、埭田、塘田、海田都是沿海居民适应农业化生产方式创造出来的耕作方式。涂田“乃海滨涂汛之地，有力之家累土石为堤以捍潮水，月日滋

---

① 嘉靖《惠州府志》卷一《事纪》。

② 康熙《兴化县志》卷一《祥异》。

③《两淮鹾务考略》卷一《产盐之始》。

④ 康熙《两淮盐法志》卷二五《艺文一・佚名重修河堰记》。

久，涂泥遂干。如得为田，或遇风潮暴作，土石有一溥之决，咸水冲入，则田复涂矣”[①]。

明人总结说：“濒海之地，潮水往来，淤泥常积，上有咸草丛生，此须挑沟筑岸或树立椿橛以抵潮汛，其田形中间高，两边下，不及十数丈即为小沟，百数丈即为中沟，千数丈即为大沟，以注雨潦，谓之甜水沟。初种水稗，斥卤既尽，可种稻，所谓泻斥卤兮生稻粱，非虚语也。”[②]上海地区“荡未成壤，须植苇以澹卤质，名曰种菁”[③]。

埭田多见于福建泉州、漳州一带。“海滨筑陂为田，其名曰埭。初筑未堪种艺，则蓄鱼虾，其利亦溥。越三五载，渐垦为田，斥卤未去，咸水允稻，其穗须长毵毵如发，能耐水浸，米色赤。数十年后成熟，耕始早晚二收云。”[④]惠安沿海，“海潮时至，昔人捍之为田，而海至此为内港，外无畏于波涛之险，而内时有鱼虾之饶，力余采之，亦足以赡生，故县人称此为乐土”[⑤]。

海田是在滩涂上“因地势筑堤，动辄数百丈，御巨浸以为堤塍。又砌石为斗门泄暴水，功力费甚，然地泻卤损多而丰少”[⑥]。去除卤咸在夏季多雨季节尚可实现，而一旦夏季干旱，海潮的突然到来则势必造成严重的土壤咸化，有的需要数年才能变淡。

当然，沿海人民还总结出利用潮水灌溉田地的办法，“反濒海之区概为潮田，盖潮水性温，发苗最沃，一日再至，不失晷刻，虽少雨之岁，灌溉自饶。其法临海开渠，下与潮通，潮来渠满，则插而留之，以供车戽，中间沟塍地埂，宛转交通，四面筑围以防水涝，凡属废坏皆成膏田”。明代崔嘉祥总结农民的经验说：“咸水非能稔苗也，人稔之也，夫水之性，咸者每重浊而下沉，淡者每轻清而上浮。得雨则咸者凝于下，荡舟则咸者溷而上。吾每乘微雨之后，辄车水以助天泽之不足，水与雨相助而濡，故尝淡而不成，而苗

① 冯福京：《昌国州图志》卷三《叙赋》。
② 袁黄：《劝农书·地理第二》，万历十三年刊。
③ 民国《崇明县志》卷六《田制二》。
④ 嘉庆《云霄厅志》卷二〇《纪遗》。
⑤ 嘉庆《惠安县志》卷三二《文集》。
⑥ 梁克家《淳熙三山志》卷一二《海田》。

尝润而独稔。”[①]

捍卤蓄淡是沿海人民应对海潮灾害的基本方略，“洋田万顷，一望茫茫，内无泉脉之浚源，无堤以捍卤，则万顷砂砾耳”[②]。堤防是沿海农业的重要御灾设置，否则“稍失堤防，风潮冲击，则平田高岸悉为水乡”[③]。咸潮后，“咸卤气发，伤败种苗必三年乃可耕作”[④]。

筑陂捍御海潮在福建沿海推广较多。漳州海澄太保陂修成后，“筑陂开圳顺导九十九坑之水以灌于田，砌斗门以便潴泄，遂成沃土，岁收巨万”[⑤]。泉州惠安七都北坝乡有田五千余顷，“厥赋六百余石，又濒于海，涝则苦潦，旱则忧槁，稼弗奏功，民困逋负，至有转沟壑，甘流离而不返者”，待嘉靖十五年（1536年）东洋陂石堤建成后，“蓄泄有时，旱涝有备，利兴而民忘劳”。[⑥]

沿海人民在开发涂田、埭田的过程中，逐渐掌握了解决海潮侵袭、土壤盐碱化问题的办法，譬如筑堤御潮、引淡水洗盐、种植耐盐植物、蓄养鱼虾脱盐，甚至还化害为利，在感潮河段利用潮水顶托之力灌溉潮田，这些均体现出沿海人民利用自然的成就。

三、排洪泄洪与海水倒灌

江苏沿海的苏北里下河地区面积超过一万三千平方千米，早期属于海湾淤积而成的潟湖，在海水顶托和黄河、长江入海等多重因素的共同作用下，在该潟湖的东沿，经自然与人类共同努力形成了海岸线，如宋代有范仲淹为了杜绝海潮的入侵而修筑的范公堤，但其后海岸线继续东移，范公堤上的排洪泄洪口不得不东移。由于苏北里下河地区地势低洼，许多地方海拔低于海平面，这便给排洪泄洪带来了巨大的困难。唐宋时期，沿海海塘工程兴筑以及黄河夺淮后，苏北形成了“地上河”，保卫运河水道安全的高家堰不断增高，进一步强化了里下河地区的低洼性。从地形图上看，里下河呈蝶形，其南面是通扬运河和沿江高沙地，西面是历史上视为王朝生命线的大运河和高

---

① 崔嘉祥《崔鸣吾纪事》。
② 万历《雷州府志》卷一五《名宦》。
③ 宝庆《四明志》卷一八《水》。
④ 冯彬《海岸论》，万历《雷州府志》卷三《堤岸》。
⑤ 崇祯《海澄县志》卷一二《水利》。
⑥ 乾隆《泉州府志》卷九《水利》。

耸的运河大堤，北边是黄河故道，比里下河高五米以上，东面是串场河和范公堤，也比里下河高一至两米。历代多有疏浚海口的大型工程，但是由于苏北里下河地区处于王朝生命线的运河与沿海之间，保运前提下的泄洪时常将海拔偏低的该地区淹于水底，泄洪不畅便意味着人民生命财产的巨大损失。

在苏北，竹港海口、王家港海口、关龙港海口、新洋港海口、射阳港海口都是范公堤沿线用于泄洪或抵御海潮的。但是由于这些海口的西侧往往都低于海平面，因而往往宣泄无力，西侧的洪水无法宣泄到海里，海潮还反过来倒灌到西侧田地里，这无疑给治理带来了很大的困难。“关龙港河底在海平面一至五米，新洋港河底在海平面下二至八米，射阳河自马家荡尾河头起至阜宁城止，河底最浅处在海平面下二米突许，最深处在海平面下十米突许，自阜宁至海口，河底最浅处在海平面下七米突，最深处在海平面十米突外。王竹两港地势既较堤西为高，港道淤浅，关龙港地势亦高于堤西，河底深亦无几。论泄水，当然以新洋射阳为胜，比例之差，新洋泄水量较关龙多十倍，射阳泄水量较新洋多三四倍，有此高低关系，故下河及本境之水泄趋东北，而以射阳为唯一尾闾。前志载：泄水去路大纵湖达射阳湖海口，今考射阳湖淤垫，仍昔大纵湖湖底较低，水势东趋新官河下天妃闸，入新洋港亦一捷径，下河治水问题，除应分治五港，谋增加泄量外，倘范公堤东新运河告成，多关港口增建闸座蓄泄相资，亦解除下河偏灾之急务，至筑堤束水归海，屡见议论，事关本邑生民，故择要汇编以资参考。”[1]

明清王朝也不断派人兴工，治理海口，但政争尖锐，时常互相扯皮，工程往往陷入废弃。孔尚任参观待漏馆晓莺堂时，再度表达了事业未成的失落情绪，他说自己入仕三年多来，疏浚海口的任务并没有很好地完成。想到当初在乾清宫陛辞时，任务就是“为淮南七邑水患而来”，皇帝的期待非常殷切，工部左侍郎孙在丰也立志要建立一番功业，甚至内外使者各级官僚都积极配合，可三年后，“淮流尚横，海口尚塞，禾黍之种未播于野，鱼鳖之游不离于室，漫没之井灶场圃，漂荡之零棺败胔，且不知处所，而庙堂之上议论龃龉结成讼案，胥吏避匿视为畏途，即与余同事之官或还朝，或归里，或散或亡，屈指亦无一人在者，予独呻吟病饿于兹馆，留之无益，去之弗许。盖有似于迁客羁臣，以视鹾使者，赫赫捧檄，绣衣骢马，俨然以临于此地者，

① 民国《续修兴化县志》卷二《河渠三》。

岂不深刻愧哉？”因此产生了深深的紧迫感，他探究说：“古者，待漏馆在朝堂之外，百官五夜早集以候阊阖之开，其有所敷陈，皆于此时伏而思之，积诚而通之。凡殿上之侃侃而争者，皆馆中之惴惴而虑者也。兹馆虽非其地，而已袭其名，予既居其地，而又不能称其实，以视百官之夙夜在公，垂绅正笏于鸳鹭之班者，不尤更可愧哉？”[①]其忧国忧民的心情于此可见一斑。

在排洪泄洪、防止海水倒灌方面，官方组织了若干次修浚，其中有产生了良好效果的工程，也经常留下“豆腐渣”工程。沿海居民也进行了诸多探索，形成了许多行之有效的方法。

明永乐十八年（1420年）夏秋，海宁海溢，“潮没海塘二千六百余丈”[②]。清顺治十五年（1658年）十月一日，崇明海溢，“塘圩冲溃……飘没无遗种”[③]。康熙二十一年（1682年）夏，山阴“雨两月，海塘倒坏，海水冲入低田，大欠”[④]。雍正二年（1724年）七月十八、十九两日，江浙沿海发生特大风暴潮，“江南、浙江沿海州县卫所堤岸多被冲塌，居民田庐漂没”[⑤]。松江府属之海塘土堤，冲决三千六百七丈，上海护塘冲决九百一十丈[⑥]，海宁“塘堤尽决”[⑦]。这类严重的海潮灾害势必导致海水倒灌入内地，使人民生命财产损失惨重。

洪武二十二年（1389年）七月，“海潮涨溢，坏捍海堰，漂没各场盐丁三万余口”[⑧]，为此，“朝命起苏、松、淮、扬四府人夫修筑”[⑨]。成化七年（1471年），“潮发，死者二百余人，又命起淮、扬二府人夫修筑”[⑩]。成化十三年（1477年），以捍海堤坏，朝廷均下令巡盐御史“督率修筑”[⑪]，于是，御史雍泰令分司金鼎督修马塘、吕四、掘港等场损坏的范公堤。

---

① 孔尚任:《湖海集》，清康熙间介安堂刻本。
② 乾隆《海宁县志》卷一二《灾祥》。
③ 光绪《崇明县志》卷五《祲祥》。
④ 嘉庆《山阴县志》卷二五。
⑤ 嘉庆《松江府志》卷一二《山川志 · 海塘》。
⑥《清世宗实录》卷二四，雍正二年九月。
⑦ 乾隆《海宁州志》卷四《海塘》。
⑧ 乾隆《小海场新志》卷一〇《灾异志》。
⑨ 康熙《两淮盐法志》卷一七《古迹》。
⑩ 康熙《两淮盐法志》卷一七《古迹》。
⑪ 康熙《两淮盐法志》卷一七《古迹》。

“马塘场范公堤，宋范文正公所筑，年久圮坏。成化十三年，巡盐御史雍泰委分司金鼎督公重筑。”“吕四场捍海堰，范仲淹所筑，岁久崩溃，御史雍泰重修。”“掘港场范公堤，场前东南环卫绵亘百余里，御史雍泰重修。”[①]

正德七年（1512年）七月十九日，海潮发生后，巡盐御史刘绎令“淮扬二府及三十盐场起夫六千名，修筑捍海堤”[②]。嘉靖十九年（1540年），海门知县汪有执，“议修复捍海堤”[③]。嘉靖二十三年（1544年），御史齐宗道奏请修筑范公堤：“今海潮不常，灶荡民田淹没殆尽。……况一带古堤根基显著，因卑以为高，就狭以为阔，用工甚易，若再年久漂流已尽，将来潮发为害又不止十八等年也。乞勅巡抚凤阳等处，都御史会同巡盐御史查议，应该动支钱粮或赃罚或盐银两，动行淮扬二府及近海盐场募夫修筑，此堤，一完得复旧址，则不惟民灶永可保，而民田盐课亦永赖矣。”[④]次年，捍海堰得以修浚，“南自草堰，北抵伍祐，长百二十里。阙者葺之，下者增之，坠者廓之。高五尺，广视高倍焉”[⑤]。万历十年（1582年），总漕都御史凌云翼修筑范公堤，建泄水涵洞水渠十七处、石闸一座，共花币银两千四百余两。[⑥]万历十一年（1583年）、十五年（1587年），分司蔡文范和巡抚杨一魁俱修筑范公堤。[⑦]万历四十三年（1615年），兵道熊某重修栟茶、角斜二场范公堤之损坏处。[⑧]同年，巡盐御史谢正蒙重修捍海堤，起自吕四场，迄于庙湾场，共八百多里，耗资3000多两，动用了2000多□，“箕畚锸夫十万工有奇”[⑨]。

至清朝，国家也十分重视范公堤的兴修。如康熙年间，海潮冲坏范公堤岸，史公重修之。[⑩]

康熙五十一年（1712年），“飓风簸荡，海水泛溢，堤决栟、角、丰利等场，漂没田卤人畜，他场虽未冲决，而惊涛漫涨，亭荡波沉，溺死男妇千余

---

① 以上见弘治《两淮运司志》卷六《通州分司建置》。
② 乾隆《两淮盐法志》卷二二《场灶八 · 范堤》。
③ 乾隆《两淮盐法志》卷二二《场灶八 · 范堤》。
④ 康熙《两淮盐法志》卷一七《古迹》。
⑤ 康熙《两淮盐法志》卷二五《艺文一 · 佚名重修河堰记》。
⑥ 乾隆《两淮盐法志》卷二二《场灶八 · 范堤》。
⑦ 康熙《两淮盐法志》卷一七《古迹》。
⑧ 康熙《两淮盐法志》卷一七《古迹》。
⑨ 乾隆《两淮盐法志》卷二二《场灶八 · 范堤》。
⑩ 康熙《两淮盐法志》卷一七《古迹》。

口，民情震恐”，鹾使李煦、转运李陈常，决议修筑栟茶、角斜、丰利等场境内的范公堤，“度地赋工，奖勤惩惰，事不旁委，物无冒破，经始于甲午四月三旬，而竣事。溃者堵之，卑者培之，高厚完固如旧制”。最后，栟茶场用土一万七千余方，角斜场用土五千七百余方，合计花费银三千一百八十余两；丰利场用土达二万二千六百余方，花费银三千一百六十余两。[①]

雍正十一年（1733年），朝廷下诏给两江总督魏廷珍，命其修筑范公堤，“乘二三月间作速工，使沿海穷民得以佣工糊口”[②]，至雍正十二年（1734年），修筑了各盐场内长约一万零三百一十丈的范公残堤，于两淮运库内动支白银约二万七千二百六十二两。后来，发现泰州分司所属之丁溪场、小海场、草堰场，兴化县所属之刘庄场，盐城县所属之新兴场等范公堤内，“地势低洼，工程卑矮再需修理，计工丈一千四百五十二丈，估计用银三千四十七两八钱六分五厘”，也一并于两淮运库内动支。[③]管理两淮盐政、布政使高斌考虑到，“栟茶、角斜二场范堤去海只有数里，最为受险，堤工残塌，难御风潮”，“酌于栟茶地方比旧堤移进三四里许，另筑新越堤一道，保卫民灶”，于是，河督嵇曾筠于栟茶场旧堤南建了一座长二百九十七丈、高于旧堤二尺的新堤，这座新堤又被称为“嵇公堤”[④]。

乾隆五年（1740年），总办江南水利大理卿汪漋上奏朝廷，陈述盐城串场河之范堤及栟茶、角斜二场堤工，“俱逼海滨，应加宽厚”[⑤]，朝廷同意了他的请求。同年，大使李庆生于栟茶场筑造长二百九十七丈的新堤，横锁范公堤与嵇公堤，人称“格堤”[⑥]。乾隆六年（1741年），修筑泰州、兴化、盐城、阜宁四州县境内旧有范公堤。乾隆十一年（1746年）十二月，鉴于“吕四、掘港、丰利三场历年未修，其栟茶、角斜二场虽于乾隆五年修过，缘逼近海洋潮汐，往来最易汕刷，复于乾隆九、十等年被潮冲刷残缺更甚，应请间段加筑”[⑦]，署理江南河道总督顾琮奏请兴修之。

① 嘉庆《东台县志》卷三七《艺文下》。
② 嘉庆《两淮盐法志》卷二八《场灶二·范堤》。
③ 嘉庆《两淮盐法志》卷二八《场灶二·范堤》。
④ 嘉庆《两淮盐法志》卷二八《场灶二·范堤》。
⑤《清史稿》卷一二九《河渠四·直省水利》。
⑥ 光绪《重修两淮盐法志》卷一六《图说门·通属九场总图说》。
⑦ 乾隆《两淮盐法志》卷二二《场灶八·范堤》。

乾隆二十四年（1759年）十月，盐政高恒说通州分司所属十场范公堤，“堤身单薄残缺，及迎潮顶冲，应行加高帮戗与增添防风垣坡，并建石涵洞五座，列为急共”[①]。在他的奏请下，花费白银一万八千余两添建了石涵洞和防风垣坡等。次年，又花费白银三万九千二百余两修筑泰州分司所属范公堤工及新兴、庙湾二场的串场河。

其实，在民与灶之间，也存在着各自不同的利益，在泄洪与蓄咸方面往往各有各的算盘，于是对于宣还是堵，往往各执一端，难以协调。譬如“海口泄水之处，先因奸民有营种堤外草荡为稻田者，不利开（草堰越闸）过水，用土实填，遂致有闸无板，直待下河被水”[②]。又譬如嘉庆五年（1800年），盐商不顾范公堤东西两边的民灶、田地被水淹没，呈请开放范公堤上的坝以泄水济运盐，遭到运司的否决：“因运司等呈，富安等场商人呈请开放东台范堤等坝泄水。查得范堤东系灶地，西系民田，高下既相悬，岂可将盐卤之水泄入民河，且各场灶地近海，本有河道可以疏浚宣泄，何必绕道民河泄水，致滋讼端。”[③]

还有，“黄沙港，西起上冈，东达射阳湖海口，长约八十余里，为新兴场商运盐入垣之路。港水卤咸，堤岸卑薄，每风潮涨溢，咸水辄流入上冈闸河及串场河、廖家港、上冈东灶田及西北两面民田，岁罹其害。近日土人议于港之东首筑坝遏潮，以鹾商为梗而止”[④]。

到了近代，有的大型企业以大欺小、蛮不讲理，更是给老百姓造成了不小的损失。

四、海岸线变迁与海水淡化

雍正七年（1729年），按察使赵宏本指出大海离范公堤日远，灶民在范公堤外煎作的事实。“范堤向时近海，目今自堤至海，有远至数十里及一二百里者，其南至江口，北至黄河，中间延袤千里之远，弃为斥卤者久矣。灶户

① 嘉庆《两淮盐法志》卷二二《场灶二 · 范堤》。
② 嘉庆《东台县志》卷一一《考五 · 水利下》。
③ 嘉庆《东台县志》卷一一《考五 · 水利下》，“附巡抚岳公永禁开放范堤各坝示略”。
④ 光绪《盐城县志》卷三《河渠志 · 湖海支流河》。

从前俱在范堤以内，近日迁移近海。”[①]但海岸线的不断东移就需要不断往东修建避潮墩，这让官民都疲于应付，不堪其扰。

以盐商为代表的商人在修筑避潮墩时，投入的力量较大。如乾隆十一年至十二年（1746—1747年）建造的二百三十三座避潮墩，经费均由众商捐资，其中，乾隆十一年修筑的一百四十八座避潮墩共费银13500余两，次年修筑的85座没有看到相关记载，不过估计在六万七千五百两以上。[②]“乾隆十一年五月，盐政吉庆奏明，通、泰二分司所属场分商捐修建潮墩一百四十八座，嗣于次年七月，猝被大潮，凡灶丁趋避潮墩者，皆得生全，咸谓潮墩尚宜增益。又经吉庆会同两江总督尹继善，于十二月奏建潮墩八十五座，其费众商仍愿公捐。”[③]

在众多盐商中，徽籍盐商郑世勋曾独立捐资修筑十余座避潮墩。“郑世勋，字功宏，歙人，业盐，新兴场海啸，灶民溺死无算，世勋相高阜，筑大墩十余座，为避潮之所。自是岁遇风潮，安堵如故。”[④]

从某种程度上讲，商人、灶民是利益的共同体，这是盐商积极投资修筑避潮墩的重要原因。“商众闻风踊跃，以盐徒、灶产、商灶实有休戚相关之谊，情愿公捐工费，以襄其事。”[⑤]

随着海岸线的东移，人们围海造田，海水淡化趋势加快，沿海农业已呈现出勃勃生机。若干沿海港口逐渐发展成内陆城镇和商业中心，完全失去了港口的功能。庙湾本是沿海港口，随着海岸线的东移，其逐渐变成农业生产区域和内地商业中心，行政级别也逐渐由城镇升格为县城。1945年，由阜宁县再分出新县滨海县，县治即设在新兴起的市镇东坎，早在乾隆年间，这里便成为“县境巨镇，商民繁庶，视两河通塞为盛衰”。

江苏泰州本也是海岸线上的盐场重地，望海楼前即为汪洋大海，但随着海岸线东移，泰州的盐业逐渐为农业所取代，泰州城也逐渐演化为运河沿线扬州的副中心，承接着扬州因躲避战争而转移来的富民阶层，发展成为消费

① （清）贺长龄辑：《清经世文编》卷五〇《户政二十五·盐课下》，“赵宏本杜私抑末以兴本利疏”。

② 乾隆《两淮盐法志》卷二二《场灶八·附潮墩》。

③ 光绪《重修两淮盐法志》卷一四一《优恤门》。

④ 嘉庆《两淮盐法志》卷四四《人物二·才略》。

⑤ 乾隆《两淮盐法志》卷二二《场灶八·附潮墩》。

色彩特别浓厚的平民化文化娱乐中心。这里“藩宪衙连运宪衙，候补人员纷若麻。走过大街穿小巷，公馆一家挨一家”。泰州城河成为民众休闲娱乐之所，“五月城河浅水流，喧天锣鼓闹龙舟。锦标夺得人争羡，泰坝衙门都皂头”。或许由于泰坝税务部门的执法人员长期游离于河上，因而水性良好，轻松夺得了龙舟赛的头筹。泰州学派的兴起可以看成沿海环境与内地文化相互融合而结出的文化之果。

当海岸线东移，居民由亲近大海到失去大海记忆，内地化的步伐日益加快。在这个过程中，海洋文化也渐渐地实现了与内地文化的交融。

五、海上行舟与漂风事件

有关这方面的研究成果较多，松浦章先生曾对环中国海海域的中、日、韩三国之间的漂风事件进行过系统研究。结果显示，帆船时代，人类只能被动接受漂风的劫夺，幸运的人可能免于生命和财产的损失。

人类在探索海洋规律方面付出了巨大的生命和财产代价，也在这不屈的实践之中逐渐加深了对海洋的了解，驾驭海洋的能力日益提升，海洋性农业的兴起是人类摆脱自然限制的一个阶段性成果。近代，人类借助机械动力加深了对洋流、季风及大气环境的认识，因而能更加自在地在沿海区域进行生产活动，航行于海上从事贸易活动，乃至深入海底探索海洋生物演化的历史进程。

总体上看，明清时期官民在应对海洋自然环境时，多有一致的目标追求，即满足沿海人民的生产生活需要，为此彼此可以合力修建水利工程以排洪泄洪，推进沿海农业化生产的发展。但是，沿海人民时常会越出统治者规定的范围，或走向海外，或航行经商贸易，让统治者无法有效地管控，这时，官方多有限制或禁绝之策施加到广大民众身上。官方为确保王朝生命线——运河的畅通，时常不惜以牺牲沿岸人民的生命财产为代价，导致持续的天灾和人祸。保漕与保民生的矛盾、排洪泄洪与海水倒灌的矛盾、盐业棉业与农业商业的矛盾以及海岸线东移引起的港口功能的变化，所有这些都成为影响海洋灾害烈度和破坏力的因素。

（原刊于《福建论坛》2019年第1期）

明清时期两淮盐区的潮灾及其防治对策

张崇旺

安徽大学马克思主义学院

摘　要：明清时期尤其是在16—19世纪，两淮盐区多发潮灾，而大风暴潮则因其突发性和狂暴性，给两淮盐区人民生命财产造成巨大损失。因两淮盐业事关明清王朝的财政和民生，所以明清官府和民间社会皆十分重视两淮盐区潮灾的赈救与防治，形成了一整套较为有效的包括救人性命、缓征、带纳、捐课、平粜、赈粥、赈粮、赈银、赈贷、工赈、掩骼、建盐义仓、修捍海堤、筑避潮墩等措施在内的潮灾救防体系。明清两淮盐区潮灾的赈恤和防御，既有传统农业社会灾害救治的共性特征，又有与陆地农业社会、其他盐区的灾害防治体系相区别的独特措施，陆地农业经济和海洋经济在两淮盐区广泛交融，陆海互动，共生发展。

关键词：明清；两淮；盐区；潮灾；苏北沿海

两淮盐区由淮南、淮北盐场组成，位于苏北沿海，是我国著名的海盐产区。明清官府在这里设有两淮都转盐运使司，下辖通州、泰州、淮安三分司，共分布有30个盐场[①]。由于黄河长期夺淮，苏北黄海海岸不断淤涨东迁，明清两淮盐区居民生业变得多样，既有农田又有灶荡亭场，是一个以制盐业为主，同时又夹杂有农业、捕捞业的复合经济区。

明清两淮盐区是一个自然灾害多发地区，常受到潮灾、水灾、旱灾、

---

① 盐区一般由产盐区和销盐区组合而成。明代两淮行盐地区十分广阔，包括应天府、宁国府在内的39个州县。清代淮盐行销地区则包括江苏、安徽、江西、湖北、湖南和河南的部分府县。因潮灾主要对两淮产盐区的经济社会产生直接影响，而对范围更为广大的两淮行盐地区影响甚微，故本文中的两淮盐区专指两淮产盐区。

蝗灾、疫灾等的侵害。其中，危害最大的是潮灾。两淮盐区滨海地势低、岸线长、潮间带宽，极易遭到风暴潮袭击，一旦潮灾来临，大量的人畜葬身鱼腹，灶户盐丁顷刻间会变得一无所有。学术界关于明清两淮盐区的自然灾害尤其是潮灾的研究已经有了不少研究成果①，对于盐区灾荒赈济、水患治理问题也开始有学者关注②，但总体上还未见有对明清两淮盐区潮灾及其防治的专门而系统的研究成果。为此，笔者不揣简陋，就以明清《两淮盐法志》、当地府州县志为依据，对明清两淮盐区的潮灾类型、特点、危害以及潮灾发生前后官府和民间社会所采取的防灾救灾对策进行系统而深入的研究，以期有裨益于专属经济区灾荒史、盐业史、海洋社会经济史等学科领域的拓展和深入。

一、两淮盐区的潮灾概况

两淮盐区历史上就多发潮灾，所谓“海潮之患，淮扬为甚，自唐以来迭见记载”③。明清时期，两淮盐区潮灾更甚，在当地志书中常有“海溢”“海涨”“海潮溢”“海潮大上”“海潮迅发”“大风潮溢”“潮溢”“海潮至”“海潮

---

① 孙寿成：《黄河夺淮与江苏沿海潮灾》，《灾害学》1991年第4期；陈才俊：《江苏沿海特大风暴潮灾研究》，《海洋通报》1991年第6期；周致元：《明代东南地区的海潮灾害》，《史学集刊》2005年第2期；赵赟：《清代苏北沿海的潮灾与风险防范》，《中国农史》2009年第4期；张旸、陈沈良、谷国传：《历史时期苏北平原潮灾的时空分布格局》，《海洋通报》2016年第1期；于运全：《海洋天灾：中国历史时期的海洋灾害与沿海社会经济》，江西高校出版社，2005年；张崇旺：《明清时期江淮地区的自然灾害与社会经济》，福建人民出版社，2006年；孙宝兵：《明清时期江苏沿海地区的风暴潮灾与社会反应》，广西师范大学硕士学位论文，2007年。

② 张岩：《清代盐义仓》，《盐业史研究》1993年第3期；曹爱生：《清代两淮盐政中的社会救济》，《盐城工学院学报》（社会科学版）2006年1期；王日根、吕小琴：《论明清海盐产区赈济制度的建设》，《厦门大学学报》（哲学社会科学版）2009年第3期；张崇旺：《徽商与明清时期江淮地区的荒政建设》，《安徽大学大学学报》（哲学社会科学版）2009年第5期；吴春香、陆玉芹：《论乾隆朝的两淮恤灶政策》，《盐业史研究》2015年第4期；吴春香：《康乾时期淮南盐区的水患与治理》，《长江大学学报》（社科版）2015年第8期；吴寒：《浅析清代前中叶两淮盐场的制度建设》，河南师范大学硕士学位论文，2015年。

③ 民国《阜宁县新志》卷九《水工志·海堆》。

上”“海潮泛溢”之类记录。甚至有的志书还记有“海啸”[①]一类的潮灾，但从概念上来看，这种“海啸”并非是真正的海啸，因为两淮盐区滨海大陆架开阔平坦，不具备发生海啸的地貌类型，而且总体上看明清时期苏北沿海地带地震活动并不活跃，没有发生过破坏力很大的强震，因此不能构成地震海啸的必要条件。实际上，这类“海啸”应属于热带或亚热带气旋引起的风暴潮之类的潮灾。还有一种称之为“卤灾”的潮灾，多发生在干旱之年。旱年由于内河干涸，咸海水乘虚而入，滞留沿海陆地，碱化田亩，形成卤灾。我们依据两淮旧志以及今人编的潮灾史料，制成明清时期两淮盐区潮灾年月布表（表1）。

表1　明清时期两淮盐区潮灾年月分布表

时间	潮灾年份	年数
1350—1400年	1378年　1389年（七）　1400年	3
1400—1450年	1411年　1424年　1444年	3
1450—1500年	1455年　1466年（七）　1467年（七）　1472年（七）	4
1500—1550年	1502年　1511年（六）　1512年（七）　1514年 1519年　1522年（七）　1531年　1539年（六）（七）	8
1550—1600年	1551年　1559年　1567年　1568年（七）　1569年（六）（七） 1574年（七）　1575年（七）　1576年（八）（十一）　1577年 1581年　1582年（一）（七）　1585年　1588年　1591年（六） 1593年（五）（六）　1596年（八）　1597年	17
1600—1650年	1607年（秋）　1623年　1629年（六）　1630年（八） 1631年　1632年　1645年（六）　1647年　1650年（十）	9

① 光绪《盐城县志》卷一七《祥异》：嘉靖元年（1522年）七月二十五日，飓风，海啸，民多溺死。乾隆《盐城县志》卷二《祥异》：万历二年（1574年）七月二十四日戊刻，海啸，河淮并溢，漂溺庐舍男妇，崩城垣百余丈。光绪《盐城县志》卷一七《祥异》：万历四年（1576年）十一月，淮、黄交溢，海啸。乾隆《盐城县志》卷二《祥异》：康熙三年（1664年）八月初三日，海啸，田地半为斥卤。光绪《通州直隶州志》卷末《祥异》：雍正二年（1724年）秋，大风雨，海啸，市上行舟，沿海漂没一空。民国《阜宁县新志》卷首《大事记》：光绪元年（1875年）七月十八日，大风拔木，海啸；光绪七年（1881年）六月二十二日，海啸，潮头突高丈余，淹毙亭民5000余名，船户300余人；光绪八年，海啸，毁民田；光绪九年，六月十九日，海啸漫田。

续表

时间	潮灾年份	年数
1650—1700年	1654年（六） 1658年（八）（十） 1661年（七） 1664年（八） 1665年（七） 1677年 1691年（六） 1696年（七）	8
1700—1750年	1723年 1724年（七） 1730年（六） 1732年（七） 1733年 1734年（夏） 1735年 1736年（夏）（秋） 1739年（夏） 1740年（七） 1741年 1745年（七） 1747年（七） 1749年（秋）	14
1750—1800年	1752年 1754年（八） 1755年（七）（九） 1757年（八） 1759年（八） 1761年（秋） 1772年（秋） 1778年 1781年（六） 1793年（秋） 1794年（秋） 1797年 1799年（七）	13
1800—1850年	1804年（七） 1805年（六） 1823年 1831年（夏） 1833年（秋） 1835年 1838年（六） 1839年 1840年 1841年 1846（七） 1848年（六） 1849年	13
1850—1900年	1851年 1852年 1854年 1855年 1856年 1857年 1858年 1861年 1862年（夏） 1867年（春） 1869年 1870年 1872年 1873年（五） 1875年（七） 1876年 1877年 1881年（六）（八） 1882年 1883年（六） 1888年 1891年 1892年 1893年（夏） 1899年 1900年	26
合计		118

资料来源：① 嘉靖《重修如皋县志》卷六《杂志》；嘉靖《两淮盐法志》卷一一《杂志第十二之一》；万历《盐城县志》卷一《祥异》；万历《兴化县志》卷一〇《岁眚之纪》；康熙《兴化县志》卷一《祥异》；乾隆《淮安府志》卷二五；乾隆《盐城县志》卷二《祥异》；嘉庆《如皋县志》卷二三《祥祲》；嘉庆《东台县志》卷七《祥异》；嘉庆《两淮盐法志》卷二九《场灶三》；道光《如皋县续志》卷一二《祥祲》；咸丰《重修兴化县志》卷一《祥异》；光绪《通州直隶州志》卷末《祥异》；光绪《盐城县志》卷一七《祥异》；民国《阜宁县新志》卷首《大事记》；江苏省水利局：《江苏省近两千年洪涝旱潮灾害年表》，1976年；陆人骥：《中国历代灾害性海潮史料》，海洋出版社，1984年；吴必虎：《历史时期苏北平原地理系统研究》，华东师范大学出版社，1996年。

说明：① 本表为不完全统计。表末合计只是1350—1900年两淮盐区潮灾记录的年数，不代表实际潮灾发生的次数。

②“（ ）”里记录的是潮灾发生的月份（农历）或季节。

由表1可见，在1350—1900年中两淮盐区潮灾总计118年次，多集中发生在16—19世纪，共有108年次。若以50年为一时段，可知16—19世纪两淮盐区潮灾出现了5个高发时段，即1550—1600年、1700—1750年、1750—1800年、1800—1850年、1850—1900年。两淮盐区潮灾不仅集中发生于16—19世纪，而且还具有连发性特点；不仅多两年连发，而且有三年以上连发，如1567—1569年、1739—1741年、1875—1877年、1881—1883年、1891—1893年是三年连发，1574—1577年、1629—1632年、1838—1841年是四年连发，1732—1736年、1854—1858年是五年连发，在1350—1900年的550年间共有27次连发，平均约20年发生1次，而且是越向后连发潮灾的频率越高。在潮灾连发期里，一般都有一到两次大潮灾，多发生漂没人畜庐舍的重大灾情。

两淮盐区潮灾在时间分布上除了有集中、连发的规律外，还呈现出明显的季节性特点，即多发于农历六、七、八月的夏秋季节。依据表1潮灾月份或季节的记录，制成明清时期两淮盐区潮灾发生月份（农历）或季节的年次统计表（表2）。

表2　明清时期两淮盐区潮灾发生月份（农历）或季节的年次统计表

月份或季节	一	二	三	四	五	六	七	八	九	十	十一	十二	春	夏	秋	无明确月份或季节	合计
次数	1	0	0	0	2	16	25	9	1	2	1	0	1	6	8	55	127

表2比表1多出9年次，原因在于这9年中每年都有两次不同月份或季节的潮灾记录，因而统计时该年多统计了1年次。由表2可知，农历六、七、八三个月是两淮盐区潮灾多发月份，总计50年次，加上明确记载潮灾发生在夏、秋季节的年次，两淮盐区在1350—1900年的550年间夏、秋季节发生潮灾就多达64年次，占有潮灾记录年数总数的一半以上。夏、秋季节，两淮盐区多发台风，此时也处在全年天文潮的最高时期，台风与天文大潮的耦合，是造成两淮盐区夏、秋季节频发大风暴潮灾害的主要原因。

从空间分布看，两淮盐区淮南段潮灾发生的频率远高于淮北段。据孙寿成研究，15—19世纪的500年中，淮北段潮灾共计25年次，平均20年1次；淮南段潮灾共计133年次，平均3.76年1次（表3）。这是因为两淮盐区北起绣针河口南至长江口启东嘴长约954千米的海岸中有长884千米的淤泥质海岸，约占整个苏北海岸线长的93%，且主要分布于淮南段，而淮北段则间断分布有基岩海岸、砂质海岸。[①]淮南段淤泥质海岸地势低平，潮位高于陆地，易受风暴潮袭击。淮北段的基岩、砂质海岸，地势高亢，潮灾发生的概率较低。两淮盐区南部的长江三角洲北部平原，则由于临江濒海，海潮与江水交汇易抬高海面，因此成为两淮盐区潮灾发生概率最高的区域。总体上看，两淮盐区潮灾在空间上的发生概率由南向北呈递减趋势。

表3 15—19世纪两淮盐区淮北段、淮南段潮灾年次比较表

时间	淮北段	淮南段
15世纪	0	20
16世纪	11	34
17世纪	7	21
18世纪	5	23
19世纪	2	35

资料来源：孙寿成：《黄河夺淮与江苏沿海潮灾》，《灾害学》1991年第4期。

明清时期两淮盐区的潮灾除了具有上述时空分布特点外，多发的风暴潮还有突发性和狂暴性的一面，破坏力非常大。如嘉靖十八年（1539年）闰七月初三，通州“陡遇东北风起，猛雨倾盆，海潮骤涨，奔涌如山，即时漂屋颓垣，救援莫及”[②]。作者记述潮灾时，用了“陡”“猛”“骤”“奔”字，风暴潮灾的突发性和狂暴性形象跃然纸上。有时，风暴潮灾发生在夜晚，许多沿海边居民在睡梦中被海水吞没。如正德七年（1512年）七月，泰州“夜

① 张旸、陈沈良、谷国传：《历史时期苏北平原潮灾的时空分布格局》，《海洋通报》2016年第1期。

②（明）吴悌：《吴疏山先生遗集》卷一《地方异常灾变疏》，湖南图书馆藏清咸丰二年（1852年）颐园刻本，《四库全书存目丛书》（史83），齐鲁书社，1996年，第321页。

大风，海潮泛溢，淹没场灶庐舍大半。溺死以千计”[①]。即便是在白昼，因突发狂暴性风暴潮，海边居民也未必有足够时间逃离灾区，如嘉靖十八年（1539年）闰七月初三，通州突发风暴潮，“各场官吏如吕四场大使杨谧、副使王勇，余东场司吏沈相并伊家口俱各漂淌，身尸无存。其催灶人等，有一村数十家全没者，有举家数十口全没者。惟攀缘树木，仅存十之二三”[②]。对于这种突发性和狂暴性风暴潮的极大破坏性，王贵一有《海啸》一诗云：“阳侯逞一怒，突兀千丈波。江豚拜鲸浪，奋激吹盘涡。珠湖风雨急疾，水立如山坡……海若复大啸，沉没万灶鹾。阳山注釜底，决排势滂沱。高埠尽为谷，平田无寸禾。登陴俯廛井，栋宇浮中河。大舸若飘瓦，渔艇如飞蛾。日落水摇动，枕席亲蚌螺。”[③]

明清时期频发的潮灾给两淮盐区人民的生命财产带来了巨大损失。首先，造成两淮盐区人口的大量死亡。如洪武二十三年（1390年）七月，两淮盐区海潮泛滥，溺死灶丁3万余人。[④]其中，吕四等场盐丁就溺死274人。[⑤]成化二年（1466年）七月六日，两淮潮灾溺死盐丁247人。[⑥]成化三年七月，潮灾溺死吕四等场盐丁274人。[⑦]正德七年（1512年）秋七月，飓风涌潮，溺死者千余人。[⑧]嘉靖元年（1522年）七月二十五日，通州江海暴溢，死者数千

① 崇祯《泰州志》卷七《方外志・灾祥》，泰州市图书馆藏明崇祯刻本，《四库全书存目丛书》（史210），齐鲁书社，1996年，第141页。

②（明）吴悌：《吴疏山先生遗集》卷一《地方异常灾变疏》，《四库全书存目丛书》（史83），第321页。

③ 康熙《两淮盐法志》卷二八《诗》，《中国史学丛书》（42），台湾学生书局，1966年，第2193页。

④（明）朱国祯：《涌幢小品》卷二七《水旱》，《中华野史・明朝卷四》，泰山出版社，2000年，第3730页。

⑤ 万历《通州志》卷二《祝祥》，天一阁明代方志选刊影印明万历刻本，《四库全书存目丛书》（史203），齐鲁书社，1996年，第70页。

⑥ 嘉靖《两淮盐法志》卷一一《杂志第十二之一》，北京图书馆藏嘉靖三十年（1551年）刻本，《四库全书存目丛书》（史274），齐鲁书社，1996年，第296页。

⑦ 万历《通州志》卷二《祝祥》，《四库全书存目丛书》（史203），第70页。

⑧ 嘉靖《两淮盐法志》卷一一《杂志第十二之一》，《四库全书存目丛书》（史274），第296页。

人[①]；阜宁海潮，溢死人无算[②]。嘉靖十八年（1539年）闰七月初三日，海潮暴至，两淮盐场“灶丁溺死者凡数千人”[③]。其中如皋“海潮涨溢，高二丈余，溺死民灶男妇数千”[④]；通州、海门各盐场海溢，溺死民灶男妇29000余口[⑤]；东台海潮暴至，陆地水深至丈余，溺死者数千人[⑥]；盐城“东北风大起，天地昏暗三日，海大溢至县治，民溺死者以万计”[⑦]；阜宁“海溢，溺死万余人”[⑧]。隆庆三年（1569年），通州“值海潮大作，时范堤自石港至马塘，岁久倾圮，潮暴入，溺死人无算”[⑨]。万历九年（1581年），东台海潮涨，灶丁淹死者无算。[⑩]万历十年，阜宁潮灾，盐丁多溺死[⑪]；其中，浸丰利等场，淹死2600余人[⑫]。顺治十一年（1654年）六月二十二日，通州飓风涌潮，死者以万计。[⑬]康熙四年（1665年），两淮盐场突发风暴潮，“灶

① 光绪《通州直隶州志》卷末《杂纪·祥异》，光绪元年（1875年）刊本，《中国方志丛书》（43），成文出版社有限公司，1970年，第840页。

② 民国《阜宁县新志》卷首《大事记》，民国二十三年（1934年）铅印本，《中国方志丛书》（166），成文出版社有限公司，1975年，第25页。

③ 嘉靖《两淮盐法志》卷一一《杂志第十二之一》，《四库全书存目丛书》（史274），第296-297页。

④ 嘉靖《重修如皋县志》卷六《杂志》，据嘉靖三十九年（1560年）刻本影印，《天一阁藏明代方志选刊续编》（10），上海书店，1990年，第114页。

⑤ 万历《通州志》卷二《禨祥》，《四库全书存目丛书》（史203），第70页。

⑥ 嘉庆《东台县志》卷七《祥异》，嘉庆二十二年（1817年）刊本，《中国方志丛书》（27），成文出版社有限公司，1970年，第320页。

⑦ 万历《盐城县志》卷一《祥异》，《北京图书馆古籍珍本丛刊》（25），书目文献出版社，1991年，第813页。

⑧ 民国《阜宁县新志》卷首《大事记》，《中国方志丛书》（166），成文出版社有限公司，1975年，第25页。

⑨ 康熙《扬州府志》卷二三《名宦》，吉林大学图书馆藏康熙刻本，《四库全书存目丛书》（史215），齐鲁书社，1996年，第211页。

⑩ 嘉庆《东台县志》卷七《祥异》，《中国方志丛书》（27），成文出版社有限公司，1970年，第323页。

⑪ 民国《阜宁县新志》卷首《大事记》，《中国方志丛书》（166），成文出版社有限公司，1975年，第25页。

⑫ 嘉庆《如皋县志》卷二三《祥祲》，嘉庆十三年（1808年）刊本，《中国方志丛书》（9），成文出版社有限公司，1970年，第2190页。

⑬ 光绪《通州直隶州志》卷末《杂纪·祥异》，《中国方志丛书》（43），第842页。

丁男妇淹死无算”[①]，其中东台漂溺灶丁男女数万人[②]。康熙三十年六月，通州海潮暴溢，溺死者无数。[③]雍正二年（1724年）七月十八九日，东台等十场暨通、海属九场潮灾，共溺死男妇49558口。[④]乾隆十二年（1747年），通、泰、淮三分司所属25场于七月十四、十五、十六等日风潮，淹损男妇丁口[⑤]；其中盐城所辖之伍祐场淹毙多人，新兴场次之，阜宁所辖之庙湾场又次之[⑥]。光绪七年（1881年）六月二十二日，阜宁潮头突高丈余，淹毙亭民5000余名，船户300余人。[⑦]风暴潮不仅漂没了两淮盐区大量生灵，也使幸存者的内心遭到重创，崔东洲《哀飓风诗》云：“昼吼如雷雨，旋翻过屋涛。儿沉父莫救，父失妇空号。梁栋浮轻苇，牛羊傍九皋。哀哀残喘者，谁为赠绨袍？”[⑧]

其次，冲决两淮盐区捍海堰。唐以来，两淮盐区就建有捍海堰，以减轻潮灾损失，但海潮灾害造成捍海堰毁坏是常有的事。如洪武二十二年（1389年）七月，海潮坏捍海堰。[⑨]洪武二十三年七月，海溢，坏捍海堤。[⑩]建文二年（1400年），海潮溢坏捍海堰。[⑪]永乐九年（1411年），海溢，堤圮，自海门至盐城130里。[⑫]成化二年（1466年）七月六日，潮决捍海堰69处。[⑬]成

---

① 康熙《两淮盐法志》卷一二《奏议三》，《中国史学丛书》（42），第921–922页。

② 嘉庆《东台县志》卷七《祥异》，《中国方志丛书》（27），第330页。

③ 光绪《通州直隶州志》卷末《杂纪・祥异》，《中国方志丛书》（43），第843页。

④ 嘉庆《东台县志》卷七《祥异》，《中国方志丛书》（27），第333页。

⑤ 嘉庆《两淮盐法志》卷四一《优恤二・恤灶》，嘉庆十一年（1806年）刊本。

⑥ 乾隆《淮安府志》卷二五，据上海图书馆藏乾隆十三年（1748年）刻本影印，《续修四库全书》（700），史部・地理类，上海古籍出版社，1995年，第459页。

⑦ 民国《阜宁县新志》卷首《大事记》，《中国方志丛书》（166），第36–37页。

⑧ 嘉靖《两淮盐法志》卷一一《杂志第十二之一》，《四库全书存目丛书》（史274），第296–297页。

⑨ 嘉庆《东台县志》卷七《祥异》引天启《中十场志》，《中国方志丛书》（27），第316页。

⑩ 万历《通州志》卷二《机祥》，《四库全书存目丛书》（史203），第70页。

⑪ 咸丰《重修兴化县志》卷一《祥异》，咸丰二年（1852年）刊本，《中国方志丛书》（28），成文出版社有限公司，1970年，第73页。

⑫ 光绪《盐城县志》卷一七《杂类志・祥异》，光绪乙未年（1895年）重刊本。

⑬ 嘉靖《两淮盐法志》卷一一《杂志第十二之一》，《四库全书存目丛书》（史274），第296页。

化三年七月，通州海溢，坏捍海堰69处。[①]万历二十四年（1596年），余西场潮决范堤160余丈。康熙四年（1665年），潮决范公堤。[②]雍正二年（1724年），七月十八、十九日潮灾，通、泰、淮三分司所属丰利等29场全面受灾，捍海全堤尽没，栟茶场“距海密迩，为害尤甚”[③]。嘉庆四年（1799年）七月初三、四日，大风海溢，范公堤决，淹损民禾。[④]

再次，冲毁官民庐舍、城市设施。成化八年（1472年）七月，通州海溢，坏盐仓、军民庐舍不可胜计。正德七年（1512年）七月十八日，通州潮灾“漂没官民庐舍十之三”[⑤]。正德十四年，东台海潮溢，民居、庐舍半漂没。[⑥]嘉靖十八年（1539年）闰七月初三，如皋潮灾“漂没庐舍不可胜纪”[⑦]；盐城潮灾“庐舍飘荡无算”[⑧]。隆庆二年（1568年）七月，通州风雨暴至，海溢，漂没庐舍。[⑨]万历十年（1582年）七月己巳夜，通州海潮泛溢，漂溺民舍。崇祯二年（1629年）六月丁亥，通州飓风，海溢，坏民田庐。崇祯三年，通州潮没田庐。[⑩]顺治四年（1647年），如皋海溢，漂没人民庐舍无算。[⑪]顺治十八年，东台海潮至，淹庐舍无算。康熙三年（1664年）八月，东台“海潮上，凡六至，庐舍漂溺”[⑫]；盐城海水大涨，“流越范堤，几灌城邑”[⑬]。康熙四年（1665年），风暴潮使得“淮南北沿海各场庐舍廪盐飘荡一空”[⑭]。乾隆十二年（1747年）秋七月十四日至十六日，阜宁县大风拔木，海潮溢，没人畜、庐舍。[⑮]嘉庆四年（1799年）七月初三、初四两

① 万历《通州志》卷二《祁祥》，《四库全书存目丛书》（史203），第70页。

② 嘉庆《两淮盐法志》卷四四《人物二·才略》。

③ 嘉庆《两淮盐法志》卷二九《场灶三》；卷四十四《人物二·才略》。

④ 嘉庆《东台县志》卷七《祥异》，《中国方志丛书》（27），第339页。

⑤ 万历《通州志》卷二《祁祥》，《四库全书存目丛书》（史203），第70页。

⑥ 嘉庆《东台县志》卷七《祥异》，《中国方志丛书》（27），第318页。

⑦ 嘉靖《重修如皋县志》卷六《杂志》，《天一阁藏明代方志选刊续编》（10），第114页。

⑧ 万历《盐城县志》卷一《祥异》，《北京图书馆古籍珍本丛刊》（25），第813页。

⑨ 万历《通州志》卷二《祁祥》，《四库全书存目丛书》（史203），第70页。

⑩ 光绪《通州直隶州志》卷末《杂纪·祥异》，《中国方志丛书》（43），第841–842页。

⑪ 嘉庆《如皋县志》卷二三《祥祲》，《中国方志丛书》（9），第2192页。

⑫ 嘉庆《东台县志》卷七《祥异》，《中国方志丛书》（27），第329页。

⑬ 乾隆《盐城县志》卷一五《艺文》，1960年油印本。

⑭ 康熙《两淮盐法志》卷一二《奏议三》，《中国史学丛书》（42），第921–922页。

⑮ 民国《阜宁县新志》卷首《大事记》，《中国方志丛书》（166），第29页。

日，通、泰二属潮灾，初四、初五日，海属被淹[①]，其中东台大风暴潮，“栟茶、角斜等场庐舍漂没”[②]；兴化“海水漂没民庐无算”[③]。光绪七年（1881年）六月二十一日，盐城“海啸，西溢百余里，漂没人民庐舍无算”[④]。潮灾还导致两淮盐区的城市受淹，城墙崩塌。如隆庆三年（1569年），如皋大水，海溢，高2丈余，城市中以舟行，溺人无算。[⑤]万历二年（1574年）七月二十四日戊刻，盐城海啸，河淮并溢，崩城垣百余丈。[⑥]雍正二年（1724年）秋，通州大风雨，海啸，市上行舟，沿海漂没一空。[⑦]

复次，损毁两淮盐区的农田稻禾、煎盐草木和各类鱼虾，影响沿海农业、煎盐业和渔业。潮灾若发生在夏、秋季节，海潮倒灌内河和民田，则“伤田禾”“禾苗槁死”，更为严重的卤水倒灌会使得民田多年都不能耕作。薛錞《卤水来，慨海水伤禾苗也》一诗云：“卤水来，田父哀，秧畦秧老不得栽。长夏无雨旱风起，补种晚禾禾亦死。”[⑧]如正德六年（1511年）六月，通州海溢伤禾。[⑨]嘉靖十八年（1539年）闰七月初三通州潮灾，“卤水所浸，荡草田禾悉皆烂死”[⑩]；同年闰七月初三，兴化潮灾导致“十余年不宜稻”[⑪]。康熙三年（1664年）八月初三，盐城“海啸，田地半为斥卤”[⑫]。康熙四年，东台风暴潮过后，“草木咸枯死”[⑬]。乾隆五年（1740年）七月十八、十九等日，海潮泛涨，淮安分司所属临洪庄、板浦、中正、徐渎、莞渎等场禾苗被淹，池盐无出。[⑭]乾隆六年七月十九日，盐城卤潮伤禾。[⑮]嘉庆四

---

① 嘉庆《两淮盐法志》卷四一《优恤二·恤灶》。

② 嘉庆《东台县志》卷七《祥异》,《中国方志丛书》（27），第339页。

③ 咸丰《重修兴化县志》卷一《祥异》,《中国方志丛书》（28），第77页。

④ 光绪《盐城县志》卷一七《杂类志·祥异》。

⑤ 嘉庆《如皋县志》卷二三《祥祲》,《中国方志丛书》（9），第2189页。

⑥ 乾隆《盐城县志》卷二《祥异》。

⑦ 光绪《通州直隶州志》卷末《杂纪·祥异》,《中国方志丛书》（43），第843页。

⑧ 光绪《盐城县志》卷一六《艺文》。

⑨ 万历《通州志》卷二《禨祥》,《四库全书存目丛书》（史203），第70页。

⑩（明）吴悌：《吴疏山先生遗集》卷一《地方异常灾变疏》,《四库全书存目丛书》（史83），第321页。

⑪ 咸丰《重修兴化县志》卷一《祥异》,《中国方志丛书》（28），第73页。

⑫ 乾隆《盐城县志》卷二《祥异》。

⑬ 嘉庆《东台县志》卷七《祥异》,《中国方志丛书》（27），第330页。

⑭ 嘉庆《两淮盐法志》卷四一《优恤二·恤灶》。

⑮ 乾隆《盐城县志》卷二《祥异》。

年（1799年）七月初三、初四两日，东台大风海溢，淹损民禾。[①]咸丰六年（1856年），卤潮入兴化境，禾苗槁死，人掘附莎为粮[②]；盐城卤水倒灌，伤田禾，岁大饥[③]。同治十二年（1873年）五月二十二日，卤潮倒灌浸民田。[④]光绪二年（1876年）夏，盐城卤水伤禾稼。光绪十七年、十八年，盐城“卤水伤禾”[⑤]。海潮若倒灌淡水河则使淡水鱼类遭受灭顶之灾。如顺治十八年（1661年）七十五日，海潮灌河，河水尽黑，鱼虾之属俱绝。[⑥]

最后，漂没两淮盐区的亭场、灰坑、卤井、卤池、盘铁、锅鏾、煎灶等煎盐设施。嘉靖十八年（1539年）六月十八日，兴化县风暴潮“漂没诸盐场及盐城庐堂产、人口，不可胜计”[⑦]；七月，“大水漂没扬州盐场数十处”[⑧]，其中东台“漂庐舍、亭场，损盘铁”[⑨]。雍正二年（1724年）七月十九日，阜宁海口水激，庙湾亭场人畜同漂没。[⑩]雍正十年七月十六、十七、十八等日，通、泰、淮三分司所属之丰利等25场风潮淹漫。乾隆元年（1736年），淮安分司所属板浦、徐渎、莞渎三场于六月二十三、二十四等日及七月初三至十二日、十八等日连雨，“盐池地亩猝被潮灾”。乾隆四年，泰州分司所属庙湾场，淮安分司所属板浦、徐渎、中正莞渎、临兴等场，入夏阴雨，兼之暴潮突发，荡地盐池被水。乾隆二十年七月十四五日风雨，“海潮涌入，通、泰、淮三属场灶、地亩多被水淹”。乾隆二十四年，通、泰、淮三属盐场八月初二、初三两日潮水乘风而上，低洼亭场、蓬舍、草荡被淹。乾隆四十四年夏秋，海属淹漫池井。[⑪]光绪七年（1881年）六月二十一

---

① 嘉庆《东台县志》卷七《祥异》，《中国方志丛书》（27），第339页。

② 民国《阜宁县新志》卷首《大事记》，《中国方志丛书》（166），第35页。

③ 光绪《盐城县志》卷一七《祥异》。

④ 民国《阜宁县新志》卷首《大事记》，《中国方志丛书》（166），第36页。

⑤ 光绪《盐城县志》卷一七《祥异》。

⑥ 光绪《通州直隶州志》卷末《祥异》，《中国方志丛书》（43），第842页。

⑦ 万历《兴化县志》卷一〇《岁眚之纪》，万历十九年（1591年）手抄本，《中国方志丛书》（449），成文出版社有限公司，1983年，第962–963页。

⑧（明）郎瑛：《七修类稿》卷二《天地类・金山水》，《中华野史・明朝卷一》，泰山出版社，2000年，第796页。

⑨ 嘉庆《东台县志》卷七《祥异》，《中国方志丛书》（27），第320页。

⑩ 民国《阜宁县新志》卷首《大事记》，《中国方志丛书》（166），第28页。

⑪ 嘉庆《两淮盐法志》卷四一《优恤二・恤灶》。

日，阜宁突发风暴潮，导致“锅篷灶舍漂荡一空”[①]。

二、两淮盐区潮灾的赈恤

潮灾的突发性和狂暴性，使沿海居民难以短时间逃离，常危及人的生命，所以临灾救人生命，才是大事。万历时，何垛场人陈万山“尝载盐回场，值海潮突至，奔逃者数十人”，乃“尽弃舟中盐招众登舟，赖以存活者甚众”。[②]崇祯初，“飓作潮溢，盐城、海、赣诸境居民漂没”，上官檄淮安府推官王用于前往拯之，“晨夕拮据，全活无算”。[③]雍正二年（1724年），风潮大作，有船的海上居民竞取器物，而白驹场渔人杨万程却“独救人，凡救男妇十八人”。另外，掘港场人徐疏藻“亦救得男妇百三十八人”[④]。

临灾救人生命毕竟是救急行为，对于大多数灾民来说，灾后受到赈济和抚恤，让他们渡过灾荒难关，才是至关重要的。从史料记载来看，明清时期官府对两淮盐区潮灾的赈恤制度还是比较完备的，涵盖了勘灾、蠲缓、赈济、养恤等各个方面。当然，官府的救灾财力毕竟有限，且难以深入灾区细部对灾民进行具体的、个性化的赈恤。而两淮盐区不仅事关国家税课大计，而且也关系到盐商的长远发展和地方社会的稳定，所以，在官府赈恤两淮盐区灾民的同时，两淮盐商、民间乡绅也发挥了相得益彰的补充和完善作用。

明清官府对两淮盐区救灾的首要步骤是勘灾，即踏勘灾情，确定灾伤等级，以便确定相应的救灾措施。如嘉靖十八年（1539年）闰七月初三通州潮灾后，御史吴悌立即委官查勘，得知被灾缘由后，又照会行淮判官韩守彝、黎琳各自查勘，将各盐场的损失官民人口、制盐器具等详细统计，为下一步救灾提供参考。[⑤]又雍正八年（1730年）两淮盐区潮灾，经勘明，淮属之庙湾、莞渎、临洪三场被灾十分，板浦、徐渎二场被灾八分，新兴场被灾六分。雍正十年，通、泰、淮三分司所属之丰利等25场潮灾，经两江总督兼摄盐政尹继善、盐政高斌先后题报勘明，成灾19场。乾隆元年（1736年），淮

①（清）唐如苘：《海啸赈恤册》，光绪《阜宁县志》卷六，光绪十二年（1886年）刻本。

② 康熙《两淮盐法志》卷二二《笃行》，《中国史学丛书》（42），第1509页。

③ 乾隆《淮安府志》卷一九《守令》，《续修四库全书》（700），第186页。

④ 嘉庆《两淮盐法志》卷四六《人物五・施济》。

⑤（明）吴悌：《吴疏山先生遗集》卷一《地方异常灾变乞赐赈恤以全国课疏》，《四库全书存目丛书》（史83），第322页。

安分司所属板浦、徐渎、莞渎三场潮灾，经署理盐政尹会一勘明，莞渎被灾七分，板浦、徐渎被灾六分。[①]

经踏勘确定灾伤等级后，依据灾伤轻重的具体情况，官府对灾民进行了税课蠲免或缓征，以舒民力。对两淮盐垦居民来说，依照相关规定，遭受潮灾后的税粮是可以得到官府蠲免或豁免的。如康熙四年（1665年）七月初三，两淮盐区潮灾，朝廷蠲免盐城钱粮十分之三[②]；兴化县田禾俱没，免被灾税粮[③]。雍正二年（1724年）七月十八日，海潮直灌盐城县，"是岁蠲被灾民屯田钱粮六千一百五十七两"[④]。雍正十年，两淮盐区潮灾，部议覆准按照成灾分数蠲免19场雍正九年分折价银10970余两。乾隆元年（1736年），淮安分司所属板浦、徐渎、莞渎三场盐池地亩猝被潮灾，户部议准蠲雍正十三年分折价等银845余两。[⑤]但盐课事关国家大计，而盐课之盈缩全在灶丁之存耗，因为盐丁乃煎办之本，所以一遇灾荒，民可以普免赋税，而灶丁则课额不减。如康熙三年（1664年），两淮飓潮泛涨，灾伤惨重，次年十一月御使黄敬玑题奏称："淮扬地方素称泽国，盐场灶丁又皆濒海而居，一遇风潮，灾伤最重"，"上年飓潮陡涨，淹死逃亡不可胜计，所存寥寥，残灶已不堪命，正在多方招徕，岂料飓风复发，海潮迅腾，水势高涌丈余，淮南北沿海各场庐舍廪盐飘荡一空，灶丁男妇淹死无算，真仅见之灾"，因为"所有折价等银万难追征，乞照民间灾荒之例，破格蠲恤"。户部的答复是"查两淮运司各场系刮卤煎盐，场分与丁地钱粮不同，不便准蠲，应请敕该御史设法催征，招抚赈恤"[⑥]。也就是对盐课不仅不予以蠲免，而且还要设法催征。当然，这种情况在雍正朝以后稍微有所好转，遇到成灾较重时也有偶免灶欠折价银的。

两淮盐丁生活本身就很困苦，一旦遭遇潮灾，根本就交不了盐课，于是才有盐课缓征和均摊其他未遭灾或遭灾比较轻的各场带纳之救灾举措。雍正

---

① 嘉庆《两淮盐法志》卷四一《优恤二·恤灶》。

② 乾隆《盐城县志》卷二《祥异》。

③ 康熙《兴化县志》卷一《祥异》，康熙二十四年（1685年）抄本，《中国方志丛书》（450），成文出版社有限公司，1983年，第43页。

④ 乾隆《盐城县志》卷二《祥异》。

⑤ 嘉庆《两淮盐法志》卷四一《优恤二·恤灶》。

⑥ 康熙《两淮盐法志》卷一二《奏议三》，《中国史学丛书》（42），第921–922页。

八年（1730年）秋，海潮淹没东台县灶地，“缓征折价。场使某征如故，灾民无所告，至鬻妻女”，当地袁嘉裔“白诸当事者，乃缓其征”。[①]雍正八年（1730年）六月二十一、二十二等日，两淮盐区被潮，经伊拉齐会疏题报，请将被灾十分、八分之庙湾等五场应征折价钱粮照例蠲缓。成灾六分之新兴场，应折价钱粮照例蠲缓。勘不成灾之西亭等11场应征折价钱粮缓至次年征收。[②]灶课不准蠲免，潮灾又频发，于是康熙年间就多将遭灾盐场之盐课分摊各场带纳。康熙五年（1666年）五月，御使黄敬玑题：“为荡坍灶困已极，人逃课额无完，查吕四一场额课二千二百两有零，其地一面滨海，一面临江，历年以来荡地冲坍大半，又兼海水潮涌，男妇淹没，仅存百余灶丁，资生无计，皇皇思逃，责其纳二千余两之额课，势所不能。为今之计，惟令见在灶丁勉力输纳该场一半之课，所余一半课银比照徐渎废场之例，暂令三分司二十六场内均摊带纳，候该场生聚渐广之时，将课复归本场。而二十六场所带之数，仍行除去。既于额课无亏，而此百余灶丁得留残喘以供煎办。户部覆准相应允从，俟该场灶丁生聚众多之日，将各场摊课仍归本场自纳。”[③]康熙十年（1671年）九月，御史席特纳等题称：“莞渎一场，连年黄河堤决，房舍荡地俱为水国，灶逃无人办课，自康熙四年至今，额征银两俱司场官设法赔解。徐渎一场先因禁海迁废，吕四一场被海波冲削荡地大半，所以徐渎一场折价银两并吕四场一半折价俱摊于二十六场代纳。查二十六场灶丁叠遭旱涝，自办尚恐不足，复历年代人完纳，困苦实甚。请将莞、徐、吕三场均摊钱粮停其代纳，照民人禁海坍江事例暨行豁免。”户部覆准徐渎、吕四两场均摊代纳已久，不便再改，而莞渎一场则准其豁免，等水退地出之日再照旧征收。康熙十一年（1672年）八月，御史色克德等题称：“余中场面江背海，原额草荡三百一十九顷八十八亩，岁征折价银六百四十两零，先被江冲，尚存栖址。今康熙十年正月运河冲决，草荡、官衙、民室尽被水没。十年折价，本场大使捐赔。折价从荡科征，今荡地一百五十四顷余，坍坏沉水，民灶逃窜，十存二三，应征额折三百一十二两零。请自十一年起，或照莞渎场例蠲豁，或照徐渎、吕四二场之例，均摊。”户部覆准自十一年起照

① 嘉庆《东台县志》卷二七《尚义》，《中国方志丛书》（27），第976页。

② 嘉庆《两淮盐法志》卷四一《优恤二・恤灶》。

③ 康熙《两淮盐法志》卷一二《奏议三》，《中国史学丛书》（42），第937-938页。

徐渎、吕四场例均摊各场，等水退后再照旧征收。[①]

缓征、带纳只能缓解灾情，而对于那些遭灾严重的极贫灶户盐丁来说，再怎么缓征、带纳，也是一样交不起税课。于是，明清两淮盐区的一些富绅和盐商在潮患之后，多捐课代为完纳。如明万历时，两淮盐场叠罹潮患，芦荡漂没，折课难供，富安人吴袭“力控侍御蔡公时鼎，得捐课七十万两，两淮以生”[②]。顺治十八年（1661年），两淮盐区海潮泛涨，“灶户之贫者完粮无措”，阜宁乡绅顾国士“解囊代输，大生灶困”。[③]迄康熙年间，财力雄厚的两淮盐商在官府的倡导下，本着商、灶共生原则，开始为受灾灶民代为完税，并逐渐形成定例。如康熙三十三年（1694年），“栟茶场荡地被潮冲失九百八十余顷，其应征折价银千五百余金，灶户缪五通等援徐渎等场之例，呈请各场均摊”，但两淮运使刘德芳“以滨海之区，在在贫瘠，实难更增。惟商灶相须，诸商宜有救灾恤患之谊，议令淮南商众代捐完课。嗣后，荡地潮灾，遂以为例”[④]。康熙三十年（1691年）及四十九年（1710年），栟茶场先后被潮，共坍缺荡地折价银1812余两，“贫灶无力完纳，淮南众商以商灶有相须之谊，情愿代输，俟坍地涸出之日仍令灶完”[⑤]。乾隆二十一至二十五年（1756—1760年），新兴盐场因亭户逃亡，积逋至400余金，业盐新兴场的歙县监生曹莲“如数输官，灶始复业”，同时，吕四场的姚国彬、栟茶场的徐纶翰，“尝为本场灶户偿逋课数百金”。[⑥]乾隆三十六年（1771年），护理盐政运使郑大进奏言：本年七八两月海属之板浦、徐渎、中正、莞渎、临洪、兴庄等场并通属之余东、余西二场间被潮水，“并海属三十六年压征，三十五年分折价未完，灶欠一万三百八十余两，淮北众商分带捐完，以舒灶力。均奉旨允行”[⑦]。

缓征、带纳、捐课之类的救灾措施只能舒缓两淮盐区的民力，而不能救灾民生存之急。所以，在潮灾后有序展开各种赈恤活动，对两淮盐区灾民来

① 康熙《两淮盐法志》卷一三《奏议四》，《中国史学丛书》（42），第1003–1006页。
② 康熙《两淮盐法志》卷二三《尚义》，《中国史学丛书》（42），第1528页。
③ 光绪《阜宁县志》卷一六《人物五·笃行》。
④ 嘉庆《两淮盐法志》卷三六《职官五·名宦》。
⑤ 嘉庆《两淮盐法志》卷四二《捐输三·灾济》。
⑥ 嘉庆《两淮盐法志》卷四六《人物五·施济》。
⑦ 嘉庆《两淮盐法志》卷四二《捐输三·灾济》。

说是最实惠的。明清时期两淮盐区潮灾赈济，包括随盐赈济、平粜、赈粥、赈粮、赈银、赈贷、工赈、掩骼等多种措施。

随盐赈济不是临灾赈济，而是针对灶户盐丁生活之苦而采取的赈恤灶丁的一个重要手段，但也在潮灾之后发挥着救灾的作用。明代规定“本司给散引目，照依收赈簿内所载应纳赈银数目收完，方给引，付商印记。如见盐每引收银五分，赈济煎盐灶丁，其逃亡无征，盐自行买补者免赈”。但每场赈银除总催不赈外，“其余不论产业厚薄，人丁多寡，办盐十引者给予十引赈济，办盐五引者给予五引赈济，办盐多寡，随盐赈济，每年行令各场造册，差总催赴司关领”[①]。

潮灾严重的年份，粮食歉收，必然导致粮价上涨，从而加剧了饥荒，所以官民多有动用盐义仓谷或捐资买米投放市场以平抑粮价的平粜活动。雍正八年（1730年）六月二十一、二十二等日，两淮沿海风潮，被灾六分之新兴场，并发通、泰等处仓米减价平粜。乾隆十六年（1751年）正月，通州、淮安两属濒海被淹后，贫灶资生拮据，署盐政吉庆上疏请求“通属请谷二万三千石，淮属请谷八千七百石，每米一石减价一钱，每升通属定以九文半，淮属定以十文粜出，钱文扣除运脚发商买补还仓。部覆准行”[②]。嘉庆十年（1805年），东台“因高宝湖水下注，海潮上拥，一时不能宣泄，以致田亩民居率皆淹漫，被灾最重”，徐崇焵劝捐申文略曰：“仰蒙宪台轸念灾黎，奏请赈恤，并酌拨川米下县平粜，俾阖境编氓得沐恩施。惟是东邑被灾庄分众多，分拨川米仅七千石，分厂平粜，祇足敷衍目前，而秋尽冬交，小民之啼饥号寒，有不得不预为经画者。卑职与在城绅士共相筹策，关心甚切，众力易擎，现在城中绅士及盐典各商已捐有一万数千金，自行买米接济平粜。”[③]

平粜只是平抑粮价，而对因重灾而致贫的灶户盐丁来说是无济于事的，所以必须辅之以赈粥、赈粮、赈银、赈贷和工赈。赈粥，也就是煮赈，到灾民集中地煮粥给食灾民。如万历二年（1574年）七月十四日，两淮盐区发

① 嘉靖《两淮盐法志》卷五《法制二》，《四库全书存目丛书》（史274），第219页。
② 嘉庆《两淮盐法志》卷四一《优恤二·恤灶》。
③ 嘉庆《东台县志》卷二七《捐施》，《中国方志丛书》（27），第994页。

生大风暴潮，海安镇人徐察即“日橐金裹粮至栟搽煮糜食饥”[1]。雍正二年（1724年），两淮盐区海溢，民饥，栟茶场监生缪裔珍赈粥三月。[2]雍正九年，两淮盐区风暴潮灾，“业盐于扬，遂籍江都”的徽商汪应庚“作糜以赈伍祐下仓等场者三月”。[3]乾隆二十一年（1756年），丰利场人徐承浩偕其乡人冯启贵就场赈粥米，“未竟，以劳卒”。是年，余东场监生姜玉文设粥厂于仓头庙，东台生员周楠设粥厂于三味寺，掘港监生五顺溪、石港贡生张篔亦各捐赈于其乡，栟茶监生符启隽随众捐赈。[4]乾隆四十六年（1781年）秋，海州分司属之板浦等三场被遇潮灾，淮北众商公捐银4000两于各场适中之地，分设粥厂，从该年十二月十五日起至次年春正月十五日止，煮赈一月。[5]对于灾民相对分散的地方，不少乡绅富商往往是购买干粮前往散赈。如清代泰州的沈自明在“值大水，海溢，滨海之民露立不能炊，人多饥饿”之时，“每晨买胡饼数千枚，煮茶数石，亲往散给。凡两月余，赖以存活者甚众”。[6]雍正二年（1724年），海潮为灾，业盐于东台场的歙县盐商汪铽之子汪涛“以舟载糗糒，沿流哺灶民之流离者，一时全活无算”[7]。

赈粮，就是官府和乡绅富商向灾民直接发放救灾粮。如嘉靖十八年（1539年），两淮盐区海潮泛溢，灶民多乏食，栟茶场的缪泮“输粟千石赈之，多所全活”[8]。嘉靖二十年（1541年），两淮盐区海潮涌溢，荒歉相仍，海安乡绅陈立“出粟数百石赈之”[9]。隆庆三年（1569年），两淮盐区海潮泛溢，亭场禾稼尽没，安丰场人傅本淳“捐粮百石赈之”[10]。乾隆五十九年（1794年），角斜场潮灾，灶总汤玉澄与本场商众共赈米500石。[11]如何把

① 咸丰《海安县志》卷三《人物・义举》，扬州古旧书店1962年据咸丰乙卯（1855年）石麟画馆原稿本复印。

② 嘉庆《东台县志》卷二七《尚义》，《中国方志丛书》（27），第974页。

③ 许承尧：《歙事闲谭》第13册，转引自张海鹏、王廷元：《明清徽商资料选编》，黄山书社，1985年，第322页。

④ 嘉庆《两淮盐法志》卷四六《人物五・施济》。

⑤ 嘉庆《两淮盐法志》卷四二《捐输三・灾济》。

⑥ 道光《泰州志》卷二五《笃行》，道光七年（1827年）刻本。

⑦ 嘉庆《东台县志》卷三〇《流寓》，《中国方志丛书》（27），第1054页。

⑧ 康熙《两淮盐法志》卷二三《尚义》，《中国史学丛书》（42），第1537页。

⑨ 咸丰《海安县志》卷三《人物・义举》。

⑩ 康熙《两淮盐法志》卷二三《尚义》，《中国史学丛书》（42），第1532页。

⑪ 嘉庆《两淮盐法志》卷四六《人物五・施济》。

赈灾钱粮发到灾民手中，确是一个很困难的问题。此时，就有贤能盐商出面做好赈济物质的公平发放工作。如康熙三十年（1691年）潮灾，“官商议赈，佥以灶丁僻处海滨，每多向隅，难其稽核”。“以业盐占籍仪征”的歙县商人汪铨“自请行，至则计户口给之。如法，刘庄等十二场均沾实惠焉”。[①]

赈银，是一种货币化赈济，对于煮赈之后的极贫灾民、遭灾的次贫之民、远地灾民非常适用。由于“灶丁煎办之苦有甚于耕凿之民，而宽恤之惠独无一分之及，穷灶嗷嗷，无所仰赖”，所以嘉靖年间御史朱廷立建议“今后灶民凡遇饥馑之年，除应得随盐赈济外，其余但系灶籍人丁，查照有司赈济事例，量为动支官银，委廉能官员设法通融给散，务使穷灶各沾实惠”；而御史焦琏也倡议道：“于两淮余盐银内，量留六七万两，听委司府廉正官员大加赈恤，务俾小灶均沾实惠，则见在灶丁庶免于逃亡，而已定之额课不致于缺乏矣。”[②]雍正二年（1724年）七月，两淮盐区海潮暴发，“所属被灾者二十九场”，巡盐两淮的谢赐履同运使何顺“捐银三千两抚恤”[③]。民间乡绅富商也积极响应，捐银赈济受灾的灶户盐丁。如雍正二年栟茶场民被潮，缪以览“出其负券三百金各还其人”[④]，这也是一种变通的捐银赈济形式。康熙三十年（1691年）秋，两淮盐区海潮泛溢，“灶苦饥，院道率诸商捐俸助资，备赈济”[⑤]。乾隆二十四年（1759年）八月，通、泰、淮三分司潮灾，经盐政高恒疏请，“先行抚恤一月，共给银二万一千八百二十六两有奇。又因时值寒冬，复请折给一月口粮。所有抚恤各项均出商捐，奏明毋庸开销正款”[⑥]。道光末年通州盐场潮灾，“西洲凫没千余家”，泰兴诸生蔡霆兄弟“出千金亲履其地赈之”。[⑦]商捐银两除了赈济灾民之外，还有一个重要用途，就是用来修理盐池煎灶等制盐设施。如乾隆四十六年（1781年）秋，海州分司属之板浦等场潮灾，淮北众商“捐银修理盐池”。同年十月，通州分司所属之余东、余西场被水成灾七分，淮南众商捐出修治亭场煎灶银共2620

---

① 嘉庆《两淮盐法志》卷四四《人物二·才略》。

② 嘉靖《两淮盐法志》卷六《法制三》，《四库全书存目丛书》（史274），第242页。

③ 嘉庆《两淮盐法志》卷三六《职官五·名宦》。

④ 嘉庆《东台县志》卷二七《尚义》，《中国方志丛书》（27），第973页。

⑤ 康熙《两淮盐法志》卷二三《尚义》，《中国史学丛书》（42），第1575页。

⑥ 嘉庆《两淮盐法志》卷四二《捐输三·灾济》。

⑦ 光绪《通州直隶州志》卷一三《人物志下·义行传》，《中国方志丛书》（43），第625页。

多两。[①]

赈银是对灾民的一种无偿捐助，而赈贷则是对灾民的一种低息或无息贷借，旨在帮助灾民恢复生产。如康熙四年（1665年），两淮盐区"海涨为灾，灶民交困"，阜宁县的刘尔馥"倾囊济乏，更称贷给之"。[②]乾隆五十九年（1794年）秋，风雨海涨，东台、何垛、丁溪、草堰四场借给草本。[③]同年，角斜场潮灾，总灶汤玉澄倡同本场商众共捐米500石，"贷给灶丁，己复捐米二百五十石"[④]。

工赈，则是指在受灾地区由官民出资雇佣灾民兴办工役，以解决灾民生计，从而达到救灾的目的。工赈与直接赈粥、赈粮、赈银完全不同，它属于间接赈济，也是一种有偿赈济，所兴工役，或是农田水利设施，或是公用设施。明清两淮盐区运盐河因黄河夺淮的影响而经常淤塞，需要不定期疏浚才能通航。于是，官商便有遇潮灾而雇佣灾民疏浚运盐河之举。如安丰场有五灶仓河，明代有过疏浚，但岁久复淤。康熙四年（1665年）潮灾，业盐安丰场的歙县商人郑永成倡议寓赈于工，"贷课本万余金重濬，凡二百四十余里"[⑤]。

以上赈恤措施都是针对潮灾生存者展开的，对死难者，最好的救助办法就是施棺、掩埋无主尸骨。清代如皋县的王大溥，"值海潮湧溢，收浮尸，殓瘗之"[⑥]。雍正二年（1724年）七月十八日，海潮直灌盐城县城，范堤外人畜溺死甚多，浮尸满河。知县于本宏捐金瘗之。[⑦]同年，栟茶场被潮溺死者无算，缪遇贤"典质购绳席，募夫掩尸千余"；缪其让"施棺埋尸"。[⑧]嘉庆四年（1799年）潮灾，掘港场人刘志恒设法施棺。[⑨]咸丰元年（1851年），两淮盐区潮灾，淹毙无算，如皋汪承泽"施棺殓之"，徐长清"捐赀殓之"；丰

① 嘉庆《两淮盐法志》卷四二《捐输三・灾济》。
② 光绪《阜宁县志》卷一六《人物五・笃行》。
③ 嘉庆《东台县志》卷七《祥异》，《中国方志丛书》（27），第339页。
④ 嘉庆《东台县志》卷二七《尚义》，《中国方志丛书》（27），第981页。
⑤ 嘉庆《两淮盐法志》卷四四《人物二・才略》。
⑥ 嘉庆《如皋县志》卷一七《列传二》，《中国方志丛书》（9），第1468页。
⑦ 乾隆《盐城县志》卷二《祥异》。
⑧ 嘉庆《东台县志》卷二七《尚义》，《中国方志丛书》（27），第974页。
⑨ 嘉庆《两淮盐法志》卷四六《人物五・施济》。

利场的季雨树“殓埋无主尸数千”。[①]

三、两淮盐区潮灾的防御

为了保障两淮制盐业的持续发展，明清官府和民间乡绅富商都十分重视两淮潮灾的防御，采取的兴修盐义仓积谷备荒、修建捍海堰和避潮墩挡潮避潮等措施，具有鲜明的两淮盐区灾害防治特色。

明代备荒仓储体系比较完备，包括预备仓、常平仓、义仓、济农仓等。在这套备荒仓储体系中，有一部分仓储就是针对两淮盐丁灶户设置的，叫预备仓、积谷仓、赈济仓。弘治二年（1489年），刑部侍郎彭韶奏立预备仓，“凡灶丁有罪，输纳米谷其中，是为积谷备赈之始”[②]。嘉靖年间，御史李士翔建议“比照州县建仓备赈之规，此乃恤灶丁之急务也”，即“为今之计，合无令通、泰、淮三分司判官于所常居之处，随宜相度空地，查臣问过盐犯项下动支银二百七十两，各给予本司官九十两，各令督盖仓廒一十四间。再查盐犯项下赃罚银两，于其三分之中存留二分，候解边用，里支一分均给各分司官，责令殷实人户趁今秋收买稻上仓。其各场灶户犯该徒杖等罪各该司官受理者，但审有力及稍次有力，照依近年题准赎罪收稻事例，责令赴仓上纳，不许折收银两”；“其廒经簿籍之法，给散赈恤之方，一切事宜等共同商议后再切实举行。务必使灶民遇凶荒时普沾实惠，而逃亡渐止则国课不致有亏”。[③]万历中，御史陈禹谟疏请建积谷仓，每个分司二三处，两淮约有30处。[④]

清代在吸收明代两淮盐区备荒仓储经验的基础上，发展出了极具两淮盐区特色的备荒仓储，即“酌盈剂虚，因时损益，荒政有经”的盐义仓。雍正三年（1725年）十二月，两淮盐商公捐银24万两，盐院缴公务银8万两。次年正月，雍正帝对此捐款发布谕旨：“以二万两赏给两淮盐运使，以三十万两为江南买贮米谷盖造仓廒之用。所盖仓廒赐名盐义仓。”[⑤]雍正五年（1727

---

① 同治《如皋县续志》卷九《义行传》，同治十二年（1873年）刊本，中国方志丛书（46），成文出版社有限公司，1970年，第391页。

② 嘉庆《两淮盐法志》卷四一《优恤二・恤灶》。

③ 嘉靖《两淮盐法志》卷六《法制三》，《四库全书存目丛书》（史274），第242页。

④ 嘉庆《两淮盐法志》卷四一《优恤二・恤灶》。

⑤ 嘉庆《两淮盐法志》卷四一《优恤二・恤灶》。

年），雍正帝考虑到“煎盐灶户皆住居滨海之地，离城最远，一遇歉收之岁，觅食维艰。若远赴盐义仓运致米石，恐穷民多往返之劳”，因此令噶尔泰于泰州、通州、如皋、盐城、海州、板浦再建6个盐义仓，所需经费24万两，可从乙巳刚商人公捐银两中动支。[①]雍正十三年（1735年），又兴建了石港仓、东台仓，各储谷1万石，兴建的阜宁仓储谷5000石。[②]至嘉庆年间，两淮盐义仓已达30余所。同时，盐义仓储谷数也日渐增加，其中雍正四年（1726年）建立的扬州仓规模最大，初储谷12万石，至乾隆十一年时总储谷达到了24万石。雍正五年（1727年）建立的通州仓、如皋仓、泰州仓、盐城仓、板浦仓、海州仓初储谷分别为2.6万石、1.44万石、5万石、5.8万石、2.16万石、1.26万石，至乾隆十一年（1746年）时除了如皋仓、板浦仓、海州仓储谷数维持原额外，通州仓、泰州仓、盐城仓都分别增加到3.44万石、9万石、6.2万石。盐义仓在嘉庆以后虽有兴废，但一直沿用到光绪年间。

盐义仓的经费来源主要是两淮盐商捐助。雍正四年（1726年）十二月，两淮盐商黄光德等愿输银4万两以供薪水，运使坦麟却将之作为建盐义仓之用。淮北商人程谦六等捐出水脚银1.44万两作为建仓之经费。[③]徽商黄以正此年也捐赀独建一所盐义仓，因此“得邀议叙”[④]。此外，各盐场的陋规公荡租银、折价耗羡、商规引费等款项，也是盐义仓的经费来源。如雍正十二年（1734年）八月，盐政高斌奏准从两淮三分司所属各场所存折价耗羡、商规引费通共4万余两中，除去分司以下各员养廉公费及书役饭食、纸张银近3万两外，其余留贮运库，统作每年添补盐义仓积谷之用。雍正十三年（1735年），运使尹会一查出通州分司所属马塘等场有陋规公荡租银等200余两，最后留予石港场设仓积谷备赈之用。[⑤]盐义仓修建和运行经费主要来自商捐，所以管理上也是“令诚实商人经管其事”[⑥]，谷米兼存，存七粜三，出陈易新。当然，盐臣也有稽查的责任，“凡盐臣离任之际，应照常平等仓督抚交代

① 嘉庆《两淮盐法志》卷四二《捐输四·备公》。

② 嘉庆《两淮盐法志》卷四一《优恤二·恤灶》。

③ 嘉庆《两淮盐法志》卷四一《优恤二·恤灶》。

④ 民国《歙县志》卷九《人物志·义行》，载张海鹏、王廷元：《明清徽商资料选编》，黄山书社，1985年，第320页。

⑤ 嘉庆《两淮盐法志》卷四一《优恤二·恤灶》。

⑥ 嘉庆《两淮盐法志》卷四二《捐输四·备公》。

之例，将册移交新任接管，仍于每年岁底开造四柱清册送部，扬州四仓令运使造册”[①]。

为了恤灶以保盐课，每当风暴潮袭击两淮盐区时，清王朝都要动借盐义仓谷粮先行赈恤。雍正八年（1730年）六月二十一、二十二等日，两淮盐区潮灾，庙湾等处五场赈济男妇大小4万余口，持续三个月，共动用仓谷3万余石。雍正十年（1732年），通、泰、淮三分司所属之丰利等25场潮灾，商人黄光德等借动盐义仓谷8万石，分为三月给赈，勘不成灾之马塘等六场照被灾各灶减半赈济。此次共动用银1.7万余两，谷10万余石。雍正十二年（1734年）二月，盐政高斌遵奉特旨，动拨盐义仓谷3118石零，设场煮赈通州滨海之丰利等十场灶户。乾隆元年（1736年），淮安分司所属板浦、徐渎、莞渎三场潮灾，共动用盐义仓谷7637.1石。[②]乾隆三十六年，护理盐政运使郑大进奏言当年七、八两月海州所属的板浦、徐渎、中正、莞渎、临洪、兴庄等场并通州所属的余东、余西两场间被潮水，淮南北众商请于通、海两仓借动谷近1.7万石，给恤一月口粮，秋成公捐买谷完仓，不销正项。乾隆四十六年（1781年）九月，海州分司所属的板浦等三场遭遇潮灾，淮北众商请动借海州板浦盐义仓谷1.2万余石，捐给一月口粮，分年带完归款。[③]

无论是明代的赈济仓还是清代的盐义仓，只具备荒的功能，而且临灾时也只是动用盐义仓平粜或者动借仓谷赈济，体现的是官商恤灶之心，灶户盐丁直接受益的功效并不明显。而捍海堰和避潮墩一类的防潮工程对灶户盐丁来说才是最直接、见效相对较快、实施条件较为便利的潮灾防御措施。

两淮各盐场濒临大海，自唐历宋，尝筑捍海堰以防潮患。其中以天圣年间修筑的范公堤最为著名。明清时期，范公堤仍为两淮盐区重要的防潮保障，大修小修不断。洪武二十三年（1390年）七月潮变，官府“起苏、松、淮、扬四府人夫修筑”[④]。永乐九年（1411年），命平江伯陈瑄发淮扬40万人夫筑治之，为捍潮堤1.8万余丈。成化十三年（1477年）秋，巡盐御史雍泰起沿海民夫各场灶丁4000人修筑。[⑤]正德七年（1512年），巡盐御史刘绎行淮

① 嘉庆《两淮盐法志》卷四一《优恤二・恤灶》。

② 嘉庆《两淮盐法志》卷四一《优恤二・恤灶》。

③ 嘉庆《两淮盐法志》卷四二《捐输三・灾济》。

④ 嘉庆《如皋县志》卷三《建置・堤堰》，《中国方志丛书》（9），第207页。

⑤ 民国《阜宁县新志》卷九《水工志・海堆》，《中国方志丛书》（166），第736–740页。

扬二府及30盐场，起夫6000名修筑。嘉靖二十四年（1545年），御史齐东请照量起淮扬二府人夫修筑，章下所司施行。[①]嘉靖三十七年（1558年），御史灶总王训请求一视同仁增修马塘灶御潮堤岸，“东起彭家缺，南接新堤，遮防草荡，存活灶命”[②]。万历九年（1581年），徐九仲任栟茶场大使，率众起夫督修范堤，“以障海水，潮不得入，民获有秋”[③]。万历十二年（1584年），御史蔡时鼎创建吕四新堤，长22里，东折向南江大河口6里许，西及余东、余中场。[④]万历十五年（1587年），巡抚都御史杨一魁委盐城县令曹大咸修复，从庙湾沙浦头起，历盐城、兴化、泰州、如皋、通州，共长582里。[⑤]万历四十三年（1615年），巡盐御史谢正蒙巡行范堤，划地分工，对范公堤大加修复，起自吕四场，讫于庙湾场，共计800余里，“易斥卤之乡尽为原隰，获确薄之地尽为耕获”[⑥]。康熙五十一年（1712年）秋，两淮盐区遭遇风潮后，台司下令重修范堤，经始于五十三年（1714年）四月，三旬而竣事，“溃者堵之，卑者培之，高厚完固如旧制”[⑦]。雍正五年（1727年），王兆麟官泰州运判时，“栟茶、角斜二场范堤外荡地坍没三十余里，距大洋不远，每风潮暴发，冲漫堤内，丁户苦之”。会两江总督魏廷珍奉诏诂修全堤，王兆麟乃“力请于栟茶旧堤内移近三四里许，别建新越堤以捍民灶，计费工五千三百五十七丈。又接筑丰利场新堤三百八十丈，其栟茶、角斜旧堤残缺虽多，基址犹存，乞并修以为外护，廷珍悉从之”[⑧]。

范公堤是民灶防潮的重要保障，事关国家税课、商人利润、民户灶丁日常生计。所以除了官府组织兴修外，一些乡绅和盐商也出资兴筑范公堤。乡绅捐资修建范公堤的事例，如万历二十四年（1596年），大潮冲决余西

① 康熙《两淮盐法志》卷二八《艺文四·附沿革》，《中国史学丛书》（42），第2340–2341页。

② 嘉庆《如皋县志》卷三《建置·堤堰》，《中国方志丛书》（9），第209页。

③ 嘉庆《东台县志》卷二〇《职官》，《中国方志丛书》（27），第822页。

④ 康熙《两淮盐法志》卷一七《堤堰》，《中国史学丛书》（42），第1341页。

⑤ 民国《阜宁县新志》卷九《水工志·海堆》，《中国方志丛书》（166），第736–740页。

⑥（明）郭子章：《重修范堤记》，康熙《两淮盐法志》卷二五，《中国史学丛书》（42），第1753–1757页。

⑦（清）丁世隆：《重修范公堤碑记》，嘉庆《东台县志》卷三七，《中国方志丛书》（27），第1483–1485页。

⑧ 嘉庆《两淮盐法志》卷三六《职官五·名宦》。

场范公堤160余丈，“官为兴筑，决处皆成深潭，畚锸难施”。致仕回乡的洪洞主簿陈大立请于堤南就地形曲折增筑40余丈，“工费不足，率其族鸠赀助之”[①]；乾隆二十五年（1760年），海潮冲决范公堤，角斜场人张丽生“捐赀堵筑”[②]；道光时丰利场监生陈沧，“倡族人修范堤”[③]。盐商捐资兴筑范公堤的例子也有不少，如明嘉靖年间的叶禹臣携资到通州，“督灶煮海”，见通州之狼山东旧有的范公堤“岁久圮，每飓风至，田庐尽没，且多死亡”，“独慨然修之，不数月，堤遂成”。[④]康熙四年（1665年），潮决范公堤，业盐于淮的黄家珮、黄家珣、黄隼偕其族人，鸠众重修，不费朝廷一钱，而800里全堤兴复如故，“自是庆安澜者垂五十年”[⑤]。徽州商人苏应琛定居于掘港，见“掘港旧有范公堤，岁久溃败，潮溢辄浸民居，居民苦之”，乃“捐资修筑，镇民由是安堵”。[⑥]在清代，盐商捐修范公堤更是成了一项制度。康熙五十一年（1712年）八月初四、初五、初六连日风雨，两淮盐区海潮涨漫，冲决范公堤数处，以致煎盐灶户之庐舍亭场多被漂淌，最后“令商人修筑”[⑦]。乾隆六年（1741年），总办江南水利工程大理寺卿汪漋等疏请修补泰、兴、盐、阜四州县内范公堤残缺，共估用银近1.9万两，动支商捐银两，清政府准其动支兴修。[⑧]

随着海岸东迁，灶户盐丁不得不随之“移亭就卤”，逐渐远离了范公堤这一防潮屏障。而新涨淤地海岸多为砂质，地势又低，根本没有天然的可以让灶民盐丁从海潮袭击中逃生的岩石、礁石、山包，故而明清时期官民都非常重视避潮墩的建设。因为“海水渐远于堤，各场灶在堤内者少，在堤外者多。海潮一发，人定受伤，灶舍亦荡”[⑨]。于是灶丁、亭民自造潮墩以避

---

① 嘉庆《两淮盐法志》卷四四《人物二・才略》。

② 嘉庆《东台县志》卷二七《尚义》，《中国方志丛书》（27），第978页。

③ 同治《如皋县续志》卷九《义行传》，《中国方志丛书》（46），第392页。

④（清）金门诏：《金东山文集》卷九《叶九畴先生墓志铭》，载焦循：《扬州足征录》卷11，《北京图书馆古籍珍本丛刊》（25），书目文献出版社，1991年，第609页。

⑤ 嘉庆《两淮盐法志》卷四四《人物二・才略》。

⑥ 嘉庆《如皋县志》卷一七《列传二》，《中国方志丛书》（9），第1452页。

⑦（清）李煦：《李煦奏折》，“康熙五十一年八月二十一日范公堤决口按户捐给银米并令商人修堤折”，中华书局，1976年，第125页。

⑧ 民国《阜宁县新志》卷九《水工志・海堆》，《中国方志丛书》（166），第736–740页。

⑨ 嘉庆《东台县志》卷一一《水利》，《中国方志丛书》（27），第458–459页。

潮。一遇大潮猝至，煎丁奔走不及，即登墩避潮，以保生命，故名为“避潮墩”[①]，亦称“救命墩”。民间“筑墩自救，顾其数有限”[②]，另外，“人力不齐，海水变易，而多寡兴废亦因之靡定焉”[③]，于是便有了官筑潮墩之举。嘉靖十七年（1538年），运使郑漳创设避潮墩于各团，“诸灶赖以复业”。嘉靖年间，官筑的各盐场避潮墩达184所。[④]清代康、乾年间，潮灾频发且严重，避潮墩日渐增多。乾隆十一年（1746年），盐政吉庆“以潮墩为灶丁避灾所亟，于一百四十八座之外，复增八十五座”[⑤]。其中淮安分司所属的伍祐场，旧存53座，乾隆时新设了9座；新兴场旧存17座，新设4座；庙湾场共14座，内旧有7座，乾隆十一年又添设7座，并将旧墩一体整修，在场境南北两岸。[⑥]乾隆十二年（1747年），庙湾场又新设18座避潮墩。[⑦]至光绪年间，两淮盐区潮灾再次高发，所以光绪五年至九年（1879—1883年），新修了不少避潮墩。光绪五年（1879年），两淮盐区海水啸溢，通、泰十余场平地水深丈余，两淮盐运使洪汝奎在潮水退后“复请增筑沿海潮墩以千计，其利赖尤溥”[⑧]。光绪七年（1881年），两淮盐区普遭大潮袭击，盐城县伍祐场在原有62座避潮墩的基础上，又增筑了11座；新兴场旧共21座，增筑9座。[⑨]同年，阜宁县诸盐场亦遭潮灾，“扬镇诸善士广为劝捐，将于庙湾等场普筑潮墩以备缓急，筑墩之工，即以灾民为之”，次年颁发库款，由场大使唐如峒雇夫兴筑，光绪九年（1883年）四月兴工，六月工峻，共计修成11座。[⑩]

避潮墩的建设不仅事关国家盐课，也关系到盐商和民灶的利益，所以民间力量也参与避潮墩的修筑。如歙县的郑世勋业盐新兴场，适逢“海啸，灶民溺死无算”，于是他“相高阜，筑大墩十余座，为避潮之所。自是岁遇

① 嘉庆《两淮盐法志》卷二八《场灶二》。

② 民国《阜宁县新志》卷九《水工志·避潮墩》，《中国方志丛书》（166），第742页。

③ 乾隆《两淮盐法志》卷二二《附烟墩潮墩》，乾隆十三年（1748）刻本。

④ 嘉靖《两淮盐法志》卷三《地理志第四》，《四库全书存目丛书》（史274），第186–198页。

⑤ 嘉庆《两淮盐法志》卷三六《职官五·名宦》。

⑥ 乾隆《淮安府志》卷一三《盐法》，《续修四库全书》（700），第47–51页。

⑦ 民国《阜宁县新志》卷九《水工志·避潮墩》，《中国方志丛书》（166），第742页。

⑧ 民国《续修江都县志》卷一九《名宦传第十九》，《中国方志丛书》（162），第1527页。

⑨ 光绪《盐城县志》卷二《舆地》。

⑩ 民国《阜宁县新志》卷九《水工志·避潮墩》，《中国方志丛书》（166），第742页。

风潮，安睹如故”[1]。由于民间力量比较分散，所以一般采取官督民修的形式。谢弘宗在《筑墩防潮议》中指出：因灶民多近海，是故潮灾来临时损失最为惨重，而灶民煎盐一般都有定期，有诸多暇日，于是便有了暇日挑泥筑墩的条件。而“灶户煎盐，利归于商，领锹代煎，利归锹主”，所以灶户、盐商、锹主三者利害相关。商灶相恤本来已是传统，这样三者共筑潮墩便有了共同点。“灶户也，商也，锹主也，三者岁筑一墩，共阔二丈，各任高二尺，共高六尺。次年每增一尺，其三尺连前高九尺，三年高一丈二尺，四年高一丈五尺，五年高一丈八尺，斯墩成矣。”因沿海大路民灶通行，所以对愿意捐资筑墩的人，官府会给予必要的奖励。筑墩时，由佐贰闲员督促庄灶，几家合筑一墩，并选一老成墩头牵头挑筑。筑完后，要经过佐贰闲员等董事之人查收，然后呈报县官，县官要不时抽查，考其殿最。[2]

四、结语

明清时期尤其是在16—19世纪两淮盐区潮灾比较集中，且多发大风暴潮灾。盐区经济事关国计民生，“两淮盐课几二百万，可当漕运米直全数。天下各盐运，两淮课居其半，而浙次之，长芦次之”[3]。因此，明清官府和民间社会十分重视两淮盐区潮灾的赈救与防治，临灾时多采取救人性命、蠲缓、带纳、捐课、平粜、赈粥、赈粮、赈银、赈贷、工赈、掩骼等赈恤措施，潮灾前后则通过兴建盐义仓、修筑捍游堰和避潮墩，以防灾减灾。这套比较成熟的潮灾防治体系，一定程度上减轻了潮灾的影响，保证了两淮盐业的恢复和发展。

明清两淮盐区主要以制盐、海洋捕捞为主，与中国其他沿海经济带发展相似，海洋社会经济特征明显。但明清时期中国还是一个传统的农业社会，随着南宋以来黄河长期夺淮，黄河泥沙不断向黄海输送，两淮盐区沿海陆地不断向东淤涨，进而造成盐产区东移、盐垦农业区不断东进的局面。可以说，迄唐代中叶，两淮盐区海岸线大体移至今范公堤沿线。堤西为民，堤东为灶。堤东视为禁垦区，用来放荒蓄草、刈作煎盐燃料。唐宋时期修筑的捍

① 嘉庆《两淮盐法志》卷四四《人物二 · 才略》。

② 乾隆《盐城县志》卷一五《艺文》。

③（明）陈全之：《蓬窗日录》卷三，载车吉心：《中华野史 · 明朝卷一》，泰山出版社，1998年，第1027页。

海堰东靠近海边地区，目的是保稼护盐。但到明代中叶以后，范公堤的很多地方已经离海很远。堤东的卤气淡薄之地纷纷被垦为农田。到乾隆初年，堤东垦熟田地已达6400多顷。[①]陆地农业经济属性逐渐向两淮盐区渗透，清代时范公堤的防潮护盐功能基本丧失，官民之所以还热衷修缮残缺的范公堤，主要还是为了防潮御卤以保卫千里沃野的堤西农业区。当堤东农业区规模扩大时，甚至到清末淮南盐区不得不大规模放垦时，滨海之民又不得不次第筑新堤，以资捍御。如阜宁县的竖堰，在通济河西岸，南起赣港，北至黄河堆下，“居民昔筑以御海潮”。光绪三十年（1904年），阜宁县民人程云三就筑西辽堆（堤堰），“以御卤”[②]。这种灶户盐丁不断向东“移亭就卤”和农垦随之东进的进程，也在潮灾的应对上打下了深深的烙印，呈现出与两浙、长芦、福建、广东等海盐产区不同的特征，如蠲免税课、赈济灾民政策有了灶户与民户之别，旧有捍海堰的兴修越来越呈现陆地农业特征，而嘉靖以后大规模增筑的近海避潮墩保护制盐、捕鱼民众安全的海洋经济属性越加凸显。陆地农业经济和海洋经济在这里广泛交融，陆海互动，共生发展。

明清两淮盐商富甲天下，全有赖于两淮盐区丰富的盐业资源和灶户盐丁的辛苦劳作，商灶相互依存，众盐商皆有“以盐从灶产，灶赖丁煎，商与灶丁实有休戚相关之谊”[③]的共识。于是，每当潮灾袭击两淮盐区之时，众盐商多情愿公捐先行赈恤灶户盐丁；在之后的潮灾赈济、借贷、平粜、掩骼养恤等救灾活动中，又积极对制盐之民捐资赈恤。在潮灾防御方面，盐商更是在官府的倡导下踊跃捐资修建盐义仓、范公堤、避潮墩。可以说，盐商尤其是徽州盐商在两淮盐区潮灾赈恤和潮灾防御方面，发挥了无可替代的重要作用，为明清两淮盐区的盐业生产和淮扬地区社会稳定做出了巨大的贡献，是其他沿海盐区潮灾防治所没有的一支重要力量。

［原刊于《安徽大学学报》（哲学社会科学版）2019年第3期］

① 民国《盐城续志校补》卷一引嘉庆《两淮盐法志》，1951年铅印本。乾隆二十六年（1761年）江苏巡抚陈宏谋等会题：“范公堤外，乾隆十年以前，旧熟地六千四百四顷五亩零”。

② 民国《阜宁县新志》卷九《水工志·海堆》，《中国方志丛书》（166），第741页。

③ 嘉庆《两淮盐法志》卷二八《场灶二》。

江浙地区海洋灾害应对机制的近代化变迁

王 笛[1] 曾桂林[2]

1. 中国人民大学清史研究所 2. 湖南师范大学历史文化学院

摘 要：晚清以降，随着江浙地区社会近代化的演进，传统海洋灾害的应对机制呈现出蜕变之势，具体表现为救灾机制及防灾机制转向近代化。江浙地区社会的近代化与海洋灾害应对机制的近代化转变呈现出既相互交织又相辅相成的关系，这既是近代化的演进规律使然，也是江浙区域发展特性所致。江浙地区海洋灾害应对机制的近代化不仅凸显了该区域社会近代化的历史进程，也为当地新型海洋灾害应对机制的构建奠定了基础。

关键词：江浙地区；海洋灾害；应对机制；救灾防灾；近代化

自古以来，江浙地区就是我国海洋灾害的主要受灾区。该地区海洋灾害的最早记载，可远溯至晋代。晋孝武帝太元十七年（392年），“永嘉郡潮水涌起，近海四县人多死”①。历史上，江浙地区的海洋灾害具有发生频率高、破坏性强的特点。据《江苏省志·水利志》载，江苏地区“从10世纪到19世纪的1000年间，共发生潮灾259次，其中前500年平均每隔12年出现一次，后500年平均每隔2.3年就出现一次。从259次潮灾资料看，三分之一年份有漂没畜棚、庐舍的记载，其中27年有具体漂溺人数。据不完全统计，有45.3万人被潮水卷去了生命，还有50余年仅有‘漂溺人畜无算’的记载，无法统计”②。浙江地区亦是如此，历史上，曾发生过多次极具破坏性的海洋

---

①《晋书》卷二七《五行志上》。

② 江苏省地方志编纂委员会：《江苏省志·水利志》，江苏古籍出版社，2001年，第464页。

灾害，如明天顺二年（1458年）“海盐海溢，溺死男女万余人”[①]；1912年8月下旬，浙南温处地区因台风暴雨骤发酿成特大灾害，有报道载“此次水灾死伤人口计在二十八万有奇，其未经淹毙者数几百万，但家室荡然，饥寒交迫，无住无食”[②]。

鸦片战争以前，江浙地区针对海洋灾害的救济工作主要依靠由政府主导的荒政展开，并通过修建海塘等防灾工程以构建灾前防御体系。晚清以降，在多种因素影响下，传统荒政趋于废弛，由政府主导的灾害救济效果大打折扣。加之江浙地区部分海塘年久失修难以有效抵御灾害侵袭，沿袭已久的海洋灾害应对机制面临危机。新旧海洋灾害应对机制的更替恰好是以中国迈向近代化为背景展开的。约而言之，伴随中国社会近代化的演进，处于演进最前端的江浙地区凭借发达的经济水平和先进的科学技术优势，率先对传统海洋灾害应对机制进行变革，逐渐构建起新型防灾救灾机制，实现了传统海洋灾害应对机制的近代化转变，这种转变不失为江浙地区社会近代化演进的一个侧面。基于前述因由，以江浙地区为论域来论析近代中国海洋应灾机制的转变，既可估测近代江浙地区的海洋灾害应对能力，也对构建现代新型海洋灾害应对机制有借鉴意义。

一、江浙地区海洋灾害应对机制转变的背景

近代以来，在匮乏的财政状况下，清政府在传统荒政上的效率日益低下，在灾害救济及防范方面大有捉襟见肘之势。但政府应灾能力的下降也在某种程度上为民间力量参与救灾及防灾活动提供了契机。作为最先接受先进科技文化浸润的江浙地区，在传统与近代的历史交汇处率先寻找并着力构建新型应灾机制，但这种寻找绝非偶然，乃是历史环境的影响及区域发展的特殊性所致。

1. 政府御灾能力下降

海塘是保障沿海居民生命财产安全、维护区域生态环境平衡的重要屏障。为保障海塘作用的稳定发挥，清代普遍实行海塘岁修制度。晚清时期

---

① 光绪《嘉兴府志》卷三五《祥异》，清光绪五年刊本，第21页。

②《杭垣筹办水灾急振会纪事》，《申报》1912年9月24日，第6版。有关此次温处风暴潮灾及其救济，可参见阿利亚·艾尼瓦尔、高建国：《从内地到边疆：中国灾害史研究的新探索》，新疆人民出版社，2014年，第290–304页。

政府财政负担的加剧、吏治的腐败令岁修费用锐减，岁修制度也逐渐流于形式，江浙地区海塘时常无人问津，塘工局对塘圮坐视不管，“近来大雨多日，潮汛又来得及，塘身已极其可危，塘工局绅董只图自己安逸，不顾众人的身家，绝不肯兴工”[①]，这样的情况在晚清时期绝非少数。另一方面，多处海塘年久失修，即便政府着力修筑，修筑时因贪腐严重也会令海塘难以发挥御灾效力。1908年，御史吴纬炳在奏折中请修浙江海塘，“从前工程认真，尚堪防堵，近年修理有名无实，以致全塘柴扫坦水，漂失过半，东塘一带损坏尤甚……各工往往任意偷减，以致岁修之款并无实在之工程”[②]。晚清时期海塘的保护与修筑多遇掣肘，防灾效力自然大打折扣。民国时期，海塘的岁修与日常维护工作虽仍由相关管理体制维系，但长期的军阀混战造成社会动荡，连年内战亦使经费无着，不仅难以实现对海塘的日常维修，岁修也时断时续。譬如江苏宝山东、西海塘作为周边七县屏障，历年由省拨款修补，但“自江浙战事发生后，省库空虚，致海塘失修，日渐坍圮，独处仅存二三尺”[③]。此种情况下若遇灾害侵袭，必定损失无数。政府各方均对其中利害明了无遗，但无力支付塘工款，不得已又登报告诸社会拯危救急。

晚清以降，在繁重的财政负担重压下，国家有限的资金尚难维持基本支出，社会救济事业更难获保障。由于政府在海塘修筑事业上既无充足财力又缺少科学合理制度的维系，便会有意无意间将开展公共事业的责任下移至地方。地方为了维护稳定及保障人民生命财产安全，亦会着力寻求有效的灾害应对方式。在此种官民互动格局之下，新型海洋灾害应对机制应运而生。

2. 海洋科学文化的传播

先民在长期接触海洋和利用海洋资源的生活中已对海洋形成一定认识，但并未形成以理性、实证性、系统性为特点的现代海洋科学知识谱系。近代以来，随着西方气象观测技术及海洋学研究成果的传入和中国留学生对海洋知识的宣传与推介，海洋科学文化研究事业快速发展，国人对海洋灾害的发生机理有了更为准确的认知，海洋灾害的预防观念也有较大革新。1865年法国耶稣会神父在上海董家渡地区开展气象观测工作，1873年始在离董家渡8千米处的徐家汇创立天文台，开展天文、气象等综合观测研究工作。1882年

① 《绍兴近事：海塘可危》，《绍兴白话报》1900年第108期，第2页。

② 《御史吴纬炳请修浙江海塘折》，《申报》1908年12月19日，第2版。

③ 《宝山海塘急待修险之筹议工款》，《申报》1925年8月6日，第13版。

《申报》刊载了西方传教士为徐家汇天文台采办需用仪器的新闻："今日法轮船公司启行前往外洋，有徐家汇天文台之神甫附轮而往。缘天文台内所用各物尚有不齐，故亲往伦敦、巴黎两处选购来沪以备用……该神甫在沪详察天文，占验风雨，类多有裨于斯人。"[①]近代以来，各大新闻媒体时常对徐家汇天文台预推风信以及西人采办仪器的使用效果进行连载报道，西人在中国创办天文观测机构并开展气象观测活动对国人的海洋气象观念有更新作用，激发了国人的民族精神与自强意识，促使国人发展海洋气象研究事业。

民国时期，以竺可桢为代表的留学生以在西方学习的海洋气象及海洋灾害文化为基础，通过创办学术团体和研究机构、开展学术探讨等方式在国内传播先进的海洋科学知识。1918年，竺可桢以《远东台风的新分类》一文获得哈佛大学博士学位，留学归来后便在气象学领域深耕不辍。1921年夏，他在《申报星期增刊》发表题为《本月江浙滨海之两台风》的文章，分别就台风的释义、时速、破坏性、发生原因、行进路径等方面做出科学而严密的分析[②]，使民众对台风的发生及发展有了比较科学的认识，这对探求由台风引发的海洋灾害的发生机理大有裨益。自南京国民政府成立到抗战全面爆发的十多年间，是海洋气象科研事业发展的重要阶段，气象学留学生的论文占到了气象学论文总数的一半之多，这对革新民众传统海洋灾害认知理念、促进民众科学认识海洋灾害有重要作用。

与此同时，随着中国科学事业的发展，海洋学研究及气象学研究也取得了长足进步。1926年第二届联太平洋科学会在日本举行，会议研究宗旨包括"为研讨太平洋物理及生物海洋学之最近进步，包括潮汛、海流、温度、盐度、浮游、生物等各问题，太平洋区域之气象研究"[③]等内容，设于上海的中国科学社积极筹备参会事宜并参加了第三届、第四届、第五届太平洋科学会议。作为太平洋地区的大国，中国主动投身国际会议、开展海洋科学研究事业，彰显出我国在海洋观念上的开放姿态，这对于国内海洋学专业研究的进一步发展有推动作用。随着中国参与联太平洋科学会议的频次渐多，1935年，蔡元培在中央研究院与中国研究科学概况大会上明确指出，要

①《采办仪器》，《申报》1882年10月30日，第2版。

② 竺可桢：《本月江浙滨海之两台风》，《申报星期增刊》1921年8月28日第100期，第2版。

③《联太平洋科学会本年在日本举行》，《申报》1926年1月23日，第7版。

"成立太平洋科学协会中国分会完成海洋学研究的合作，完成气象学研究的合作"[①]。此后众多学术团体及研究机构纷纷涌现，不仅为普及海洋科学知识、发表海洋科普文章提供了智力支持，也为培育海洋科学研究人才、促进海洋科学研究事业持续发展起到了推进作用。

3. 地方慈善力量成长壮大

地方慈善力量的成长伴随传统社会向近代社会演进的始终，这在某种程度上可表现为国家中心型政府权力下移，地方绅董及慈善团体组织在社会事务中发挥的作用越来越大。"明中期以后，非官方的民间社会力量组织主持的社会救济行为正在悄然兴起"[②]，民国时期这种发展趋势更为明显。晚清以降，在西方资本主义经济影响及政府倡导发展实业的驱动下，民族资本主义经济长势日盛，江浙地区的重商传统、先进的生产方式与商业经营理念都促进了该区域内经济实体的成长，这为民间力量参与慈善活动夯实了经济基础。同时，经济的发展也促进了社会阶层流动，加快了地方力量新陈代谢的速度，随着社会职业与阶级的分化组合，代表不同利益格局的民间社团纷纷涌现。到20世纪30年代初，"全国共有民间社团组织49247个，其中有农会30969个、工会3021个、商会8981个、妇女会239个、学生会688个、教育会2419个、自由职业团体197个、其他团体2733个，共有会员7194175人。研究表明，官方统计的5万个民间团体只能视为三四十年代民间组织的最小数量"[③]，数量庞大的民间社团为灾害救济事业提供了坚实的阶级基础，一批批临时赈灾组织或固定性救济团体凭借熟知区域环境、在地方有较强号召力的优势为海洋灾害的应对工作奔走呼号，促进了该区域众擎共举的海洋灾害应对模式的形成。通常参与海洋灾害救济的民间慈善力量主要有以下几大类。一是实业界慈善人士及团体，如李金镛、谢家福、叶澄衷、朱葆三、张謇兄弟、虞洽卿、乐振葆、孙梅堂等实业家及其相关的同业公会。作为近代中国一支强大的地方经济力量，以张謇兄弟、虞洽卿等为代表的江浙绅商秉持"义利相兼"的经营理念，自利、利他，以商业活动支撑慈善活动。二是

---

①《六中全会昨举行纪念周　蔡元培报告中国科学研究》,《申报》1935年11月5日，第5版。

② 周秋光、曾桂林：《中国慈善简史》，人民出版社，2006年版，第177页。

③ 孙语圣：《民国时期救灾资源动员的多样化——以1931年水灾救治为例》,《中国农史》2007年第4期。

旅外同乡组织，如各地旅沪同乡会。三是新型常设型分会组织机构，如中国红十字会、华洋义赈会等组织。遇灾时，各种民间慈善力量并非孤立行动，而是通常以合作方式集中救灾力量。当然，这是由海洋灾害的地域性及江浙地区经济发展的特殊性决定的。地方人士爱家爱国的乡土守护情怀为救灾力量的集中提供了群众基础，发达的经济水平为救灾工作提供了资金支持。各实业公司及部分地方组织不仅是地方经济发展程度较高的代表者，更是一方慈善事业的中坚力量。以实业人士及同业公会人士为主要成员的救灾群体因其救助工作各有侧重，能在最大程度上完成灾后救济工作，各救灾群体通力合作、共襄善举，对于推动近代江浙地区海洋灾害救灾机制的转变有重要意义。

二、江浙地区海洋灾害应对机制的变迁

1. 救灾机制的近代化转型

海洋灾害于江浙沿海地区而言是一种常发性灾害，历史上主要由政府和地方善士出面组织灾害救济工作。近代以来，随着江浙地区经济发展水平的提高，区域慈善传统凭借经济发达的优势发挥出更大能量，更多慈善人士及慈善组织参与救灾事业，并借助报纸等媒介助力救灾事业的展开，推动此区海洋灾害救灾模式的近代化转型。

（1）新式赈款募集方式出现。

海洋灾害发生后，因救援工作具有急迫性，充足的物资是保障灾害救济效率的重要方式，但由于近代以来政府款项支绌难以短期内集合大量赈款，且单一的赈款来源收效甚微难以达到救灾目的，社会力量的加入便为募集赈资提供了动力。民国时期，除传统的政府蠲免、放赈、调粟及个人捐资散物、掩埋伤亡外，捐薪、义演、请赈、书画助赈、筵资助赈等募资方式纷纷涌现。值得一提的是，作为民国时期新兴的募捐方式，公务员捐薪、职员捐薪等成为一项经常性社会活动。1928年，浙江地区暴雨引发海水倒灌、山洪暴发，灾区几乎遍及全省。浙江水灾筹赈委员会制定出详细的捐薪助赈细则，“凡省政府暨所属各机关职员，应照秘书处拟定之捐薪助赈办法，于俸薪内分别提成助赈，本大学及省立各教育机关职教员，自亦应依照所定办法，一

并捐助”[①]。民国时期，有关公务员捐薪助赈的新闻在各大媒体报道中屡见不鲜，与此同时，也有许多非强制性的自愿捐薪事例。1935年，徐州地区发生海水倒灌，邓县长身先士卒，“捐薪一月助赈”[②]。随着社会的变迁，民众的救灾观念与公益思想不断强化，作为一项经常性社会活动的捐薪助赈为赈款的募集提供了支持。

近代以来，随着娱乐文化的繁荣与社会生活的多样化，义演助赈和筵资助赈渐趋成为普遍的赈资募集方式。1912年，温处地区台风暴雨骤发，灾害肆虐下，上海丹桂舞台经理许少卿、新新舞台总经理黄楚九携全台艺员发起演剧助赈，“将所得戏资悉数充赈，惠恤灾黎。谢纶辉因念温处两属灾情浩大，待赈孔殷，将喜筵之资洋一百四十元移作赈捐”[③]。相较于捐薪助赈和义演助赈而言，同乡募捐是兼具传统性与近代性的募捐方式，因其以深植于中国传统文化根基中的乡谊为情感纽带，以报纸为推广媒介，因而在各种募资方式中独具特色。1931年8月，定海县遭遇海啸，“怒潮决堤而入，庐含倾圮，居民牲畜漂流无数，田禾被　潮所浸，枯槁无收。一般盐户尤为，生计尽绝”，面对如此严重的灾情，定海旅沪同乡会发动沪绅募捐办理急赈，沪绅皆因为故乡捐款，故“尤极踊跃，刘君鸿生捐洋一千元，傅君志鸿捐洋一千元，法商球场总会由陆阿发、俞福荣发起，于同事中捐洋三百八十二元，其他出数十元、十元者花户繁多，不及备录”[④]。在经济近代化大潮下，一批批旅外绅商凭借雄厚的财力基础，令大灾之年同乡募款的效率大幅提升。如遇较为严重的灾害时，同乡会各代表除向本乡人士募捐集资外，还会以请赈方式向外界慈善组织寻求帮助。1941年海宁潮灾中，海宁旅沪同乡会“以该县各镇、乡受兵灾之后，继以旱灾、潮灾，故向美红会驻沪代表方面第一次请得赈麦一千包……第二批又请得美麦三千包”[⑤]。海宁旅沪同乡会在这场灾害赈济中扮演着中间人的角色，它作为联络地方情感的价值符号一边为救济乡人奔走呼号，一边又组织力量向美国红十字会求助，说明在近代江浙地区的救灾网络中，乡谊仍是集中救灾资源和凝聚救灾力量的重要情

①《各机关职员捐薪助赈》,《浙江大学教育周刊》1928年第30期。
②《东海抢堵各河口门　灌云开挖两水道》,《申报》1935年10月10日，第11版。
③《筵资助赈》,《申报》1912年11月19日，第11版。
④《定海同乡筹备急振》,《申报》1931年9月15日，第14版。
⑤《美麦振海宁灾一二批已放毕》,《申报》1941年10月2日，第9版。

感纽带。同时，美国红十字会能对中国的救灾事业施以援助，这不仅与慈善文化及慈善理念传播的国际化密不可分，更与中西文化交流的增强有重要关系。以上表明，作为中西文化交汇窗口的江浙地区，在近代利用区域优势创新传统赈济方式，并积极向海外慈善组织寻求救济资源，为传统救灾手段迈向近代化开辟了新途。

（2）新式传媒通信技术提高救灾效率。

近代以来，江浙地区最先沐浴到西方先进科技文化的春风，电话、电报、报纸等传媒工具率先由这一区域进入中国，极大提高了该区信息传递的效率。纵观近代中国，报刊是对人民生活及信息传递影响最大的媒介。据不完全统计，“1906年国人新办的报刊就有113种，比上一年增加28种。自1907—1911五年中，平均每年新办报刊达138种，且种类繁多，包括妇女报、儿童报、农民报、文言报、白话报、图画报、专业报、商业报、文艺娱乐报等等”[①]。每类报刊均有相对固定的受众，因而在灾情报道及募捐信息刊载后， 会达到相对较好的劝捐效果。1883年镇江潮灾中，曾有名为《急募扬镇风潮灾赈捐启》的文章刊发，劝募内容情真意切，令读者不忍卒闻：“敬启者，河水横流齐鲁……江潮暴涨，扬镇又遇奇灾……虽然天心纵难测，度人士尚可挽回，病急则治标，有钱即能活命，裘成需集腋，助赈即请解囊……求量力以输金。”[②]作者的寥寥数语，不仅形象勾勒出灾民的悲惨命运，更凸显了救灾的紧迫性，于文末再着力劝捐，便可达到募款效果。此外，运用摄影技术描绘灾害场景更有利于上级彻览，以收到赢得同情、动员救济之效。1921年南通发生潮灾后，“县长亲莅灾区，勘视摄影”[③]，实现了尽情详报灾情的目的。以此观之，近代通过期刊刊登灾情、开展灾害报道等方式，较前代口耳相传的信息传播方式更具社会影响力，于宣传联合赈灾、集合社会赈款、拓展救灾空间等方面均有重要意义。由于报刊在灾害宣传方面有着不可比拟的优越性，故时人多会利用报刊进行救灾回应建设。在传递灾害救济成效信息时，受灾群众也可通过登报致谢等方式感念乐输人士或组织，以汇报灾后社会恢复状况而构建救灾激励机制。1931年，江苏川沙、崇明、宝山、

---

① 谢金文：《中外新闻史概要》，上海人民出版社，2015年，第27页。

② 镇江协赈同人：《急募扬镇风潮灾赈捐启》，《申报》1883年9月10日，第4版。

③ 张謇研究中心、南通市图书馆：《张謇全集》第2卷，江苏古籍出版社，1994年，第487页。

启东、海门等县受灾极重。1933年，启东沿海各地又两遭潮灾。华洋义赈会乐捐不迨，助力灾民顺利渡劫。事毕，启东县赈务会为此向华洋义赈会赠送“义粟仁浆”匾额一方，并致函申谢而扬仁风。[①]

救灾宣传是救灾机制中的重要一环，对救灾机制的整体建构有基础性和先导性作用；救灾回应则是救灾机制中的关键一环，对二次集结救灾力量、形成持续联动的救灾机制有重要影响。报刊在扩大救灾宣传面、提高民众对灾害的知晓度等方面作用明显，电报则在缩短报灾时限、提高救灾效率上有积极作用。古代中国主要依靠马递驿投的方式传递灾情，于海洋灾害这类具有高突发性且能在瞬间毙命无数的灾害而言，往往会出现因信息传递不及时而导致灾情难以控制错过最佳救灾时机的问题，因而及时传递灾害信息于降低灾害损失乃至实现高效的灾害救济而言意义重大。19世纪末，清政府开始进行大规模电报建设活动，此后电报在灾害信息传递上的优势愈发明显。按照传统的报灾、勘灾、审户、发赈顺序进行救济不仅程序烦琐，还会造成延误救灾时机、降低救灾成效等问题。1905年，江苏沿海地区遭受潮灾，两江总督周馥“先行电奏，旋蒙懿旨赏银三万两，饬令先放急赈。周馥系念灾区，屡次往复电商，亦饬由宁藩司库先后动放银三万两，并由上海道捐廉银一万两”[②]。有了电报这一媒介，信息传递速度日益加快。

总体观之，近代以来以报刊、电报等为代表的新式通讯传媒技术的出现在提高灾害新闻报道效率、集合灾害救济力量、形成救灾回应机制等方面，均较之前以政府报告为主要表现形式的灾害宣传手段更具优越性，尤其是在救灾激励机制的构建上更具不可替代性，具有明显的近代化倾向。

2. 防灾机制的近代化转型

海洋灾害因其狂暴性会在瞬间产生巨大破坏力，顷刻之间便可席卷土地、人口，造成不可计量的损失，因而较灾后救济而言，灾前预防于保护当地人民生命财产安全更为重要。有清一代，江浙地区多通过修建海塘工程抵御潮灾，近代以来随着科技教育的进步与思想观念的更新，以新型工程力学思想为指导的钢筋混凝土海塘的出现、气象科学事业的发展与灾害预警制度的建立共同推动着传统防灾机制的近代化转型。

---

①《启东县振务会昨上华洋义振会匾额》，《申报》1936年1月19日，第14版。

②《苏抚陆奏沿海厅县风潮为灾恳准截拨新漕并工赈捐输汇劝接济折》，《申报》1905年10月29日，第2版。

（1）新式海洋灾害防御工程的建设。

防灾工程是抵御海潮入侵的首道屏障，江浙地区自古以来便有经常性修建、完善海塘的传统。历史上中国沿海地区海塘遍布，尤以江浙海塘最负盛名，只是海塘工程技术水平的欠发达在一定时期内影响了海塘防灾效力的发挥。江浙海塘虽在多次潮灾中时被冲垮，但先民通过总结经验教训，对筑塘技术加以改进，令海塘工程由土塘、柴塘、竹笼塘、石囤塘发展到鱼鳞大石塘，主要体现为塘体建筑材料和工程结构形式的进步，但其筑塘思想并无较大变动。随着近代科学技术水平的提高，新式防灾工程也大量涌现。1906年，“在川沙县修筑上海最早的钢筋混凝土海塘”。[①]与传统海塘相比，钢筋混凝土海塘在古代筑塘技术的基础上推陈出新，并融入近代工程力学思想和新式建筑技术。“新式工程以钢骨水泥为墙，高与塘齐，强身通体一气，等于筑金为城，兼逾石壁。海潮携万钧之力，直拍岸墙，岸墙回抵之力亦有万钧，其功效远胜于斜坦之椿石。”[②]新式海塘的优越性体现在通过提高塘体的稳定性和抗冲刷能力，实现了海岸基础保护及维护海岸稳定的建筑目标，为传统海塘防灾系统走向完备化提供技术支持。但通常修建混凝土海塘耗资不凡，所费甚至千万元不止，因财政所限，只能因地制宜择要估修。1934年，江苏省建设厅制订江南海塘修筑计划，具体办法为“如大石塘之显露者，酌量包以混凝土，以防海水侵入石缝，钢筋混凝土岸墙之外倾者，增筑支墙以防圮毁。盖大石塘或混凝土大塘，固属最佳”[③]。大面积的重铸钢筋混凝土海塘在民国时期并不多见，一是革除传统旧塘所需费用较高，二是新式海塘属水泥岸墙，“无论如何做法，及其既坏，无法修整”[④]，只得重铸。随着海塘损毁程度日渐加深，完全修复海塘的设想也被提上日程。1946年，钱塘江海塘工程局提出，“海宁爵字号，海塘损毁，该局决在原址另筑混凝土新塘，三十公尺”[⑤]，虽筑塘长度有限，但新式混凝土海塘为修复海塘时首选，代表着

---

① 毛振培、宁应城：《水清河畅：长江流域的河道治理》，长江出版社，2014年，第86页。

② 申侨：《江南海塘新旧式工程比较》，《水利委员会汇刊》1941年第3期。

③《修建江南海塘计划概要：附表》，《江苏建设》1934年第1卷第1期。

④ 申侨：《江南海塘新旧式工程比较》，《水利委员会汇刊》1941年第3期。

⑤《抢修海宁爵字号塘　柴塘工程已开始并在原址筑混凝土新塘》，《申报》1946年11月21日，第3版。

时代发展趋势。

修建海塘是从拦截海水的角度开展防灾工作，历史上江浙居民多沿用这一传统，但海塘只对普通的海潮入侵有阻挡作用，在恶劣天气的影响下，并不能对严重的海水入侵进行有效防御，因而用于防范潮灾的水利工程规划应运而生。1901年，张謇曾在苏北沿海创办通海垦牧公司，同时铸有牧场、外堤、里堤、次里堤、格堤及堤外港口①，这套农田水利设施对于阻挡海潮、清洗土壤盐碱、降低地下水位等均起到了良好作用②，成为后世效仿的模范。

此外，随着民众对海洋灾害发生机理认识的深入，还有先进人士提出修建海岸防护林以涵养海水达到防灾之效。1929年江苏省农矿厅长曾提出按区域将全省划分为三林区，并将滨海地区部分县归属于第三林区，区内另分三线，“第一线为海岸盐卤各地，注意造成海岸保安林，以防海风、海潮、海啸之害，而谋新涨地盐垦之安全与发展”③，海洋灾害发生时，海岸保安林作为前沿可成为阻挡海浪入侵的重要防线，尤其是在对台风和海啸难以进行准确预测和有效控制时，保安林可通过缓解海浪的巨大冲击力，减轻或抵消灾害的破坏力。在灾害过后，保安林还能起到护堤护岸、保持水土的作用。与此同时，随着西方海岸保护思想的传入，在海滨沙丘上敷种植物亦是防潮护岸的重要途径，较植育海岸保安林而言，此举成本较低且收益明显。民国时人有载，“用缚沙草之径切地生根，根既入深而广演，即成墙固之纲，且以笼络敝沙，荷兰海滨折屈之地，即大半藉此巩固之”④。在江浙地区防灾工程向近代化转变的过程中，工程筑造技术的进步是关键因素，防灾思想观念的更新是重要精神动力，借鉴西方国家海洋灾害防范经验是重要一环，各方因素交织，共同促成了新式防灾工程的建立。

（2）海洋灾害预警制度的建立。

海洋灾害是一种狂暴性极高、短期破坏力巨大的灾害，一旦发生便会酿成不可计量的损失，灾后救济等措施仅能在某种程度上起到失序修补作用，

---

① 赵赟：《清代苏北沿海的潮灾与风险防范》，《中国农史》2009年第4期。

② 陈争平：《张謇所创通海垦牧模式再认识》，《南通大学学报》2007年第1期。

③《苏农厅拟画全省为三林区　每区设局总理林务》，《申报》1929年1月16日，第9版。

④ 林汝哲：《海岸之保护》，《河海月刊》1921年第4卷第6期。

故做好灾前防御是降低危害、减少损失的最佳选择。在灾害预警方面，古代有设塘马以传递汛情的传统，“上至潼关，下至宿迁，每30里为一节，一日夜驰500里，其行速于水汛”[①]，这一洪水情报传递制度对筹备汛期潮灾预防工作有重要作用，但采用接力式手段传递信息费时费力，且无法从现代科学角度预知台风等极端天气引发的海洋灾害。近代以来气象观测技术的进步令海洋灾害的预测有据可循，加上电报、广播等现代通信技术手段的应用，更让灾害信息传递工作落到实处。尤其是伴随着南京国立东南气象观测所、南通军山气象台、徐家汇观象台及各地测候机构的相继成立，民众对由台风引起的风暴潮灾害有了更精准的认识，能在灾害袭来之前采取各种措施做好防范工作。1914年，中央观象台根据天文气象知识发布潮汐预警，“每逢秋季沿海一带必有巨潮，本年阴历八月初二日未正，适为太阴过卑点之期，斯时月距地较平时更近，地面受摄力更大，若遇海面有风暴时，上海必有极大之潮汛。此即昔年八月初三夜大潮之短周期。再历八年，秋季亦有巨潮，行船者宜预防之为要”[②]。中央观象台综合运用天文、地理知识分析潮汐发生的可能性，对于渔业、交通运输业等行业工作的顺利开展均有重要指导意义。除南京的中央观象台外，徐家汇观象台是又一处在江浙地区较具影响力的观象地。徐家汇观象台自1914年起通过无限电台发布气象报告，且“因其气象之观察及报告上得国际间协作，故所发之天气预报益为航海家所信任”[③]。随着近代以来无线电讯技术获得发展，徐家汇观象台又通过信号台直接传递灾害预警信息，大大节省了人力物力，为防灾减灾工作提供了便利。观象台通过天文、气象观测活动分析出详备的天气信息，并借助先进的通信设备发布气象信息，收报机在这一方面较具优越性，主要体现在以下三方面：“一、可使传递迅速，准时到达区中心电局，并准时广播。二、各气象机关可准时收听各地气象观测报告，不致因缺少报告而影响天气预测。三、收听之气象机关并无限制，可以普遍传达全国各地，其效更安。”[④]为了整合全国气象电报

① 宿迁市宿豫区水利志编纂委员会：《宿迁市宿豫区水利志》，中国文史出版社，2014年，第276页。

②《预防大潮之报告》，《申报》1914年9月20日，第10版。

③《无线电与气候之关系：徐家汇天文台之报告》，《申报》1923年3月19日，第13版。

④ 清华：《广播气象电报》，《申报》1935年6月1日，第22版。

资源，1935年，国民政府在上海、北平、汉口、西安、广州五区设立区中心电局，“所有区内各地拍发之气象电报，应一律发交区中心电局，由该局汇寄记录后，按规定时间用无线电信号广播之”[①]。上海作为江浙地区气象观测报告信息发布的中心，能在短期内将相应信息传递至区内各气象机构，保证了气象观测报告的时效性，为该区灾害性天气预警信息的及时发布做出了重要贡献。

此外，潮位站能从观测水文气象的角度研究潮汐性质、掌握潮汛变化规律，达到灾害预警的效果。“据浚浦局预测，自十二日起至十八日止，适有六天高潮，其数量均在十三英尺，将与外滩江岸相并。如遇风雨，则潮位尚将上涨；倘有飓风相值，则上海马路势必一片汪洋。惟据研究浦江水利者之表示，飓风与高潮相值，在十个机会中，只有一个。”[②]在近代天文技术及气象科学技术的推动下，各级机关对海洋灾害的发生概率能借助各大观象台及潮位站观测的信息做出较为准确的预估，估测信息又借助无线电台、电报、广播等媒介传递到千家万户，灾害预警能力及灾害信息传播效率较之前的信息传递方式自不可同日而语。

三、余论

历史的发展有特殊性和规律性，于近代化而言，一经展开便会影响至全球各地。近代以来，江浙地区因开埠而被卷入近代化的大潮之中，在区域社会实现近代化的过程中，海洋灾害的应灾机制亦向近代化转变，且两者之间呈现出既相互交织又相辅相成的关系。以江浙地区的社会近代化反观海洋灾害应灾机制的近代化，可探出历史发展内部因素的联动性；以海洋灾害应灾机制的近代化反观区域社会的近代化，可探出历史发展的综合性。近代江浙地区处于传统与现代的交汇之间，传统荒政措施在海洋灾害应对系统中日渐式微，取而代之的是新型应灾模式的成长，这令近代江浙地区海洋灾害应对机制的形成呈现出蜕变之态，既脱胎于传统荒政母体，又融入了新的时代因素，表现出较强的近代化趋势。此外，此种蜕变是江浙地区社会近代化征途中的一个重要组成部分，既加速了江浙地区的近代化，又凸显了江浙地区近

---

① 清华：《广播气象电报》，《申报》1935年6月1日，第22版。

② 《秋汛高潮预测：潮位十三英尺与岸相并》，《申报》1942年8月10日，第5版。

代化的历史细节，由此可见历史演进过程与历史发展方向的一致性。总而言之，江浙地区海洋灾害应对机制的近代化既是时代演进规律使然，也是江浙区域发展特性所致，此种转变不仅为近代江浙地区海洋灾害的预防及救济提供了便利，也为现代江浙地区海洋灾害应对机制的建立奠定了基础。

（原刊于《防灾科技学院学报》2018年第3期，收入本书有较大修改）

中华人民共和国成立初期抗击风暴潮的机制与方式
——以浙江象山应对1956年“八一”台灾为例*

蔡勤禹[1] 姜 欣[2]

1. 中国海洋大学中国社会史研究所 2. 南京大学马克思主义学院

摘 要：1956年8月1日深夜，强台风在浙江象山登陆，造成了浙江在20世纪遭遇的最大一次台风灾害。台风登陆前从中央气象台到省级气象台都发布了预警，象山县从抗台抢收向抗台抢险转变，终因对本次台风的严重破坏性缺乏充分认识导致损失巨大。在党和政府领导下，群众性救灾以合作社为主，结合临时互助，开展紧急抢救、生产自救和精神抚慰等工作，形成了政府救济、单位互助和灾区人民生产自救相结合的救灾方式。

关键词：“八一”台灾；合作化时期；紧急救济；生产自救

1956年是我国从初级社向高级社全面转化发展的一年，新的所有制形式和新的政治体制在全国的普遍建立为应对灾害提供了新的路径。本文选取1956年8月1日登陆浙江的特大台风（简称“‘八一’台风”）为个案，深入探讨合作化乃至集体化时期我国是如何应对灾害的。之所以选择浙江，一是因为浙江沿海是我国台风多发地区，每年平均有3.3个台风登陆①；二是因为“八一”台风（编号5612号台风）是导致20世纪浙江损失最大的一次台风②。目前，对于此次台风除了一些纪念性文章外，学界尚未进行深入研

* 教育部人文社会科学研究规划基金项目“继承与发展：新时代海洋强国思想研究”（18YJA710002）的阶段性成果。

① 浙江省气象志编纂委员会：《浙江省气象志》，中华书局，1999年，第174页。

② 于福江、董剑系、叶琳等：《中国风暴潮灾害史料集（1949—2009）》，海洋出版社，2015年，第32页。

究。本文以此次台风登陆点——浙江省象山县为个案，复原当时的灾害情景，分析新生的人民政权和刚完成初级合作社的象山县人民是如何应对百年不遇的特大海洋灾害的。

一、预警与抢收

中华人民共和国成立后，我国气象事业有了较大发展，沿海地区普遍建立了气象观察站，对短期天气预报的准确率达到70%～80%，对灾害性天气预报的准确率达到80%～85%。[①]在“八一”台风登陆前，中央气象台在1956年7月30日10时发布台风消息：太平洋上的强台风中心将在福州到上海之间的沿海地区登陆，江苏、浙江、福建等省应及早预防。[②]7月31日，中央气象台和浙江气象台再次发布台风警报：“这次台风实力强大，各有关方面应特别引起注意。”[③]8月1日19时，中央气象科学研究所发布台风紧急警报：预计8月2日4时到8时，台风中心将到达象山港附近，以后台风中心将由西北转北西方向移动。“这次台风十分强大，福建以北到辽东半岛沿海各省都请注意收听本省人民广播电台广播，作紧急预防。”[④]台风警报通过浙江省村社有线广播网的16000只喇叭广播。[⑤]应该说，中央和省气象台已经提前3天对这次台风的登陆时间、地点和风力等作了日渐明晰的预报预警，并通过农村广播喇叭将台风信息传播到千家万户，为提前预防台风提供了科学依据。

接到台风警报后，象山县开始紧张有序地进行抗台准备。县委书记和县长因正在杭州参加全省第二次党代会，抗台工作主要由县委副书记宋申鲁、县委宣传部部长韩桂秋主持。他们召开抗台抢险紧急会议，决定停止县政府机关干部的“肃反”学习，组成“抗台抢收工作组”，除了留守值班人员外，全县543名机关干部分成7个工作队34个抗台抢收小组，在部、委、

---

①《努力发展气象事业》，《人民日报》1956年4月3日，第1版。

② 新华社：《天平洋上的强台风将在东南沿海登陆》，《人民日报》1956年7月31日，第1版。

③《中心地区最大风力在12级以上》，《象山报》号外《抗台快报》，1956年8月1日第1版。

④ 新华社：《台风中心今晨到象山港，中午将越过上海》，《人民日报》1956年8月2日，第1版。

⑤ 新华社：《农村有线广播网在同台风斗争中发挥了作用》，《人民日报》1956年8月14日，第7版。

办、局、科、室负责人的带领下，于7月31日下午随身携带蓑衣、笠帽和镰刀等工具，分赴林海、丹城、大徐等地协助各村农业社抓紧进行抗台抢收工作。[①]为了激励社员加快抢收进度，争取在台风到来之前让粮食归仓，一些合作社修订劳动定额，比如，林海乡将原定割稻430斤为10分的劳动计酬定额，修改为割稻400斤为10分的计酬标准。[②]在全县干部和社员争分夺秒的抢收下，经过一天两夜的奋战，到8月1日晚上绝大部分地区完成了抢收早稻任务。人们无不沉浸在丰收的喜悦当中，诗歌《抢收战胜大风灾》写道："满天黑云多起来，乌风猛雨就要来；大批干部下乡来，帮助社里割稻来。个个农民都喝彩！男女老少一齐来，沙沙沙沙响起来；亩亩黄稻睡到来，打稻机，转得快，粒粒谷子打落来！来！来！来！大家一起来！一颗不留割起来，与天争回谷子来！人力战胜大风灾！"[③]人们对丰收的喜悦、人定胜天的思想和群众改天换地的英雄气概在此诗歌中都得以表现。但是，一场特大台风正在逼近象山，真正的考验即将到来。

8月1日下午，中共象山县委根据气象台紧急警报，决定把"抗台抢收工作组"改为"抗台抢险工作组"，办公地点设在丹城镇门前涂龙王庙，并在此召开抗台前线指挥部紧急会议，参加会议的有上余、下余、金家、杨家和新碶头等村抗台抢险工作组组长和指挥部人员。抗台前线总指挥韩桂秋在会上传达了县委紧急指示：每村都要派出工作组同志，一部分去动员青壮年社员到门前滩塘坝上抢险，保护塘岸，一部分去动员危房户转移到比较牢固的瓦屋里避难；保卫门前涂海塘和延昌、高平碶门等，组织青年突击队去守护海塘。[④]象山县干部群众迅速动员起来，为迎击台风做好准备。

对于每年有数次台风登陆的浙江沿海民众来说，他们都具备一些应对台风的经验，从抗台抢收到抗台抢险，其组织也是有序不紊，这是集体化时期发动社员应对台风等灾害的惯常做法，相比分散个体来说，这种组织和动员

---

①《县机关停止工作学习全部投入抗台抢收》，《象山报》号外《抗台快报》1956年8月1日，第1版；欧绪坤：《八一台灾的回忆》，载《海魂——象山抗击八一台风50周年记》，海洋出版社，2006年，第11、98页。

②《林海乡修订割稻劳动定额》，《象山报》号外《抗台快报》1956年8月1日，第2版。

③《抢收战胜大风灾》，《象山报》号外《抗台快报》1956年8月1日，第2版。

④ 蒋意元：《抗台救灾的日日夜夜》，载《海魂——象山抗击八一台风50周年记》，海洋出版社，2006年，第111–112页。

的效率是很高的。然而，此次台风的风力之大、破坏之强超出了象山人民的预防抢险能力。

二、台风登陆

“八一”台风是在1956年8月1日深夜登陆的。8月1日24时，台风正式在象山县石浦附近登陆，登陆时中心气压923百帕，近中心最大风速60～65米/秒，风力12级以上。8月2日8时台风经过杭州，14时到达安徽芜湖附近，20时到达巢湖，此后往西北方向移动，8月5日消失于陕西境内。①此次受灾最重的是浙江。受此次台风影响的省市共死亡4948人，其中浙江死亡4925人，上海死亡20人，江苏死亡3人。②象山县是此次台风登陆的中心，受灾最重。8月1日深夜，狂风掀起巨浪将象山县门前涂海塘冲毁，海潮像脱缰野马深入海塘约10千米，持续时间为15～30分钟，80多平方千米的南庄平原被海水吞噬，12个村庄全部被淹。“村庄都淹没在海水之下，同东海相连一望无际。”③

这次特大台风给象山县造成的损失，在1956年8月17日《中共象山县委关于抗台救灾情况及下半年工作意见的报告》里有详实记录。

（1）人员伤亡极其惨痛。全县干部共牺牲50人（县级1人，区级13人），受伤61人；群众死亡3349人（渔民23人），受伤5503人（重伤1436人）；另外还有3名解放军战士牺牲。死亡人数最多的是南庄区林海乡，全乡死亡2821人。

（2）海水越岸倒灌，冲破海塘191处63.88千米、碶门129处，被淹土地116611亩。其中，有106493亩中稻颗粒无收，晚稻也无法插秧。平均每亩按300斤计算，减产3180万斤。

（3）房屋倒塌77395间（草房43252间），损坏更为普遍。

（4）农业生产方面，除了116000余亩土地被淹外，其他农作物也遭到了

---

① 中华人民共和国内务部农村福利司：《建国以来灾情和救灾工作史料》，法律出版社，1958年，第166页；中央气象局：《台风年鉴（1956—1957）》（内部资料），中央气象局，1972年，“1956年台风概况”。

② 于福江、董剑系、叶琳等：《中国风暴潮灾害史料集（1949—2009）》，海洋出版社，2015年，第32页。

③ 浙江省气象志编纂委员会：《浙江省气象志》，中华书局，1999年，第185页；张克田：《海魂——象山八一台风六十周年忆》，《浙江日报》2016年7月29日，第20版。

不同程度的减产，如番薯平均减产20%～30%，棉花、黄豆几乎全部减产。渔业生产方面，船网遭到了严重损失，全县被冲走不见的船有102艘，被冲坏需要重修的有307艘。盐业生产方面，冲走食盐9500担，制盐的灰卤全部损失。林业生产方面，据新桥、墙头、黄避岙乡（是全县主要山区）统计，台风共拔倒大树39743棵，拔倒小树10399亩，全县40%的毛竹被风刮倒。

（5）企业和合作社损失巨大。① 国营企业和供销社的物资及财产损失数达615158元（其中，物资损失308676元，财产损失306482元）。② 农业社粮食被水冲走损失达696余万斤，还有尚未收进的早稻六七千亩，估计损失200万斤以上。

台风造成如此重大损失的原因，从客观因素看：一是受灾最重的地方遭受台风、暴雨、海水倒灌三重侵袭。"八一"台风是中华人民共和国成立后登陆最强的一次台风，最大风速达65米/秒。台风引起风暴潮，导致象山最高潮位达4.7米，海塘只有3米高，海水倒灌，南庄平原方圆80平方千米成为一片汪洋，平时十分热闹的镇市夷为平地，平均水深在1米以上，有些地方水深达到5米，许多村庄被淹没。[①]二是象山县原有海塘堤身单薄矮小且多为土堤，标准低，质量差，经不起海浪冲击，每遇台风，大多靠人力去抗，侥幸度汛。本次仍依照过去经验靠人力上坝护塘，结果堤毁人亡，许多护塘突击队员被海潮吞没丧生。三是农村房屋多为木结构的砖瓦房和草屋，难以经受狂风暴雨，结果大片房屋倒塌，躲在房顶避灾的人随着房塌被海潮吞没。这些客观因素有的非人力所能改变。从主观因素看：一是人们对此次强台风的破坏性认识不足，对气象台的三次预报和预警没有给予足够重视，心存侥幸心理，干部和社员没有及时转移到地势高的安全地带；二是主观上"人定胜天"的思想导致人们轻视了台风的严重威力，没有从最坏处估计，人力护塘等抗台抢险措施太过冒险；三是重视对国家和集体财产的保护而忽视对个体生命的保护。

三、救灾决策

台灾发生后，如何将灾情信息尽快传递出去以取得救援，是十万火急

① 中共浙江省委党史研究室：《为什么说"八一"台风给浙江人民带来了刻骨铭心的记忆？》，《浙江日报》2016年7月29日，第19版。

的事情。时任象山邮电局工会主席、负责电信工作的郑寿钢回忆："8月1日夜里，电信室屋顶的瓦片飞舞，电线折断，电话中断。在县委无法与上级联系的危急时刻，我们启用无线电报与上级联络。电报机是战争年代遗留下来的，要用两人手摇的马达进行发电。当时线路中断，待命的话务员、线务员很多，摇马达很方便，但报务员很少，机要电报报务员只有我1人……记得县委第一份向上级报告台风在象山登陆，遭受惨重损失的电报是我在8月2号凌晨发出去的。"[①]

收到象山急电后，8月2日上午，舟山地委常委、专署副专员王道善等与驻舟山的中国人民解放军某军军长张秀龙、海军舟山基地司令马龙等召开紧急会议，商定救灾办法。会议首先由张秀龙军长以舟山军政委员会书记身份宣布舟山处于抗台救灾非常时期。接着，王道善汇报了救灾工作的当务之急和面临的困难，并提出军队派一艘抗风能力较强的舰船将地委工作组送到象山海港，马龙司令当即表示同意。经过讨论，最后由张秀龙军长宣布舟山地委抗台工作六条决定：① 舟山地区处于抗台救灾非常时期，各级党委工作应以抗台救灾为中心；② 救灾工作首先要救人；③ 组织地、县卫生防疫人员进驻重灾区，尽快医治受伤的干部和群众，开展消毒防疫，防止疫症传染；④ 发动群众抢修被台风冲毁的海塘、碶门、水库、堰坝和房屋；⑤ 财政、银行、商业和物资部门，要准备充足的资金和物资，支援抗台救灾；⑥ 地委以象山为抗台救灾重点，由基地派一艘千吨级扫雷舰，送王道善和地委工作组去象山帮助工作。[②]

会议一结束，舟山地委等一行人即在军队帮助下赶往象山县抗灾指挥部所在地丹城镇，与正指挥抗台救灾的象山县委副书记宋申鲁做了交流。双方协商后，8月4日象山县委向全县发出《关于抗台救灾紧急通知》，强调"当前各级党委工作应以抗台救灾为中心，其他工作服从和服务于这一中心，集中人力、财力和物力搞好抗台救灾"，并对抢救灾民、安置受灾群众、打捞和掩埋尸体、卫生防疫、抢修海塘、维修房屋和渔船等各项任务和负责对应的部门，一一做了分工，使各乡和各部门救灾工作进一步明确

---

① 郑寿钢：《启用机要电报》，载《海魂——象山抗击八一台风50周年记》，海洋出版社，2006年，第173页。

② 张克田：《海魂——象山八一台风六十周年忆》，《浙江日报》2016年7月29日，第20版。

了任务和目标。[①]

“八一”台灾因范围大、损失重，党和国家高度重视。8月3日国务院在北京召开由内务部、农业部、水利部、中国人民救济总会、中国红十字总会及气象科学研究所等部门参加的紧急会议，专门讨论和研究台风地区的抢救和善后工作。会后发布的《关于做好台风的抢救和善后工作的紧急指示》宣布了“抢救工作刻不容缓，电路中断的地区要抓紧修复，防汛工作更要加强起来，遭台风地区应当把抢救和善后工作列为当前的中心之一”四条指示，并派出干部组成了5个工作组，分赴浙江、江苏、安徽、河南、河北和上海了解灾情，协助工作。[②]8月5日，浙江省人民委员会召开紧急扩大会议，讨论遭受台风侵袭后的救灾、防灾和恢复生产工作，确定了抢险救灾、恢复生产的五项紧急措施。[③]

此次台灾发生后，从中央到省、地、县都对救灾工作给予了明确指示，并在人力、财力、物力上给予支持。这种以条为主、上下联动、党政军民一体化动员的“举国体制”，以集中统一领导的方式在最短时间内实施快速有效动员，并通过组织的上下级关系以政令形式自上而下地部署和实施，减少了条块分割导致的资源分散和拖沓延误，为迅速有效地开展救灾提供了时间。

四、紧急救济

急救是灾害发生后一场与时间赛跑的救济行动，它要求在尽可能短的时间内对受伤者、灾民和死难者进行抢救、治疗、安置、安葬，因此需要统一安排、分工和指挥，各方力量协调配合方能有序快速开展工作。8月2日下午，舟山地区干部和医务人员200余人组成的救援队伍到达丹城。按照救灾指挥部安排，他们与其他救援人员一起编为寻找失踪人员遗体安葬队、受灾伤病人员医治队、消毒防疫队、接待安置灾民队、抢修海塘和放水队、安全保卫和处理大牲畜尸体指导组、救灾粮食物资和资金管理组等，并指定各队、组负责人，由各队、组负责人和象山县相应抗台救灾机构联系，开展救援工

---

① 张克田：《海魂——象山八一台风六十周年忆》，《浙江日报》2016年7月29日，第20版。

② 中华人民共和国内务部农村福利司：《建国以来灾情和救灾工作史料》，法律出版社，1958年，第170–171页。

③《安置受灾人民，努力恢复生产》，《人民日报》1956年8月7日，第1版。

作。[①]一场以抢救和安置灾民、进行卫生防疫为主要内容的紧急救济工作全面展开。

1. 抢救与安置灾民

在这场台灾中，林海乡二、三、四村损失最为惨重。8月2日凌晨4时多，林海乡副书记钱斌豪与其他干部找到两艘河船，编好14只木排，连续奋战三昼夜，从海水里抢救出群众600多名。[②]象山县机关干部朱华庭、周祖龙等和丹城乡9名青年，分乘两艘河船，在海塘洋抢救出来两船灾民。一些默默无闻的群众，在灾难降临时也挺身而出。8月1日晚，25岁的大碶头米厂工人韩善林与几位青年累计救上85位落水群众。他的救人事迹在《象山报》《浙江工人日报》刊登后在全县传为佳话，被群众誉为“灾民救星”。[③]由于社员大量伤亡，合作社已经无法再组织起来进行紧急抢救，临时搭配而成的抢救队成为救灾主力。

在受灾略轻的乡村，合作社则成为群众性救灾的主体。8月2日，停泊在象山港避风的普陀县六横区小湖渔业社的一艘大捕船被大风浪冲到很远的河东搁浅了。这时，船员们发现了被淹灾民有的趴在露出水面的屋顶上，有的浸在齐颈的深水里，有的爬到了树上，有的抱着卓扇（盖草屋用）在水里挣扎，船员们在5个小时里用小舢板救出灾民207人。[④]丹西高级农业合作社在社长周云照、副社长周开法带领下，组织青年社员，出动了28艘河船，救出灾民3000多人。[⑤]8月3日，爵溪渔业社团支部书记、青年队长严云福组织青年突击队20多人，凌晨出发爬过前岙岭，在南庄附近的小岙里找到2艘河泥船，经过一天的抢救，突击队员们一共救上灾民169人。[⑥]

军队参与救灾是在革命年代形成的优良传统，中华人民共和国成立后这种传统得到延续。在台风到来前，石浦镇当地驻军就派出70名战士支援农业

---

① 张克田：《海魂——象山八一台风六十周年忆》，《浙江日报》2016年7月29日，第20版。

②《县举行抗台烈士追悼大会》，《象山报》1956年9月16日。

③ 陈斌国：《米厂工人——灾民救星》，载《海魂——象山抗击八一台风50周年记》，海洋出版社，2006年，第74-75、86、99页。

④ 虞定槐、陈亚南：《他们救了207个人》，《舟山报》1956年9月1日，第2版。

⑤ 乐家凯：《八一台灾亲历记》，《宁波通讯》2016年第14期。

⑥ 德奎：《在抗台救灾的日子里》，《象山报》1956年9月10日，第1版。

社抗台抢收。[1]台灾发生后，驻守浙江的陆、海、空三军共出动官兵6.3万余人、飞机16架次、汽车40余辆、舰艇多艘投入抢险救灾。[2]其中，驻象山的22军191团3营7连组成40多人的突击队于8月1日下午赶到一线抗台救灾。[3]当天晚上，石浦镇北门外的40余户居民住房倒坍，在附近的解放军某部分两路赶来抢救，将老人、小孩、妇女等100余人安全地转移到营房。[4]8月2日，他们又救起落水群众300多名。[5]军队参与地方抢险救灾，成为中华人民共和国成立后军队服务地方建设的主要方式，对抗灾胜利发挥了重要作用。

通过干部、群众和解放军连续抢救，被洪水围困的11573名灾民于8月2日和3日全部脱险。如何安置被营救出来的灾民又成为一个迫切需要解决的问题。象山县政府根据灾情轻重，分别进行了处理：对于受灾最重的南庄区，采用“出来进去，就地安置”方针，防止灾民外出逃荒导致土地撂荒。鉴于南庄区许多干部死亡的实际，县委重新建立了南庄区工委，组织群众排除污水、开展防疫和发放救济款，帮助灾民对损坏的瓦房进行修理，重新搭建倒塌的草房；解决灾民吃水和劳动力生产出路问题，以便让灾民尽快回村安置，此为“进去”。[6]对于人口严重减少的村庄，则采取“出来”的办法进行安置，将原来19个小村分别并入下余、上余、新碶头，组建成新村。[7]这样，使抢救出来的11573名灾民初步得以安置。对于其他损失不严重的灾区，安置的办法是乡为单位，无家可归的受灾户有的在邻居家搭伙，有的被安置在祠堂、学校、庙宇、营房合伙，也有许多灾民临时住在邻乡的合作社里。民政部和浙江省民政厅、农业水利厅联合发放生活救济款198058元、建房救济款138028元、生活贷款140758元。[8]象山县供销社派专人到宁波、温州等

---

①《解放军支援抗台抢收》，《象山报》号外《抗台快报》1956年8月1日，第2版。

② 于福江、董剑系、叶琳等：《中国风暴潮灾害史料集（1949—2009）》，海洋出版社，2015年，第32页。

③ 乐家凯：《八一台风亲历记》，《宁波通讯》2016年第14期。

④ 席祖英、姜树志：《亲人般的救护》，《舟山报》1956年9月7日。

⑤ 乐家凯：《八一台风亲历记》，《宁波通讯》2016年第14期。

⑥《中共象山县委员关于动员民工抢修海塘的紧急通知》，载《海魂——象山抗击八一台风50周年记》，海洋出版社，2006年，第33页。

⑦ 陈斌国：《门前涂塘话沧桑》，载《海魂——象山抗击八一台风50周年记》，海洋出版社，2006年，第230页。

⑧ 本书编委会：《洒下温暖在人间》，载《海魂——象山抗击八一台风50周年记》，海洋出版社，2006年，第34页。

地采购木料、炊具等生产工具和生活用具，为灾民灾后生活提供方便。

互助互济是中国自古以来形成的善风良俗。在合作社建立后，这种优良传统仍在延续，并作为中华人民共和国的一条基本救灾方针被写入文件。当受灾最重的林海、南庄等乡灾民从海潮中挣扎来到丹城的时候，丹城的居民和干部捐出5000件衣服给灾民御寒，丹西农业生产合作社主动借出18000斤粮食给灾民作为口粮。[①]舟山地直机关全体干部为灾区捐出4500多件衣被；驻舟山陆、海军部队捐出25000多元和衣被等3500多件；上海、杭州、宁波等地市民捐赠衣物80000多件，款23699元，同时还有大量食品、药品等。[②]群众互助互济弥补了政府救济的不足，也填补了中华人民共和国成立后慈善组织停止活动或解散留下的救济空缺。

通过各级各部门同心协力，灾民基本生活问题临时得到解决。在抢救过程中，各级政府发挥了主导作用；合作社成为群众性救灾的主力；群众互助互济主要通过单位将捐赠交给合作社，并通过合作社而非社会中间组织交给灾民，从而形成了政府—单位（合作社）—个人的救助模式。

2. 卫生防疫

洪水肆虐后的卫生环境很差，如不及时进行卫生防疫会使灾民刚脱台灾又陷疫灾。浙江省卫生厅和浙江省军区后勤卫生处在1956年8月2日发出通知，要求各地迅速抽调医务人员深入灾区抢险救灾，他们先后组织了三批近百个医疗队到浙江沿海受灾严重地区开展抢救和防疫工作。[③]其中，来自杭州、舟山的67名医务人员和象山县40余名医生组成医疗防疫大队奔赴象山重灾区。浙江省医药公司调来1000余斤“六六六”粉、500斤漂白粉和400余斤“二二三”乳剂等用来消毒防疫。[④]经过连续奋战，5614名干部群众得到治疗，特重伤病干部和群众被转移到舟山医院和驻舟山陆海军医院进行治疗。[⑤]

① 《灾民已经开始重建家园恢复生产》，《象山报》1956年8月10日，第1版。

② 本书编委会：《洒下温暖在人间》，载《海魂——象山抗击八一台风50周年记》，海洋出版社，2006年，第34页。

③ 《安置受灾人民，努力恢复生产》，《人民日报》1956年8月7日，第1版。

④ 欧绪坤：《八一台灾的回忆》，载《海魂——象山抗击八一台风50周年记》，海洋出版社，2006年，第99页。

⑤ 张克田：《海魂——象山八一台风六十周年忆》，《浙江日报》2016年7月29日，第20版。

通过此次急救可以看出，政府部门在救灾资源调配方面发挥了重要作用；县、乡、社干部在救灾中发挥了组织和带头作用；合作社在群众性救灾中起到了组织和动员作用；军队在非常时期参与地方抗灾救灾任务，成为地方抗灾救灾的一支重要力量，海、陆、空立体救援，缩短了空间上的距离，为救灾赢得了宝贵时间。

五、生产自救

早在革命战争年代，中共根据地军民即将社会救济与灾民生产相结合，通过民众的互助合作组织恢复生产，开创了一条群众性的生产自救新途径。中华人民共和国成立后，新生的人民政权延续了这种救灾方式。1953年第二次全国民政会议将新中国的救灾方针确定为“生产自救，节约度荒，群众互助，辅之以政府必要的救济”①。1955年11月18日召开的全国救济工作会议上，中央人民政府内务部指出，有灾地区应当“开展以农业合作社为中心的生产自救运动”②。象山县根据中央救灾方针，将本次救灾工作方针确定为“生产自救，社会互济，政府适当给予救济”。他们根据受灾的土地、房屋、粮食、劳力及耕牛、农具五个方面的损失，将灾区分为四类，针对灾情不同采取不同的救济措施：在一、二类重灾区，以救济为主，安排生产生活，待生产恢复后，以生产自救为主，政府再适当给予救济和贷款补助；在受灾三类地区，以生产自救为主，适当给予贷款扶持，政府救济为辅；第四类地区的受灾户参照第二、三类处理。针对灾情不同区别对待，有的放矢，避免了救灾中的“大锅饭”和平均主义，提高了救灾绩效。

1. 抢修海塘

为了动员全县力量抢修被冲毁的海塘，8月初，象山县成立“南庄区海塘抢修指挥部”，并于8月7日由中共象山县委发出《关于动员民工抢修海塘的紧急通知》，要求各区、乡出一定数量民工，于8月9日到县报到（其中，吸收部分能修理工具的手工业工人）。8月11日，4873位农民组成民工大队，自带工具、被褥和炊具，开赴南庄平原，用谷草支起凉棚驻扎下来，并于12

---

① 夏明方：《历史视野下的“中国式救灾”》，《中华读书报》2010年12月15日，第13版。

② 中华人民共和国内务部农村福利司：《建国以来灾情和救灾工作史料》，法律出版社，1958年，第148页。

日全面动工。[①]经过紧张抢修，长达7000米的门前涂和中央港两处海塘重新屹立在南庄平原上，保卫着南庄平原6万亩耕地和上万群众的安全。为了加固海塘，同年冬季又在门前涂老海塘外面建成一条高5米、顶宽4米、长2654米的新海塘，以提高防潮抗台能力。至1956年底，全县共投入37万工，完成土石方37万立方米，修复加固海堤83.34千米。[②]

在修复旧海塘和建设新海塘过程中，象山县将所有民工“以社为单位组织好，下设小队，配强骨干，确定负责人，随带修理海塘所需全套工具，由2个乡干部带领（乡长或副乡长）。民工待遇，除伙食日用品等自带外，每人每日由县补贴1元。灾民能修海塘，其待遇除伙食由公家救济外，另补贴1元”[③]。这种由政府领导、以社为单位修复海塘的行为，是集体化时期全国各地修建大型水利设施普遍采用的方式，它避免了一家一户的小农经济时期人力资源分散而造成的大型水利设施修建的延误、迟缓或空缺，将个体力量通过合作社方式组织起来，成为以后30余年农村改变基础设施落后面貌的主要方式。

2. 生产自救

象山县以生产自救代替“等、靠、要”的消极救济思想。在农业方面，积极抢救连作晚稻，全县半个多月完成7万余亩晚稻抢种，占可种土地的60%以上；番薯的培土、施肥也普遍进行。在渔业方面，新桥、石浦、南田、定山四区积极修复生产船只和渔网，力争早日出海生产。在盐业方面，倒塌的灰坦盐场整理后从8月12日起全面开始晒盐。在林业方面，组织社员将倒伏的竹木扶植起来，把已死的竹木及时处理，并在冬季开展绿化运动，完成了1956年的绿化任务。在工业方面，停工的工厂在8月4号以后先后恢复生产，部分电话线路恢复通话。[④]象山县农、渔、盐、工等各业通过生产自救，既避免了灾后损失扩大，也给灾民战胜灾荒、重建家园以极大信心，使其较快

---

①《经全县4000多民工英勇劳动，被洪水冲毁的南庄海塘已抢修完成》，《象山报》1956年8月21日，第1版。

② 象山县水利局：《50年奋斗，50年辉煌》，载《海魂——象山抗击八一台风50周年记》，海洋出版社，2006年，第38、40、180页。

③《中共象山县委员关于动员民工抢修海塘的紧急通知》，载《海魂——象山抗击八一台风50周年记》，海洋出版社，2006年，第24页。

④《中共象山县委关于抗台救灾情况及下半年工作意见的报告》，载《海魂——象山抗击八一台风50周年记》，海洋出版社，2006年，第29–31、39页。

地步入正常的生活轨道。

生产恢复离不开有关部门的支持与协作。象山县农林水利局派出两个工作组到梅溪、丹城被海水淹过的地区，检测土壤的含盐程度，以便改种其他作物，同时派人到上虞等县采购荞麦和玉米种子。中国人民银行浙江省分行在原有农业生产贷款基础上增拨600万元，帮助灾民克服生产和生活困难。浙江省供销合作社提出“非灾区支援灾区，轻灾区支援重灾区”的口号，从受灾轻的县市调拨元钉、铅丝、木材等建筑材料支援重灾区，并将库存化肥和从上海调拨的1156万斤化肥，分配给宁波、嘉兴、象山等市县合作社。浙江省供销合作社还为渔民采购毛竹、淡竹；木材公司为渔民修船提供木材；水产供销公司向渔民预购鱼货，付给定金；保险公司做好渔民受灾损失的赔偿工作；水产局开办渔业社收音员训练班，传授收音技术和气象知识。[①]为了减轻灾民负担，象山县拟订了粮食征购的减免原则：重灾区免征免购，轻灾区减征减购，少灾区减征照购。[②]通过部门之间、合作社之间的协调配合，灾区各项生产在较短时间内得以恢复。

六、精神抚慰

灾害发生后，安慰和鼓励是疏导灾民心理的有效手段。中华人民共和国成立后，政府和各单位特别注重对受灾地区进行慰问，以唤起灾民生活的勇气和重建家园的信心。

“八一”台灾发生后，先后有地方、中央和部队、省医疗队等机构和单位到象山进行慰问。最早是在8月4日浙江省委、省政府向象山灾区空投《致受灾人民的慰问信》。8日，浙江省人民委员会秘书长彭瑞林率领慰问团到达象山，向受灾地区人民传达全省人民的关怀，指导恢复生产的措施，向与台风做斗争的广大群众、干部、人民解放军官兵表示敬意。[③]慰问高潮出现在

---

① 新华社：《洪水推到那里庄稼就种到那里》，《人民日报》1956年8月12日，第3版；新华社：《浙江商业部门大力支援灾区》《舟山群岛和嵊泗列岛渔民恢复生产》，《人民日报》1956年8月13日，第3版。

②《中共象山县委关于抗台救灾情况及下半年工作意见的报告》，载《海魂——象山抗击八一台风50周年记》，海洋出版社，2006年，第33页。

③ 新华社：《关怀受灾人民，河北浙江组织慰问团分赴灾区慰问》，《人民日报》1956年8月10日，第3版；新华社：《浙江省台风灾区慰问团在舟山等地进行慰问》，《人民日报》1956年8月20日，第3版。

8月13日，先是中共中央专门派出的4人工作组到达丹城镇，慰问中共象山县委，走访了解灾情，向受灾人民表达关心和问候。[①]13日下午，驻守舟山的陆、海军部队慰问团18人到丹城镇进行慰问。他们慰问了中共象山县委，并转交了战士们捐献的衣服和现金，还带来电影放映队为灾民放映电影。[②]同一天，省医疗队来到象山，晚上在抢修海塘指挥部举行文娱晚会，医生、护士登台表演节目。中共舟山地委和舟山专员公署也在8月14日向象山县发出《向受灾人民慰问》信，内容如下。

父老兄弟姊妹们：这次台风给我们带来的灾害是很大的，但是在党和政府的领导与支持下，依靠合作化的优越性，加强团结，互助互济，灾害是可以战胜的。最近党和政府已经集中全力着手进行了许多善后工作，初步安置了灾民，现在又拨来了救济金、生活贷款和粮食，以协助大家恢复生产。目前只要我们动员起来，树立信心进行生产自救，就可以迅速恢复生产，争取早日重建家园。[③]

各级政府和人民团体、解放军到受灾地区进行指导和慰问，或以信函形式表达问候，对于受灾地区干部群众是一种抚慰，使他们在最困难的时候感觉有了依靠，得到了心理慰藉，有助于他们提升战胜灾害和重建家园的信心。这种精神慰藉与物质救济和生产自救一起成为救灾不可或缺的组成部分。

结 语

1956年浙江遭遇的这场百年不遇的特大台风，给象山县人民造成严重损失。在党和政府的坚强领导下，象山县人民众志成城，依靠社会各界的支援，在短时间内完成了灾后重建，取得了抗台斗争的胜利，为新生的人民政权的巩固和合作化事业的发展奠定了基础。总结这次抗台的经验和教训，对于以后应对重大海洋灾害、化解社会风险、保障社会和谐发展是十分必要的。

第一，党的坚强领导是夺取抗台胜利的政治保障。在这次应对台风灾害的斗争中，中共象山县委及时组成抗台机构，深入一线进行领导，各级党员

---

①《国务院灾区工作组已到象山》，《象山报》1956年8月14日，第1版。

②《驻舟山陆海军组成的慰问团已到象进行慰问》，《象山报》1956年8月14日，第1版。

③《向受灾人民慰问》，《象山报》1956年8月14日，第1版。

干部也迅速动员起来，冲锋在前。他们在困难面前毫不退缩的先锋作用，激励和带动了广大群众，彰显了共产党员的英勇风采，产生了“头雁效应”。

第二，快速有效的动员机制是抗灾救灾的组织保障。在应对台风过程中，政府各级部门及各级党团组织以纵向方式，通过紧急决策、指示、通知等形式自上而下进行传达和部署，快速将党员干部和各级团员动员起来；各村群众在合作社内开展自救，全国各界群众通过单位组织开展捐赠和慰问活动，从而使全社会快速形成了纵横联动的救灾动员体制，为战胜灾害提供了组织基础。

应对台风是一项系统工程，需要坚强有力的领导、坚实的物质基础、坚定的精神鼓励，还需要科学的指导。在此后的抗台实践中，沿海人民不断完善应对台风等自然灾害的措施和方法，总结出“防、避、抢相结合，以防为主”的抗台原则，确立了“以人为本，科学防台”的指导思想，极大地丰富了抗台救灾经验的内涵，把损失降到最低程度。

（原刊于《中国高校社会科学》2019年第2期）

第三章 历史时期海洋灾害演变规律

公元前89—1949年我国海洋灾害史料分析

刘　珊[1]　刘　强[1]　王英华[2]　贾　宁[1]　石先武[1]

1. 自然资源部海洋减灾中心　2. 中国水利水电科学研究院

摘　要：本文系统查阅了我国沿海地区历代地方志、正史、档案、实录、报刊等大量史料文献，对各个历史时期史料文献中关于海洋灾害的记载进行了摘录和统计，共计4515条。借鉴灾害学、地理学、海洋学等学科的理论和方法，研究分析了不同历史时期各类史料文献对海洋灾害的记录特点，总结归纳了我国从公元前89年至1949年四类海洋灾害（风暴潮、地震海啸、巨浪和海冰）的时空分布特点及规律，可对当前和今后我国沿海地区的海洋防灾减灾尤其是风暴潮灾害防御工作起到一定的参考和借鉴作用。

关键词：公元前89—1949年；海洋灾害；史料；分析；时空分布

一、引言

用数量指标来记录、反映灾害问题在我国有着十分悠久的历史。我国长时段的历史灾害记录为灾害研究奠定了良好基础，特别是近2000年来的灾害文献对各种灾害事件的信息存储较为完备，其中包含丰富的海洋灾害信息。历史上我国海洋灾害主要表现为风暴潮、地震海啸、巨浪、海冰等，其中，风暴潮灾害最为频发且危害最大。关于海洋灾害的记载广泛分布于正史、沿海地方志、各类档案、笔记小说及碑刻或实物资料中，较为分散。从20世纪70年代开始，一些学者陆续对涉及海洋灾害尤其是潮灾的大量史料进行了系统整编。中国古代潮汐史料整研组整编的《中国古代潮汐资料汇编·潮灾》①，是我国第一部全国性的潮灾史料，虽总体上较为简略，但却很珍贵；陆人骥编著的《中国历代灾害性海潮史料》②，在《中国古代潮汐资料汇编·潮灾》的基础上，增加了大量苏浙地方志材料，但晚清民国部分较为粗略；宋正海总主编的《中国古代重大自然灾害和异常年表总集》③的海洋表部分增加了笔记小说中的材料，有利于统计分析，但选取资料不够全面；宋正海等的《中国古代自然灾异相关性年表总记》④的海洋灾害部分是以《中国古代重大自然灾害和异常年表总集》为蓝本，择其要者列出；张德二主编的《中国三千年气象记录总集》和温克刚主编的《中国气象灾害大典》中也有关于历史海洋灾害的内容。此外，沿海各省也整理了本辖区内的海洋灾害史料，如《浙江灾异简志》《上海地区自然灾害史料汇编（751—1949）》以及各地江河水利志等均包括对历史海洋灾害的记录；而在入海河流的灾害史研究中，也有涉及海洋灾害的，如20世纪80年代起中国水利水电科学研究院主编的“清代江河洪涝档案史料丛书”。海洋灾害史料整编成果为众多学者开展古代海洋灾害尤其是潮灾的专题研究提供了坚实的数据基础。

高建国⑤、陆人骥⑥等对我国古代潮灾做了概括性介绍，总结了潮灾发生的总体规律，探讨了潮灾的分级标准与成因，还重点讨论了重大潮灾的发

---

① 中国古代潮汐史料整研组：《中国古代潮汐资料汇编·潮灾》（油印稿），1978年。

② 陆人骥：《中国历代灾害性海潮史料》，海洋出版社，1984年。

③ 宋正海：《中国古代重大自然灾害和异常年表总集》，广东教育出版社，1992年。

④ 宋正海、高建国、孙关龙等：《中国古代自然灾异相关性年表总记》，安徽教育出版社，2002年。

⑤ 高建国：《中国潮灾近五百年活动图像的研究》，《灾害学》1984年第3卷第2期。

⑥ 陆人骥、宋正海：《中国古代的海啸灾害》，《灾害学》1988年第3期。

生规律；刘安国[①]、张旸[②]、李平日[③]等分别列举了长江口以北海域、苏北平原、珠江地区历史时期的潮灾，并探讨了上述区域潮灾的特点和危害性；闵祥鹏[④]、周致元[⑤]、孙宝兵[⑥]、罗鹏[⑦]等对某一历史时期或某一朝代的海洋灾害做了专门研究，集中于对明清时期的潮灾分布特征进行分析。此外，于运全[⑧]、冯贤亮[⑨]等针对古代重大潮灾的社会经济影响等开展了相关研究。

总体来说，当前海洋灾害史料的整编成果多以正史和地方志为主要资料来源，大量的档案材料和报纸杂志等史料尚未被充分发掘，而且在灾种方面多集中于潮灾，其他类型海洋灾害鲜有涉及。同时，古代海洋灾害的研究成果主要集中于对风暴潮、地震海啸灾害发生规律及危害的探讨，对史料中有关巨浪、海冰等海洋灾害的研究相对较少，且缺乏对古代海洋灾害进行综合性、整体性研究的成果。

历史时期海洋灾害的研究不仅是全球环境演变领域的重要问题，而且对我国当今沿海地区海洋防灾减灾工作具有重要参考作用。本文以风暴潮、地震海啸、巨浪和海冰四类海洋灾害为研究对象，研究时段为公元前89—1949年，从时间和空间两个方面对历史海洋灾害史料文献开展研究，分析了各个历史时期海洋灾害文字记载的特点，并初步探讨了各个历史时期各类海洋灾害活动的时空分布特征与相关影响因素。

---

① 刘安国、张德山：《环渤海的历史风暴潮探讨》，《青岛海洋大学学报》1991年第21卷第2期。

② 张旸、陈沈良、谷国传：《历史时期苏北平原潮灾的时空分布格局》，《海洋通报》2016年第35卷第1期。

③ 李平日、黄光庆、王为等：《珠江口地区风暴潮沉积研究》，广东科技出版社，2002年。

④ 闵祥鹏：《隋唐五代时期海洋灾害初步研究》，郑州大学硕士学位论文，2006年。

⑤ 周致元：《明代东南地区的海潮灾害》，《史学集刊》2005年第2期。

⑥ 孙宝兵：《明清时期江苏沿海地区的风暴潮灾与社会反应》，广西师范大学硕士学位论文，2007年。

⑦ 罗鹏：《明清时期山东沿海地区的风暴潮灾害与社会应对》，中国海洋大学硕士学位论文，2009年。

⑧ 于运全：《海洋天灾——中国历史时期的海洋灾害与沿海社会经济》，江西高校出版社，2005年。

⑨ 冯贤亮：《清代江南沿海的潮灾与乡村社会》，《史林》2005年第1期。

二、史料搜集与处理

1. 海洋灾害的界定和分类

根据现代海洋灾害知识，同时结合古人对海洋灾害的认知程度和史料文字记录特点，本文对史料中海洋灾害的界定和分类采取如下原则。

（1）虽然关于风暴潮的概念是很晚才提出的，但从我国的史料记载来看，古人早就能够区别因气象原因引起的“海溢”和因地震原因引起的“海溢”[①]。史料中的“海溢”“海侵”“海啸”“海涨”“海翻”“海涌”“海沸”“海吼”“海唑”“海叫”“海决”“沓潮”“风潮”“巨浪”等称谓涵盖了风暴潮、地震海啸和巨浪三类海洋灾害。本文根据灾害成因和危害性的不同对其加以区分。其中，当“地动”“地震”和“海溢”等现象同时发生时，归为地震海啸；当出现“大风”并且造成海上“沉舟船”时，归为巨浪灾害；其余均归为风暴潮灾害，一般情况下，风暴潮造成的危害主要表现为溺人畜、毁房屋、淹农田、决海塘等。

（2）史料中出现“海冰”“海冻”“冰结”“冰冻”“封冻”等现象时，归为海冰灾害。

2. 不同资料来源的说明

本文系统查阅了我国沿海地区历代地方志、清代故宫水利档案、明清实录、二十五史、古代笔记游记、水利简报等史料，补充引用了《中国历代灾害性海潮史料》《中国三千年气象记录总集》《中国气象灾害大典》以及现代江河水利志中今人辑录的相关史料。其中，历代地方志和二十五史是本文的主要资料来源，明清之前的重大海洋灾害事件主要记录于二十五史的本纪和《五行志》中，而明清时期沿海地方志则成为海洋灾害记载的重要来源，这两类史料对海洋灾害的记录内容比较简要。清代故宫水利档案中大臣上报朝廷的奏折和皇帝的相应批示完整、详细地呈现了当时海洋灾害的影响过程和主要危害，而明清实录是对明清时期缺失的奏折档案材料的重要补充，也记录了大量的海洋灾害事件。水利简报包含了《申报》《新闻报》等重要报纸上刊载的有关海洋灾害的报道，记录全面系统，且具有极强的时效性。现代江河水利志中的大事记、水旱灾害和防灾减灾等部分是本文近代海洋灾害记

① 邱世霞：《中国古代海潮灾害的历史文献研究》，中国海洋大学硕士学位论文，2011年。

录的主要资料来源之一。由于本文使用的史料来源众多，在对不同类别史料中的海洋灾害记录进行整理时，遵循以下原则：一是时间优先原则，即对同一历史海洋灾害事件的记录，早期文献的准确性优于后期文献；二是史料价值优先原则，即一手史料价值高于二手史料价值；三是多重资料相互印证原则，即当多种史料均记载同一海洋灾害事件时，则可认为该灾害的真实性较强、影响力较大。本文以上述史料为基础，共搜集到公元前89—1949年我国沿海地区各类海洋灾害记录4515条，其中，来源于各类方志的占84%，来源于清代故宫水利档案、明清实录、二十五史的占13%，来源于水利简报及其他文献资料的占7%。

三、对史料中记载的海洋灾害的初步分析

1. 海洋灾害总体情况初步分析

通过整编史料文献发现，我国历史上关于海洋灾害记录的情况呈现以下统计特征：从时间分布来看，宋代以前的海洋灾害记录相对较少，宋代之后海洋灾害不仅类型多样，而且发生频率密集，尤其是明清至民国时期约600年间的灾害记录最为集中；从空间分布来看，历代政治核心区和主要经济区的灾害记录较多，边远地区和经济落后地区的灾害记录相对较少，两汉以前主要发生在山东半岛，三国两晋南北朝时则局限于东南沿海，而到了隋唐五代及以后，受灾范围覆盖从北到南整个沿海地区；从灾种来看，关于风暴潮灾害的记录最多，约占全部海洋灾害记录总数的96%。

对本文所收集史料中的海洋灾害记录进行分类统计得出，自公元前89年至1949年的2000余年间，共发生风暴潮、地震海啸、巨浪和海冰四类海洋灾害1315次，其中风暴潮1220次、地震海啸25次、巨浪41次、海冰29次（表1）。

表1　不同时期海洋灾害情况统计

时间段	风暴潮	地震海啸	巨浪	海冰
	灾年数/灾害过程数	灾年数/灾害过程数	灾年数/灾害过程数	灾年数/灾害过程数
公元前89—220年	7/7	3/3	1/1	
220—589年	23/24			1/1
581—907年	21/25		2/2	5/5

续表

时间段	风暴潮	地震海啸	巨浪	海冰
	灾年数/灾害过程数	灾年数/灾害过程数	灾年数/灾害过程数	灾年数/灾害过程数
907—960年	2/2			1/1
907—1279年	86/104	2/2	2/2	
1271—1368年	41/51	4/4	1/1	
1368—1644年	208/349	6/6	9/9	2/3
1644—1911年	228/458	8/8	16/16	10/11
1912—1949年	35/200	2/2	9/10	8/8
合计	651/1220	25/25	40/41	27/29

2. 风暴潮灾害初步分析

风暴潮灾害是古代由气象原因引起的最主要的海溢灾害，也是史料文献中记载最多的“海溢”现象。渤、黄海是我国最早有风暴潮灾害记录的海域，本文所查阅的史料记载中最早的风暴潮就发生在汉元帝初元元年（公元前48年）的渤海莱州湾沿海，“……其五月，勃海水大溢……琅邪郡人相食”[①]。

根据上文关于史料中风暴潮灾害的界定原则，共搜集到风暴潮灾害记录4337条，合并各类不同史料文献中的重复记录后得到3574条风暴潮记录，通过逐条审核归并，最终确定公元前89—1949年我国沿海地区发生风暴潮1220次。一般情况下，风暴潮发生的年份相同，日期相同或连续，视为一次风暴潮过程；风暴潮发生的年份相同，日期不同，视为不同的风暴潮过程；同年份发生的风暴潮没有记录具体日期的，若发生的县域地理位置相邻，则视作一次风暴潮过程。[②]

从时间分布来看，关于风暴潮的史料记载在宋以前较为分散，宋元时期明显增多，明清至民国时期最多。其中，明代以前的仅有462条记录，而明

①《汉书》卷二六《天文志》。

② 邓辉、王洪波：《1368—1911年苏沪浙地区风暴潮分布的时空特征》，《地理研究》2015年第34卷第12期。

清时期500余年间有2812条记录，民国时期有300条记录。究其原因，大概有以下两点：一是从唐代开始，沿海地区居民增多，经济发展迅速；二是宋元以后，朝廷对风暴潮灾害的认知和重视程度远胜以前，而且明清时期官方和私人大量修史纂志，沿海地方志、实录、档案等史料趋于多样化，较之前更为系统、全面和详细。

从空间分布来看，遭受风暴潮灾害袭击的地区涵盖了我国从北到南的大部分岸线。其中，东海沿岸一带（江苏、上海、浙江、福建、台湾）是风暴潮记录最多的地区，有2788条，且长江口和杭州湾沿岸是风暴潮多发区；其次是渤、黄海沿岸一带（辽宁、河北、天津、山东），有387条；然后是南海沿岸一带（广东、广西、海南），有399条。在隋以前，风暴潮灾害记录主要集中在渤、黄海沿岸地区，而关于南海的风暴潮记录几乎没有。唐宋以后，东海和南海的风暴潮记录逐渐增多，但关于南海的风暴潮记录直到明清才趋于丰富。这主要是由于隋以前的经济中心在北方，北方海域的海洋经济开发得到统治者的重视。唐宋以后，随着经济重心的南移，南方海域逐渐取得了在国家海洋区域中的主导地位，关于东海、南海的风暴潮记录也远远超过了北方海域。总体上，东海的风暴潮史料记载最为丰富和详细，这与东海沿岸一带的气候、地理特征和历代的经济核心地位有直接关系。

在各类海洋灾害史料中，关于风暴潮灾害影响的描述最详细，也最严重。历史资料定性的多，定量的少，“无算”“无数”可以算作死亡100人及以上。[①]早期史料文献一般无确切的人员伤亡及财产损失记录，随着海洋社会经济的逐步发展，风暴潮灾害损失描述中开始出现定量的灾情指标。从宋代开始，史料中频繁出现死者上千甚至上万的重大风暴潮灾害记载，本文共收集到死亡万人以上的风暴潮灾害52次（表2）。总体上，北方海域的损失较南方小得多，这与风暴潮成因直接相关。通常情况下，南方海域是台风风暴潮多发区域，其危害性远大于北方海域的温带风暴潮。

---

① 高建国：《浙江灾害图谱》，气象出版社，2017年，绪论第1页。

表2　重大风暴潮灾害发生历史年表（死亡万人以上）

发生海域	发生年份	合计
渤、黄海	无	0
东海	1045年、1164年、1166年、1229年、1301年、1329年、1357年、1389年、1390年、1458年、1459年、1461年、1467年、1472年、1507年、1512年、1522年、1539年、1540年、1568年、1569年、1574年、1582年、1589年、1591年、1603年、1628年、1654年、1665年、1696年、1723年、1724年、1732年、1747年、1770年、1776年、1781年、1832年、1854年、1861年、1905年、1915年、1923年、1939年	44灾年/44次
南海	1618年、1656年、1862年、1867年、1874年、1915年、1922年、1937年	8灾年/8次

3. 海啸灾害初步分析

我国沿海海区处于宽广的大陆架上，近海水深较浅，不具备地震海啸的易发条件，但地震引起的1～2米波高的潮水涌上岸的情况则有可能发生。历史资料表明，虽然我国是地震发生较频繁的国家，但因地震而造成海水大溢即地震海啸的情况并不多，一旦出现，便会在史书中有明确记载。地震海啸的典型特征是海水陡涨瞬时侵入滨海陆地，然后海水又骤然退去，或先退后涨，有时反复多次，而古人在史料中对此也有详细的文字记载："水涨数十丈，近村人居被淹。不数刻，水暴退"，"海潮退而复涨，鱼船多遭没"。本文所查阅的史料记载中最早的地震海啸发生在汉元帝初元二年（公元前47年）的莱州湾沿海，"一年中地再动。北海水溢，流杀人民"。[①]据初步统计，史料中明确记载的地震海啸共有25次。

从时间分布来看，宋之前仅有3次地震海啸记载，均发生于两汉时期我国北方的渤海莱州湾沿岸，宋以后至民国时期共有22次地震海啸记载，集中发生在我国东南沿海地区，这种分布现象与古人向沿海地区迁移和宋元以后地方志修订等有直接关系。

从空间分布来看，我国古代地震海啸多发地区为渤、黄海和东南沿岸，山东、江苏、上海、浙江、福建、广东、海南等大部分沿海省份都曾遭受过

① 《汉书》卷九《元帝纪》。

地震海啸的侵袭。渤、黄海沿岸一带共发生过7次地震海啸，受灾地区波及山东东营、潍坊、烟台和日照；东南沿岸一带共发生13次，受灾地区波及江苏盐城、苏州，上海，浙江温州以及福建福州、泉州和台湾；南海沿岸一带共发生过5次地震海啸，受灾地区波及广东汕头、揭阳、广州以及海南文昌、琼山。

我国最早的3次地震海啸均发生在两汉时期的渤海莱州湾沿岸一带，分别是公元前47年、171年和173年，此后莱州湾800余年间没有关于地震海啸的史料记载，宋代以后又出现过3次地震海啸。浙江温州沿海是宋元之后地震海啸的多发地区，史料记载的3次地震海啸集中发生于1324—1344年，其中，1324—1327年的4年间遭受了2次地震海啸，1344年的地震海啸最为严重，明嘉靖《浙江通志》载："元至正四年七月，温州飓风大作，地震，民居漂荡，溺死者甚众。"明万历《黄岩县志》载："元至正四年，海溢，上平陆二三十里。"清代台湾及其附近岛屿地震海啸频发，1721年、1781年、1792年和1867年发生的4次地震海啸均造成了严重的人员和财产损失，杨华庭先生研究指出，1781年5月22日发生在我国台湾地区安平港附近的海啸危及3镇20多个村庄，夺去约5万人的生命，为世界上20世纪之前海啸死亡人数最多的一次。

4. 巨浪灾害初步分析

本文所查阅的史料记载中最早的巨浪发生在汉武帝征和四年（公元前89年）的今山东莱州沿海，"正月，上行幸东莱，欲浮海求神山。而大风晦冥，海水沸涌。上留十余日不得御楼船，乃还"[①]。俗语云："无风不起浪。"特别是台风来临之时，掀起海上巨浪，常常导致船破人亡。与风暴潮、地震海啸的危害性不同，巨浪多造成海上船只受损或沉没，是引发历史上重大海难事故最主要的因素。表3列举了沉船1000艘以上或溺亡1000人以上的4次重大巨浪灾害记录。

①《资治通鉴》卷一四，世宗孝武皇帝征和四年正月。

表3　历史重大巨浪灾害列表

发生时间	发生地点	灾害记录	出处
唐玄宗天宝十年（751年）	今江苏扬州	“秋八月乙卯，广陵郡大风，潮水覆船数千艘。”	《旧唐书》
明万历十年（1582年）	今江苏扬州	“十月十二日午间，暴起西北风，天日莫辨，崩浪如山，漕舟民船千余艘，一时沉覆俱尽。”	明万历《宝应县志》
清康熙二年（1663年）	今广东佛山	“春二月二十六日，暴风疾雨，雷电大作，飘没深井尾海面船只，淹死人民千计。”	清康熙《南海县志》
民国二十年（1931年）	今浙江舟山	“7月12日，飓风雨，金塘岛渔舟沉没500余艘，死伤1000余人，许多盐板漂失。”	《舟山市水利志》

据初步统计，历史上发生的巨浪灾害共41次。从时间分布上看，汉代发生1次，隋、唐发生2次，辽、宋、金发生2次，元代发生1次，明代发生9次，清代发生16次，民国发生10次（表1）。从空间分布上看，我国从北到南各海域和大部分沿海省份均遭受过巨浪的袭击，其中，濒临渤海的河北、天津共发生2次，濒临黄海的山东共发生7次，濒临东海的江苏、浙江和福建共发生13次，濒临南海的广东、广西和海南共发生19次。从成因上看，根据巨浪灾害的季节分布情况可初步推断得出，与当代巨浪灾害成因类似，冷空气大风、温带气旋和热带气旋也是引发历史上巨浪灾害的主要因素。

5. 海冰灾害初步分析

本文所查阅的史料记载中最早的海冰发生在东晋咸康二年（336年），渤海湾连续三年全部冰冻。自古以来，海冰就是辽宁、河北、天津、山东等北方省份沿岸海域冬季发生的一种常规自然现象，史料对此很少记载，只有出现大面积、长时间海水结冰和港口封冻等现象时才会作为一种海洋异象进行记录。本文共收集到东晋、唐代、五代、明代和清代、民国六个时期共27个年份的海冰灾害记录，并分海域对海冰灾害受灾年份进行了统计（表4），其中，辽东湾辽宁沿岸有5个年份受灾，渤海湾河北、天津沿岸有9个年份受灾，莱州湾和黄海北部山东沿岸有7个年份受灾，黄海南部江苏、浙江沿岸有8个年份受灾。

我国历史上海冰灾害的影响范围较大，从北到南波及辽宁、河北、天津、山东、江苏和浙江沿岸海域。古时的海州海域（即现代的江苏沿海，属于黄海南部）曾多次出现冬季海水大面积结冰现象。根据近千年中国东部气候变化研究表明[①]，在中唐到五代初的一段时期内，我国气候处于一个比较短暂的寒冷期，因此当时发生在海州湾的海冰灾害应是受气候寒冷期的影响所致。

表4 历史海冰灾害分布年表

发生海域	影响地区	发生年份	合计
辽东湾	今辽宁锦州、大连	336年、1908年、1915年、1922年、1930年	5灾年
渤海湾	今河北秦皇岛、曹妃甸，天津塘沽	1564年、1889年、1892年、1896年、1922年、1936年、1939年、1945年、1947年	9灾年
莱州湾和黄海北部	今山东潍坊、烟台和日照	940年、1453年、1745年、1776年、1809年、1814年、1878年	7灾年
黄海南部	今江苏连云港、南通、盐城、泰州和扬州，浙江嘉兴	621年、821年、822年、826年、903年、1453年、1655年、1670年	8灾年

此外，我国历史上发生的海冰灾害的危害性较严重。现在的海冰灾害主要是造成航道堵塞、船只受损、港口封冻等影响和损失，而以前的海冰灾害除产生上述危害外还会威胁沿海居民的生命安全。本文列举了3次造成大量人员伤亡的海冰灾害（表5），分别是1453—1454年山东、江苏和浙江沿岸的海冰，“人畜冻死万计”；1670年江苏连云港沿岸的海冰，“民多冻死”；1776年山东烟台沿岸的海冰，“履冰死者多”。

① 吴芷菁：《中国古代海溢灾害的初步分类研究》，郑州大学硕士学位论文，2006年。

表5 历史重大海冰灾害列表

发生时间	发生地点	灾害记录	出处
明景泰四年（1453年）十一月至五年（1454年）二月	今山东日照，江苏连云港、南通、盐城、泰州和扬州，浙江嘉兴	“淮、徐大雪数尺，淮东之海冰四十余里，人畜冻死万计。”	《明史·五行志》
清康熙九年（1670年）	今江苏连云港	“大雨雪，二十日不止，平地冰数寸，海水拥冰至岸，积为岭，远望之数十里若筑然，民多冻死，鸟兽入室呼食。”	《重修赣榆县志》
清乾隆四十一年（1776年）	今山东烟台	“冬，大寒，海冻数十里，船滞海中，履冰死者多。”	清同治《黄县志稿》

四、结论

本文的价值和创新之处在于：一是与已有的海洋灾害资料历史汇编相比，涵盖的史料文献更广泛，收录了晚清民国时期有关海洋灾害的故宫档案和新闻报刊，涉及的海洋灾害种类也更全面，有助于更好地把握历史海洋灾害的全貌；二是体现了不同历史时期、不同资料来源的海洋灾害记载特点；三是体现了不同类型海洋灾害的时空分布特征。

历史文献中对海洋灾害的记载是与古人对海洋灾害的认知程度以及发生地的经济发展水平密不可分的，它能反映一定的气候变化事实，却不能完全代表当时的气候变化事实。本文以地方志、正史、档案、实录、报刊等不同类型的史料为基础，对公元前89年至1949年的风暴潮、地震海啸、巨浪和海冰四类海洋灾害的史料进行了分类统计和初步分析，主要得出以下结论。

（1）史料文献记录方面。古代资料对海洋灾害的记载经历了一个从无到有、从简到详的过程，这也正是一个人类认识海洋灾害和与海洋灾害进行斗争的过程。宋代以前，关于海洋灾害的史料数量不多，且记录比较简略。宋代以后，记录海洋灾害的文献呈增多趋势，且对灾害过程的记录更加详细。明清时期，伴随地方志的兴起，关于海洋灾害影响过程的记录更加完备，甚至对灾害发生细节都有明确记载。民国时期，时事报刊大批量出版，基本涵盖了关于当时历次海洋灾害的报道，呈现了不同视角下记录的海洋灾害影响过程，具有极强的时效性。

（2）历史海洋灾害时空分布方面。据本文初步统计，1949年前发生风暴潮1220次，地震海啸25次，巨浪41次，海冰29次。风暴潮是我国历代发生最频繁、影响最严重的海洋灾害，两汉以前主要发生在山东半岛，宋以后受灾范围覆盖从河北到海南的整个沿海地区。总体上，渤海莱州湾、长江三角洲、杭州湾、珠江三角洲是历史上风暴潮灾害易发区。

（3）海洋灾害的影响方面。据史料记载，风暴潮、地震海啸、巨浪和海冰灾害均会对沿海地区人民的生命和财产安全造成不同程度危害，其中，造成人员伤亡最严重的是风暴潮。据初步统计，公元前89—1949年共发生死亡万人以上的特大风暴潮灾害52次，而造成死亡千人以上的地震海啸、巨浪和海冰灾害总共不超过10次。

（原刊于《海洋环境科学》2020年第4期）

1949年以来登陆广东的热带气旋路径·珠江三角洲咸潮入侵

徐海亮

中国灾害防御协会灾害史专业委员会

摘　要：本文根据广东海洋历史灾害逐年记录和水利部气象水文数据库资料，概括分析了1949年以来登陆广东的热带气旋移动路径基本特征。近年来珠江三角洲咸潮入侵情况加剧，本文根据水利部珠江水利委员会和中山市三防指挥部有关监测与分析，回顾了21世纪初珠江三角洲的咸潮入侵灾害，浅析影响珠江三角洲主要口门咸潮入侵的几个因素。

关键词：广东；热带气旋；路径；咸潮入侵

一、1949年以来登陆广东的热带气旋移动路径概述

广东是中国受热带气旋影响最多、影响时间最长、危害最大的沿海省市地区之一。广东是每年中国热带气旋登陆平均次数最多的省市之一。据不完全统计，热带气旋平均每年对广东省造成的直接损失达60亿元。

20世纪中叶以来，登陆广东的西太平洋热带气旋，绝大多数在菲律宾以东洋面生成（也有少量热带气旋在南中国海生成），总体朝西北方向移动。但一些热带气旋生成之后在海面上徘徊或转向，也有的在登陆广东之后发生转向，朝北或东北方向移动。

登陆广东的热带气旋归纳起来大致可分为几种：① 在广东西部或珠江三角洲登陆后直接或逡巡徘徊之后进入广西、云南、贵州；② 在珠江三角洲附近登陆，向偏北方向移动，并进入赣、浙影响湖南，甚至深入内陆；③ 在广东东部登陆，继续向偏西方向或西北方向移动，甚至深入内陆；④ 登陆珠江

三角洲以东或粤东地区，向偏北方向移动，或偏东北经由闽、浙，影响苏、沪，甚至向东海、黄海，即日、韩方向移动。

探讨热带气旋登陆地点及其登陆之后的移动路径，是防风工作中预报、预警与防范的基础，也是研究热带气旋灾害最基本的内容。现根据1949—2017年登陆广东的热带气旋逐日运行过程的实际统计资料，对其登陆位置、登陆前后运行路径进行粗略统计。

20世纪50年代，登陆广东的热带气旋个数较多，共计22个，主要在珠江三角洲以西登陆，其中，大多数向西北方向移动。但有2个向东北行经由闽、浙、赣进入东海，转向日本方向，在日本再次登陆：有2个转向我国台湾地区东、西两侧，就地旋转，徘徊不前。

20世纪60年代，登陆广东的热带气旋个数较少，仅有13个。其中，有7个在珠江三角洲以东登陆，登陆后大多向西北方向移动；仅有1个转向东北，进入日本东侧洋面。

20世纪70年代，登陆广东的热带气旋个数较多，为22个，有5个在珠江三角洲以东登陆。其中，有3个转向日本和韩国移动，其他均向西北方向移动。

20世纪80年代，登陆广东的热带气旋个数较少。其中，在珠江三角洲以东登陆的有3个，在广州东北方向不远处即结束移动；另一个移动到上海，再进入东海；其他10个均向西北方向移动。

20世纪90年代，登陆广东的热带气旋个数为12。其中，有2个在珠江三角洲以东登陆，北上进江西境；一个经浙、赣、苏出海，进入韩国；其他均向西北移动。

2000年，登陆广东的热带气旋有9个。其中，登陆粤东的1个气旋，顺粤、闽、浙海岸线，向日本方向移动；其他多朝西北方向移动。

2010—2017年，登陆广东的热带气旋有5个，其中一个登陆珠江三角洲以东，北上进入粤、赣边界地区。

综上所述，1949年以来登陆广东的热带气旋以在珠江三角洲和珠江三角洲以西登陆为主，以在珠江三角洲以东登陆为辅。多数热带气旋特别是八级以上的热带气旋登陆以后，移动路径偏向西北，只有少数出现转向，绝大多数按登陆时的方向移动。

根据实时监测和预报数据进行分析，八级以上热带气旋的实时位置和移动路径主要受热带气旋的内部结构和周围气流场影响，尤其会受到当时西太平洋副热带高压脊（简称“副高”）的位置（如副热带高压脊线西伸与北抬位置程度、副热带高压脊线南北跳动幅度）和引导气流影响。若西太平洋副高位置偏西或偏南，则入侵热带气旋通常在外海登陆，或登陆之后向西北（或西）方向运动发展；若当时副高位置偏东或偏北，则登陆后的热带气旋中心可能向北或东北方向移动。

广东外海的地形和沿海陆地的山脉地形，同样会对热带气旋的登陆处所、登陆后气旋中心的走向产生直接影响。

粤东有莲花山，粤西有云雾山、天露山等山脉，海拔高度都在1000米以上，而珠江三角洲外有众多岛屿，地形复杂，对一些热带气旋的登陆路径会产生一定的影响。热带气旋移动路径的拐点基本集中在三个区域：一个为闽南到粤东汕尾沿海区，一个为粤西台山市到茂名市电白区沿海地区，还有一个为海南岛东南沿海地区（海南原属于广东，后来分划出来，统计上有其特殊性，且海南与广东在陆地区位和相互关系上，对于接受和应对热带气旋入侵，有极为密切的关联），珠江三角洲外海面和雷州半岛到海南岛北部海面则很少出现转向情况，拐点主要集中在有明显山脉地形的区域，且在台山、电白沿海区和海南岛东南部沿海区更为集中，似形成一个可容徘徊转向的“大湾区”。这些特点与华南沿海地形特征吻合。

毛绍荣等通过对1949—2000年的热带气旋资料进行统计分析，得出在广东沿海出现近岸转折或沿岸移动的热带气旋的统计特征：① 其转折点（或靠岸点）主要集中在有明显山脉地形的区域，受地形影响明显；② 靠岸前热带气旋强度有减弱的趋势，出现热带气旋近岸加强这类登陆异常特征的机会很小；③ 移动速度较慢或靠岸前移速减慢是出现此类路径的重要特征，靠岸前移速加快的热带气旋出现此类路径的机会很小；④ 强度越强拐点离岸距离越小，强度越弱拐点离岸距离越大；⑤ 移速越快转折角度越小，移速越慢转折角度越大；⑥ 强度越强其沿海岸移动所需入射角越小，强度越弱其所需入射角可较大。[①]

① 毛绍荣、张东、梁健等：《广东近海台风路径异常的统计特征》，《应用气象学报》2003年第14卷3期。

二、21世纪初珠江三角洲咸潮入侵问题概况

珠江三角洲地区咸潮入侵是一种自然现象。咸潮上溯扩散，会造成上游河道水体咸化，对工农业生产、人民生活造成影响，乃至形成水环境灾害。珠江三角洲的咸潮一般出现在10月至次年4月。

20世纪50年代以来，珠江三角洲地区发生较为严重的咸潮入侵年份是1955年、1960年、1963年、1970年、1977年、1993年、1999年、2004年、2005年、2006年、2007年、2009年、2010年。20世纪60年代的咸潮入侵致使珠江三角洲地区农作物种植受到巨大损失，也直接威胁到三角洲城市群的生活、工业生产。1999年春，咸界上移到广州市的老鸦岗，使得广州市部分水厂取水口被迫上移，部分水厂间歇停产。随着环境与水资源问题的变化发展，21世纪初，珠江三角洲咸潮入侵状况更为严重，对澳门、珠海、中山和广州的城市水资源环境造成了严重的威胁。

21世纪初，在珠江三角洲咸潮影响区域，有十几家关键水厂，如位于广州新塘、南洲、石溪、白鹤洞、西村、石门、江村的水厂，番禺的沙湾水厂、第二水厂，中山的大丰水厂、全禄水厂，江门、新会、珠海和澳门的自来水公司，受到不同程度的影响（以上水厂合计每日取水规模达到849.5万立方米）。2004年冬至2005年春咸潮影响较为严重，总计影响城镇供水人口500多万人。例如，中山两大主力水厂氯化物含量高达3500毫克/升，不得不低压供水，部分地区停供18小时，因咸潮少供水20万立方米。珠海和澳门主要供水工程，不能取水天数高达170天，其中，珠海横琴岛和三灶镇40天无水供应。广州石溪水厂停产225小时。2005年秋，西江的汛期刚过即发生了咸潮入侵，令人瞠目。

咸潮入侵主要受到上游河川径流与潮汐动力作用影响，也受到河口形态、河道地形、风力风向、海平面变化因素影响。河川径流的丰枯变化是首要原因，如21世纪初西江河口的咸潮上溯加剧，与华南连续干旱、枯水季节径流减少有关，而且随着经济的发展，西江上中游地区水资源的开发力度大大加强，造成枯水季节下泄径流偏少。同时，珠江三角洲多发生不规则的半日潮，对应的咸潮也呈现日周期和半月周期的变化。另外，风向和风力也是珠江三角洲咸潮入侵的主要扰动因子。枯水季节珠江河口盛行东北风，风力达到一定强度，多诱发强咸潮。如出现北风或东风，磨刀门水道咸潮入侵

规律就可能发生较大改变，中山全禄水厂、平岗泵站、广昌泵站的取淡水时间将急剧减少。在咸潮入侵由弱转强期，一般当河口东北风风力连续3天达到7级以上时，平岗泵站取淡水机会将迅速丧失。在西四门的崖门水道和虎跳门水道，素有“北风增咸流”之说，不过咸潮入侵问题尚无磨刀门水道那样突出。

此外，深海盐水的活动也有可能影响到河口的咸潮，如2004年苏门答腊地震海啸，激发了印度洋深海高浓度盐水向周边海岸扩散，导致斯里兰卡和印度东海岸红树林非正常死亡。但珠江流域水资源保护局有关研究人员并不认为异常盐水会导致珠江三角洲咸潮入侵，但珠江三角洲咸潮入侵问题恰好在2005年枯水季凸显出来，这在缺乏系统监测和分析的背景下，似难一下子做出科学的结论。

21世纪初，咸潮对珠江三角洲西江水道的影响凸显出来，水利部珠江水利委员会水文局和中山市水利部门加强了对于咸潮入侵的监测与分析。

表1为珠江流域水资源保护局等统计的西江磨刀门水道咸潮资料。

表1　2005—2017年中山市磨刀门水道主要取水点咸潮度统计[①]

单位：毫克/升

年份	联石湾	马角	南镇水厂	平岗泵站	竹银	竹洲头	全禄	稔益
2005—2006	2674	2498	1682	1582	—	—	532	113
2006—2007	1808	1615	811	670	—	—	215	13
2007—2008	2601	2511	1322	1233	—	—	460	71
2008—2009	1197	1044	151	204	—	—	0	0
2009—2010	2957	2724	1832	1573	891	—	532	106
2010—2011	1670	1677	761	746	458	—	235	35
2011—2012	3073	2911	1884	1863	1475	1238	784	237
2012—2013	1628	1300	473	405	205	148	69	0
2013—2014	1899	1761	729	725	409	308	113	14

① 珠江流域水资源保护局、珠江水委员会水文局：《2017—2018年枯水期珠江流域雨水（咸）情分析及预测》（内部印刷），2017年9月。

续表

年份	联石湾	马角	南镇水厂	平岗泵站	竹银	竹洲头	全禄	稔益
2014—2015	1405	1125	507	395	237	198	83	6
2015—2016	22	16	0	0	0	0	0	0
2016—2017	2102	1881	1010	808	490	392	69	0

注：统计时间段为每年10月1日到次年2月28日。

由表1可见，在21世纪初，中山市磨刀门水道咸潮入侵问题较为严重，特别是在2005—2006年、2007—2008年、2009—2010年、2011—2012年的枯水季节。

表1显示，2005—2017年枯水期磨刀门水道最大咸水界、最小咸水界变化：2011—2012年枯水期是咸潮影响最大的一年，最大、最小咸水界上溯距离最远，分别为21.95千米、12.00千米。2011—2012年枯水期以后，最大、最小咸界呈逐年下降的趋势。2015—2016年枯水期是这几年中咸潮影响最小的一年，最大、最小咸水界上溯距离分别为0.31千米、0千米。

21世纪初，华南秋冬季的干旱趋势加剧，经济发展导致的水资源匮乏也加剧了咸潮入侵。表2统计显示了2005—2017年枯水季节西北江梧州—石角组合流量的变化，显然组合流量的盈亏是影响咸潮咸界位置上下变动的主要因素。

表2　西北江2005—2017年枯水期平均组合流量统计表

单位：立方米/秒

年份	10月	11月	12月	平均
2005—2006	3480	2550	1840	2620
2006—2007	2830	3190	2720	2910
2007—2008	3290	2300	1950	2510
2008—2009	7570	10810	3680	7350
2009—2010	1920	1770	1880	1860
2010—2011	5120	3160	3390	3890
2011—2012	6300	2440	1810	3520

续表

年份	10月	11月	12月	平均
2012—2013	3510	4180	4220	3970
2013—2014	3620	4690	4650	4320
2014—2015	5230	4640	2470	4110
2015—2016	9400	11530	8680	9870
2016—2017	3290	3280	3010	3190
2017—2018	6060	3830	3570	4490

三、结语

（1）1949年以来登陆广东的热带气旋，以向西北方向移动为主，个别年次北上深入内陆；主要受到产生热带气旋时和登陆时西太平洋副高的位置、引导气流和登陆处沿海地形影响。

（2）21世纪初，受陆地水文径流（即西北江组合径流）影响以及枯水季海洋潮汐、沿海风向风力变化等影响，广东在不同水文年出现咸潮入侵灾害加剧现象。

（3）本文只从统计学角度进行分析，对于系列机理性问题尚未阐述。针对这些系列问题仍需要加强监测和综合分析，以归纳、梳理出规律。

京津冀、川滇地区气候与地震关系

高建国[1] 陈维升[2]

1. 中国地震局地质研究所 2. 北京工业大学地震研究所

摘 要：关于地震与气温的关系研究，一般认为地震前由于红肿理论，地下热上涌，地温会升高，但不可一概而论。1969年的渤海大冰封与渤海7.4级地震，2008年的雨雪冰冻灾害和汶川地震，低温与地震发生如此接近，需要重新收集资料。在2021年1月7日极冷期后，仅5天后，组织的2021年1月12日天气与地震关系会议拿出36个案例，并推测未来中国7级地震在2021年3月29日以后发生，这与2021年5月22日青海玛多7.4级地震发生在预测时间内。

关键词：地震；汶川地震；低温；2008年雨雪冰冻灾害

一、事由

2021年1月7日，我国大部分地方出现低温天气。当日06时，北京南郊观象台气温降至-19.5 ℃，打破了1969年2月24日-19.3 ℃的纪录，是1966年以来最冷的一个早晨。

山西省气象台首席预报员李新生接受采访时表示："受强冷空气影响，山西省1月6日到8日出现2021年首次寒潮天气过程。这次寒潮天气，影响范围大，大风低温持续时间长。1月6日到1月8日，全省范围内有4～6级、短时7～8级或以上西北风。气温普遍下降6 ℃～8 ℃。中南部局部地区气温下降12 ℃～14 ℃。北部最低气温7日早晨将达到入冬以来最低值，为-25 ℃以下，中部为-20 ℃以下，南部最低温度也将降至-15 ℃以下，高寒地区最低温度将降至-32 ℃以下。"①

---

① 郭卫艳：《2021年首次寒潮来袭，冻哭你了吗？》，《山西晚报》2021年1月7日，第6版。

浙江省临海市气象台2021年1月7日15时35分发布低温橙色预警信号："受强冷空气影响，我市气温已开始明显下降，预计日平均气温过程降温幅度可达9 ℃～11 ℃，明后天（8—9日）早晨最低气温大部分地区降至-7 ℃～-5 ℃，山区-10 ℃～-8 ℃，高山区-15 ℃以下，有严重冰冻。"① "1月7日前后，受较强冷空气影响，浙江省可能有大范围雨（雪）天气，并伴有明显大风和降温天气。"②

那地震是如何与低温挂钩的呢？让我们先来看以下案例。

1968年12月中旬到1969年3月上旬的3个月间，北方来的寒流和冷空气侵袭渤海地区达23次之多，渤海海域的温度降幅较大，造成历史上百年一遇的冰灾。1969年7月18日渤海发生7.4级地震。

2008年1月10日至2月2日，我国遭受4次低温雨雪冰冻天气过程，贵州、湖南、湖北等20个省区出现大到暴雪。2008年5月12日四川汶川发生8.0级地震。

再看成因。

大地震前地壳内裂隙增多，由地表逸气造成的气溶胶浓度增加，会造成对入射太阳辐射的反射、吸收及在震区附近与经过震区上空的气团的下风向地区的降水。这两者都会造成气温下降，从而显示"寒—震"对应关系。③

因此，可以说，低温是大地震的一个信号。过去，我们没有认识到这一点，后随着大量的低温—地震案例增多，这一认识逐渐由模糊到清晰。

本文将利用以往的案例，从统计学角度来推断低温与地震的关系。

二、案例

1. 2001年7月28日至8月1日新疆北部低温与2001年11月14日昆仑山口西8.1级地震

2001年7月28日至8月1日，新疆北部棉区在棉株群体光合最旺盛时期和棉株、棉铃干物质积累的关键时期，即在影响棉花产量的最关键时期，出

① 临海市气象局：《临海市气象台2021年1月7日15时35分发布低温橙色预警信号》，《临海》2021年1月7日，http://www.linhai.gov.cn/art/2021/1/7/art-1229304862-3683793.html。

② 张源：《2021年第一天晴冷 7日前后全省可能有大范围雨雪》，《浙江新闻》2021年1月1日，https://zj.zjol.com.cn/news.html?id=1594935。

③ 明亮：《对大地震前（后）短期低温气候的一种解释》，《防灾科技学院学报》2010年第3期。

现了历史上少见的连续低温降雨天气，日均气温由7月27日的27 ℃骤然降为17 ℃，其最低温度在石河子，为15 ℃，而下野地一些植棉团场为12 ℃，3天降雨量达29～30毫米，使棉花连续3天处于极为不利的低温阴雨渍水状态。自8月1日开始，西至乌苏，东至阜康，受低温冷害严重影响的棉田面积超过33万公顷，其中石河子、沙湾和玛纳斯棉区尤为严重。

2001年11月14日，昆仑山口西发生8.1级地震。

2. 2008年1月全国雨雪冰冻灾害与2008年5月12日汶川8.0级地震

丁一汇院士提出，对于2008年的雨雪冰冻灾害，仅从冷暖空气相互作用角度分析是不够的，必须从微观角度考虑成雨成冰成雪的云核与冰核是从哪里来。

明亮认为，汶川地震震前产生的地震气溶胶微粒数量巨大，在雪灾的水蒸气凝结核中占极大的比例。由于气团裹挟了震前地壳因裂隙增多而产生的大量（土壤）气溶胶颗粒，气团中的水蒸气凝结成水滴，在未来震区附近或气团移动的下风地区，形成长时间大量降水，造成低温冻害。[①]

石俊认为，对日平均气温、日最高气温、日最低气温、日平均降水强度和日平均气压5项气象要素指标进行分析，至少可以得出如下结论：① 从时间上看，在汶川特大地震发生前后出现了异常气象，且早在4个月之前就开始出现了，集中发生在震前1～2个月；② 从空间上看，汶川及其所在的龙门山断裂是气象要素发生异常的中心区域，而有些要素的异常在主震过后并没有立即消失，这可能与该次地震的余震数量较多有关；③ 不管气象异常是不是地震发生的必然前兆，但汶川大地震发生前后出现的气象异常再次提示我们，气象异常与地震的关系值得深入研究，把二者完全割裂有可能造成损失，正如德国物理学家普朗克所说，“科学是内在的整体，它被分解为单独的整体不是取决于事物的本身，而是取决于人类认识能力的局限性。实际上存在着从物理到化学，通过生物学和人类学到社会学的连续链条，这是任何一处都不能被打断的链条”[②]。

3. 顺治十年（1653年）冬保安西宁大雪与顺治十一年（1654年）甘肃天

---

① 明亮：《对大地震前（后）短期低温气候的一种解释》，《防灾科技学院学报》2010年第3期。

② 石俊、王维侠、温敬霞：《汶川地震前后的气象异常》，《天文研究与技术》2010年第1期。

水8级地震

顺治十年（1653年）冬，保安大雪匝月，人有冻死者；西宁大雪四十余日，人多冻死。①

灵台“夏四月陨霜，杀麦”②。

六月初三日，静宁陨黑霜伤稼。③

顺治十一年（1654年）7月21日，甘肃天水发生8级地震。

4. 康熙七年（1668年）盂县大雪三尺与康熙七年（1668年）山东莒县郯城$8\frac{1}{2}$级地震

康熙七年三月盂县大雪深三尺，寒过于冬。④

康熙七年7月25日，山东莒县郯城发生$8\frac{1}{2}$级地震。

5. 光绪五年（1879年）甘肃武都低温与光绪五年（1879年）甘肃武都8级地震⑤

黄维申在《报晖堂·逃禅集下》一书中描述了地震当年的异常气温：“去年（光绪五年）五月天尚寒，阶人夹纩嫌不温。”今武都地处北亚热带边缘，夏季平均气温在24 ℃饮水，最高温达37.7 ℃。农历五月正值盛夏季高温，天尚觉寒冷，实在反常。

6. 1925年1月云南鲁甸大雪与1925年3月云南大理7级地震

1925年1月，云南鲁甸连降大雪40天，平坝积雪5市尺许，山区积雪6市尺余，全县饿死、冻死、病死、向外流亡者3万余人。

1925年3月16日，云南大理发生7级地震。

7. 1968年1月下旬至3月下旬渤海特大冰封与1969年7月18日渤海7.4级地震

1968年12月中旬到1969年3月上旬，北方来的寒流和冷空气侵袭渤海地区达23次之多，渤海温度骤降。强度达八九级的东北风连续刮了6天，异常强大的寒流使辽东湾、莱州湾的冰层相继达到20～30厘米厚。1969年2月

---

①《清史稿》卷四〇《灾异一上》。

②（清）黄居中修、杨淳纂：灵台志，顺治十五年（1658年）刻本。

③（清）工恒.静宁州志，清乾隆十一年（1746年）刻本。

④ 民国《盂县志·杂记·祥异》。

⑤ 苏海洋、雍际春、晏波等：《甘肃历史地震与气象异常相关性研究之四——清时期》,《安徽农业科学》2011年第39卷第29期，第18382–18386页。

初，冷空气再次侵入渤海，持续三四天的降温，使天津塘沽新港和大沽锚地的冰层厚度达到了40多厘米，有的地方甚至出现了浮动的冰山，大批船只被困。2月中旬，持续而强劲的东北风加上连降6场中到大雪，渤海冰封再次升级。这是历史上百年一遇的冰灾。

1969年7月18日，渤海发生7.4级地震。

8. 1968—1969年云南玉溪地区气温下降与1970年1月5日云南通海7.7级地震

1968—1969年玉溪地区平均气温连续下降，达0.1 ℃以上。1970年1月5日通海地震后，气温有所回升。[①]

9. 1967—1972年云南昭通气温下降与1974年5月11日云南大关、永善7.1级地震

1974年5月11日大关、永善7.1级地震。在1971年云南气温出现异常之前，昭通地区（震中所在区）自1967年连续3年降温，累计降温0.3 ℃。在昭通地区9个县站中，又以永善、大关（极震区）东侧的盐津站降温最早（始于1966年，比其他站早1～2年），降幅最大（累计降温0.7 ℃，比区内其他站多降0.1 ℃～0.6 ℃），连续降温时间最长（连续降温4年，比大关、永善等站多2年）[②]。

10. 1976年4—5月河北唐山低温与1976年7月28日河北唐山7.8级地震

这次河北唐山7.8级大地震是发生在持续低温的背景下的。20世纪70年代，唐山地区1月的气温较一般年份略高些，也就是呈现一种暖冬的趋势。1976年1月，略偏暖，比历年同期约高0.5 ℃左右。1976年2月气温异常，唐山及其周围地区比一般年份高2 ℃～3 ℃，也就是出现了异常温暖的2月，是过去15年中所不遇。1976年3月，温度基本正常。1976年4月、5月、6月、7月，连续4个月温度比一般年份偏低，其中4月、5月低0.5 ℃～1.0 ℃，6、7月低1 ℃～2 ℃。低温一直持续到发震，震后8月温度仍偏低。这种持续几个月的春夏低温，为有气象记录以来所罕见。暖冬，特别是1976年2月奇暖后，又持续了几个月的低温，是震前的气候特点。

11. 1988年10月30日云南耿马低温与1988年11月6日云南耿马7.2级地震

1988年10月17日，耿马7.2级地震发生前21天，气温最高达21.8 ℃（10、

① 赵成鹏:《气温异常是一个值得注意的地震前兆》,《科学通报》1986年第1期。

② 赵成鹏:《气温异常是一个值得注意的地震前兆》,《科学通报》1986年第1期。

11月平均气温为19.6℃和15.6℃），然后气温下降，至10月30日达到最低，为14.9 ℃，后升温，震前3天达次高值18.5 ℃，地震当天气温为17.5 ℃，最高与最低温差达6.9 ℃，次高与最低温差达2.6 ℃。[①]

其他地震由于篇幅所限不再详述，以下只列出目录。

12. 2009年青海玉树低温和2010年青海玉树7.1级地震

13. 2013年3月四川芦山低温和2013年4月四川芦山7.0级地震

14. 明隆庆二年（1568年）4月12日陕西汉中冰冻与明隆庆二年1568年5月15日陕西西安6$\frac{3}{4}$级地震

15. 清康熙三年（1664年）朔玉田、邢台大寒与清康熙四年（1665年）通县西6.5级地震

16. 清康熙二十七年（1688年）三月云南浪穹大雪与1688年五月十七日云南剑川6$\frac{1}{4}$级地震

17. 1962年6月8日云南南华低温与1962年6月24日云南南华6.2级地震

18. 1966年1月2日、28日云南东川低温与1966年2月5日云南东川6.5级地震

19. 1966年2月21—26日渤海突然封冻与1966年3月6日河北邢台6.8级地震

20. 1988年8月26日云南普洱低温与1988年9月14日云南普洱6.2级地震

21. 1977年1月16日至2月21日渤海海冰与1977年5月12日河北汉沽6.2级地震

22. 1989年4月27日云南耿马低温与1989年5月7日云南耿马6.2级地震

23. 1998年1月3日河北张北低温与1998年1月10日河北张北6.2级地震

24. 唐高祖武德七年（624年）12月13日西安大风雪与624年12月13日西安5.5级地震

25. 明正德元年（1506年）4月云南武定殒霜与1506年4月云南寻甸5.5级地震

26. 明隆庆二年（1568年）4月12日陕西汉中冰冻与1568年4月12日陕西汉中5级地震

27. 明泰昌元年（1620年）11月河北容城大雪与1621年2月河北永清、武

---

① 李贵福、解明恩：《本世纪云南强震（Ms≥6.0）的气象特征研究》，《地震研究》1996年第2期。

清5.5级地震

28. 明万历四十八年（1620年）冬至天启元年（1621年）2月陕西大雪与1621年4月陕西府谷5级地震

29. 1966年9月吉林低温与1966年10月2日吉林怀德5.2级地震

30. 1980年2月1—22日渤海海冰与1980年2月10日内蒙古博克图5.6级地震

31. 1984年、1985年、1986年黑龙江德都县低温与1986年2月9日、3月1日和8月16日黑龙江德都县5.0、5.4和5.5级地震

32. 1997年8月5日重庆荣昌日最低气温与1999年8月13日重庆荣昌5.2级地震

33. 1999年7月22日重庆荣昌日最低气温与1999年8月17日重庆荣昌5.0级地震

34. 2005年11月14日江西九江大面积降温与2005年11月25日江西九江5.7级地震

35. 1982年5月3日海南低温与1982年5月4日海南3.1级地震

36. 2000年4月13日河南内乡、镇平低温与2000年4月29日河南内乡、镇平4.7级地震

三、统计结果

将上述36个低温—地震时间差与地震震级绘入图（图1）中，可以看到两者的相关情况，即震级越小，地震前出现的低温时间越短；震级越大，地震前出现的低温时间越长。

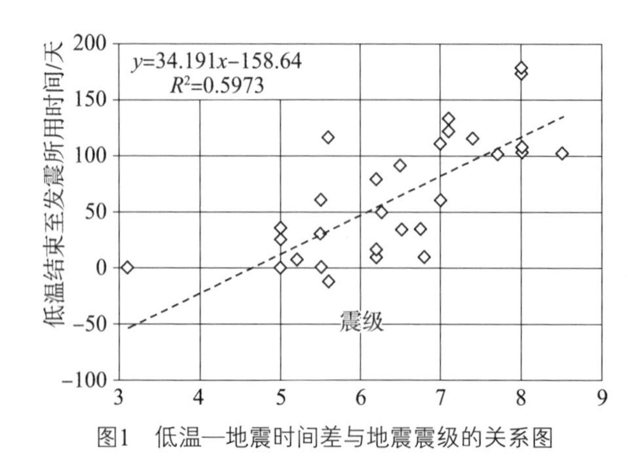

图1　低温—地震时间差与地震震级的关系图

第四章
新时代海洋强国思想的理论探讨

新时代海洋强国思想多维源流探析

蔡勤禹[1]　华　瑛[2]

1. 中国海洋大学中国社会史研究所　2. 青岛工程职业技术学院

摘　要：“建设海洋强国”思想是多维源流、百川合一的结晶。它是对马克思主义海洋观的继承和发展，是中国传统海洋文明精华的延续和提升；它承袭了近代以来先进中国人重海自强的梦想和志业，以新中国70年特别是新时期以来中国面向海洋发展的现实需要为实践基础。新时代海洋强国思想为实现中华民族伟大复兴的中国梦提供不竭的精神动力。

关键词：新时代；海洋强国；思想源流

“建设海洋强国”思想作为中国特色社会主义理论的重要组成部分，是马克思主义中国化的最新成果，是对中国传统海洋文明的继承和提升，是近代以来先进中国人重海自强梦的承袭与发展，是维护当代中国海洋权益、海洋安全的重要方针，指引着中国未来海洋事业的发展。本文对该思想的多维源流进行了梳理和分析，以便深刻认识其深厚博大的思想内涵和理论价值，进而全面认识该思想对于中国特色社会主义现代化建设的重大意义。

一、理论来源：马克思主义海洋观

新时代海洋强国思想与马克思和恩格斯对大航海时代西方强国之道的认

识和论述一脉相承。

关于海洋及其在世界经济发展中的作用，马克思和恩格斯都有过深刻论述。恩格斯认为："在美洲发现之前，各个国家甚至在欧洲，彼此还很少来往，整个说来，贸易所占的地位很不显著。"随着1492—1493年哥伦布西渡大西洋发现美洲和1519—1522年麦哲伦完成了西班牙—大西洋—麦哲伦海峡—太平洋—印度洋—好望角—大西洋—西班牙环球航行，市场从单一封闭的国内市场变为世界市场，而促进这个转变发生和世界市场形成的因素主要是航海业的发展和进步。恩格斯说："在找到通往东印度的新航线之后和在美洲开辟了对欧洲商业民族有利的广阔活动场所之后，英国才开始越来越把贸易集中在自己手中，这就使其他欧洲国家不得不日益紧密地靠拢。这一切导致大商业的产生和所谓世界市场的建立。"①马克思进一步指出："美洲的发现、绕过非洲的航行，给新兴的资产阶级开辟了新天地。东印度和中国市场、美洲殖民化、对殖民地的贸易、交换手段和一般商品的增加，使商业、航海业和工业空前高涨。"②借助于航运业的发展，国家之间、各种文明之间由自成体系或处于封闭状态转而开始互相往来，许多地区因被欧美国家殖民或被迫开放为通商口岸而纳入世界市场体系中，传统的手工业者受到冲击，或破产，或采用新机器和新技术而再生。"过去那种地方的民族的自给自足和封闭自守状态，被各民族的各方面的互相往来和各方面的互相依赖所代替了。"③马克思认为，欧洲主导的第一波全球化经济浪潮得益于航海设备和航海技术的进步，"由于交通工具的惊人发展——远洋轮船、铁路、电报、苏伊士运河——第一次真正地形成了世界市场"④。因打破了由于地理隔阂而导致的封闭，货物在世界范围内流通起来，美洲的糖、可可、苏木、宝石、珍珠、烟草、棉花、花生、向日葵等远销欧洲和亚洲地区，中国的丝绸、茶叶、纸张、瓷器等也远销欧美地区。马克思和恩格斯认为，造船与航行技术的进步使分散在各大洲的由海洋分隔的国家连在一起，成为一个统一

①《马克思恩格斯全集》第42卷，中共中央马克思恩格斯列宁斯大林著作编译局编译，人民出版社，1979年，第471页。

②《马克思恩格斯文集》第1卷，中共中央马克思恩格斯列宁斯大林著作编译局编译，人民出版社，1995年，第273页。

③《共产党宣言》，人民出版社，2018年，第31页。

④《马克思恩格斯全集》第46卷，人民出版社，2003年，第554页。

的世界市场，世界市场的形成反过来又推动了航海业的发展，推动了海洋技术的革新与进步。两者互相推动和促进，形成了人类有史以来第一波全球化经济浪潮。

马克思和恩格斯在肯定新航路开辟后，海洋运输业发展对推动世界市场形成发挥巨大作用的同时，也认为全球贸易增加和各地区往来频繁导致了社会结构和社会制度发生变革。“欧洲人从美洲运出的大量财宝以及总的说来从贸易中取得的利润所带来的后果，是旧贵族的没落和资产阶级的产生。”[①]一些旧的封建势力再也无法按照原来的统治继续下去，各地资产阶级革命风起云涌，“使正在崩溃的封建社会内部的革命因素迅速发展”[②]。另外，他们对欧美国家利用海洋强国优势在世界肆意扩张和殖民的行径予以强烈谴责，指出这种“丢掉了最后一点羞耻心和良心”“恬不知耻地夸耀一切当作资本积累手段”[③]的行为，给被侵略国带来混乱、屈辱和苦难。在他们看来，海洋强国是新航路开辟、工业革命带来的技术进步促成的，它使得资本在全世界流动，满足了资本家追逐利润的渴望，资本原始积累伴随着欧美海洋权益扩张而完成，经济全球化也随着这波潮流而形成，全世界无产者得以从封闭走向联合来改变不平等的剥削制度。

马克思和恩格斯肯定了海洋开发和利用对于资本积累、海洋贸易、经济全球化乃至强国地位确立的积极作用，同时对欧美国家利用航海的主导权在世界各地进行殖民、掠夺资源、开展殖民贸易予以谴责。马克思和恩格斯以历史唯物史观，客观辩证地分析了欧美海洋强国对于经济全球化的积极作用与消极影响，这种观点和分析方法对于建设一个不同于欧美殖民模式的中国式海洋强国，具有特别重要的理论和方法指导意义。

二、文化源泉：中华优秀海洋文化

新时代海洋强国思想作为一种扎根中国的海洋思想，是对中国传统海洋文化的继承和发展。中华民族是最早利用海洋的民族之一，在历史上留下了许多利用海洋、开发海洋、依海富国的宝贵经验，这些经验成为建设海洋强国的不竭源泉。

---

①《马克思恩格斯全集》第42卷，北京：人民出版社，1979年，第471页。

②《共产党宣言》，北京：人民出版社，2018年，第28页。

③《马克思恩格斯选集》第2卷，北京：人民出版社，1972年，第263页。

中国开发和利用海洋的历史较早地记载于《管子》一书。据《管子·海王》记载，齐桓公曾经问管仲“何以为国？”管子对曰：“海王之国，谨正盐策。”齐桓公又问：“然则国无山海不王乎？”管子曰：“因人之山海假之。名有海之国雠盐于吾国，釜十五，吾受而官出之以百。我未与其本事也，受人之事，以重相推。此人用之数也。”管仲提出了傍海之国和不傍海之国的富国之策，即国家通过管理海洋资源、实行食盐专卖政策增加国家收入。齐国正是依据管仲提出的海洋政策，依靠鱼盐之利而实现国家富强，随之“人民多归齐，齐为大国”，成为春秋时期五大强国之一。

中国海洋辉煌时代的真正到来是从海上丝绸之路开辟开始的。《后汉书·西域传》载，东汉“桓帝延熹九年（166年），大秦王安敦遣使自日南徼外献象牙、犀角、玳瑁，始乃一通焉”。这是中西交往最早的文字记载。海上丝绸之路将相隔万里的中国与罗马帝国直接联系起来。与此同时，在北方以山东和辽东地区为核心，形成了面向日本和朝鲜的海上丝绸之路。《后汉书·光武帝纪》载汉光武帝建武二年（26年）春“东夷倭奴国王遣使奉献”，朝鲜和日本向光武帝朝贡，进一步加强了中国对东海的战略辐射。汉朝经略海洋产生了巨大的地区性影响，万邦来朝的朝贡贸易体制自此逐渐建立起来，海上丝绸之路与陆上丝绸之路一起成为影响后代的主要贸易通道，奠定了汉朝在世界文明史上的地位。

唐朝时，海上丝绸之路空前繁荣，海洋大国初具规模。唐代海上丝绸之路有北道和南道两条。北道是唐朝通往东北亚的传统路线，唐初从登州海行入高丽、日本，中唐以后开通了从扬州或明州、温州、福州乘船出海到日本。南道是中唐以后的主要航行通道，从广州出海到东南亚、波斯湾、红海地区和东非海岸国家。①广州港自此发展为“巨商万舰”“万舶争先”“大舶参天”的重要国际港口。唐期的海上丝绸之路航线拓展，距离延长，港口增多，造船规模史无前例。其中，福州、扬州、泉州、广州、登州、莱州等20多个州城都以造船基地著称，所造大船长可达20丈，运载六七百人，载货万斛之多，阿拉伯商人到中国做买卖也用唐人制造的船舶。②海上丝绸之路与陆上丝绸之路交相辉映，使唐都长安成为世界经贸和文化交流中心，有70多

---

① 刘希为：《唐代海外交通发展的新态势及其社会效应》，《海交史研究》1993年第1期。
② 刘希为：《唐代海外交通发展的新态势及其社会效应》，《海交史研究》1993年第1期。

个国家的使臣、商人、留学生云集此地。唐朝开放的对外政策和发达的海洋运输，谱写了中国海洋文明史的辉煌一页。

宋元时期，海上丝绸之路达到鼎盛。除继续与高丽和日本进行近海通商和文化交流外，远洋航行区域进一步扩大，以广州、泉州为始发港，中国海船频繁驶向南洋、北印度洋和地中海等区域。元代旅行家汪大渊于1330—1334年和1337—1339年两次"附舶东西洋"，共计8年，"足迹几半天下"，留下《岛夷志略》，记及国家和地区100余个，是中国古代为数不多周游亚非欧的旅行家。①汪大渊的航迹说明了元代中国海上航路的扩大和航海技术的发达。元代来华旅游的两位著名旅行家意大利人马可·波罗和摩洛哥人伊本·白图泰，通过游记向世人介绍中国港口的繁华景象。马可·波罗称赞："刺桐（泉州）是世界上最大的港口之一，大批商人云集这里，货物堆积如山，的确难以想象。每一个商人，必须付自己投资的总额百分之十的税收，所以，大汗从这个地方获得了巨额的收入。"②伊本·白图泰于1346年从泉州登岸，随后游历了广州、杭州和北京，在中国一年左右。他对中国印象深刻，对泉州港充满赞叹："刺桐港是世界上各大港之一，甚至可以说就是世界上最大的港口。我看到港内有上百条大船，至于小船可谓多得不可胜数。"③泉州和广州、明州、登州等港口盛名远播，中国成为世界海上贸易中心之一。

明朝前期，郑和七下西洋创造了中国乃至世界历史上最辉煌的海航记录。1405—1433年，郑和统率庞大的远洋船队，纵横于亚非海域，遍访了30多个国家和地区。郑和船队每次都有大、小海船200余艘，最大的船是郑和的座船——宝船，长126米，宽51米，船型深12米，排水量14816吨，载重量7000吨。④宝船"体势巍然，巨无与敌"⑤，体现了明代造船技术的巨大进

① 汪大渊：《岛夷志略校释》，苏继庼校释，中华书局，1981年，"前言"第2页、"叙论"第10页、385页。

②〔意〕马可·波罗：《马可·波罗游记》，陈开俊等译，福建科学技术出版社，1981年，第192页。

③〔摩洛哥〕伊本·白图泰：《异境奇观——伊本·白图泰游记》（全译本），李光斌译，海洋出版社，2008年，第543页。

④ 汪连茂、陈丽华：《中华海洋文化的缩影：泉州海外交通史博物馆》，中国大百科全书出版社，2001年，第100-101页。

⑤ 孙光圻：《中国航海历史的顶峰时期（1368—1433）》，《世界海运》2011年第9期。

步。郑和船队远涉西洋虽是明朝皇帝“御临天下”“万邦来朝”，宣扬大明帝国国威，强化和扩大朝贡关系体制的体现，但船队“没有签订一个不平等条约，没有拓展一块疆土，没有带回一个奴隶……开创了海上和平友好往来的世界范例”[①]。他们通过和平而非武力、交流而非征服、文明而非野蛮的方式传播中华文化，促进了世界不同文明之间的了解和沟通，为海上丝绸之路建设留下了宝贵的文化资源。

由上可见，古代中国创造了辉煌的海洋文明，无论是港口规模、航海贸易数量、造船和航海技术，还是贸易的管理制度等方面，都处于世界领先水平。古代中国在海洋开拓过程中，以海上丝绸之路为平台，通过和平、合作、共享、共赢的方式，开展对外贸易，与大航海时代西方的征服、扩张、殖民形成鲜明对照。中国海洋文明的优良品质是建设新时代海洋强国的优秀文化基因，是新时代构建海洋命运共同体思想的重要文化源泉。

三、奋进动力：近代先进国人的重海自强梦

中华海洋文明史不都是辉煌灿烂的，也曾有过惨痛教训。从明朝中后期开始，随着海禁政策的强化，大型的航海宣威和海洋贸易减少。虽在明隆庆元年（1567年）漳州海澄月港部分开放海禁，准许私人出海贸易，但也无法再现昔日辉煌。清朝建立后，为了防止东南沿海各地与退踞台湾的反清力量往来，“严禁商民船只私自出海”，“不许片帆入口”。[②]严厉的海禁不仅使中国已有的海上丝绸之路辉煌不再，造船技术裹足不前，更严重的是，闭关自守导致国人逐渐对世界大势缺乏了解，形成盲目自大心理。而从18世纪60年代开始，以英国为首进行的工业革命，将人类社会从农业文明时代带入工业文明时代。大清帝国因闭关自守失去发展海洋的战略机遇而沦为海洋弱国，致使近代中国遭受来自海上的入侵达84次之多。[③]中国面临“守海不成、陆地不保”的困境，最终沦为半封建半殖民地社会，遭受了上百年的欺凌和摧残。这是封建王朝重陆轻海政策的结果。

历史正反两方面对比说明一个道理：依海发展则国家强盛，放弃海洋则国家衰败，国家强弱与海权强弱有着直接关系。建设海洋强国，唤醒中华民

---

① 吴胜利：《共同努力建设和谐海洋》，《人民海军》2009年4月22日，第1版。
② 戴逸、李文海：《清通鉴》，山西人民出版社，2000年，第1155–1156页。
③ 李明春：《海洋权益与中国崛起》，海洋出版社，2007年，第166页。

族的海洋意识，中国历史上创造的辉煌海洋文化是不竭的源泉，闭关锁国导致国破家亡的屈辱历史是反面参照。面对残酷现实，近代以来先进的中国人萌生了重海自强思想，并开始进行依海强国的探索。

魏源是近代中国“开眼看世界”的早期倡导者，他在《海国图志》中提出“师夷长技以制夷”，主张学习西方先进技术。他还规划在广东虎门的沙角、大角二处设置造船厂和火器局，聘请外国人担任负责人，“分携西洋工匠至粤，司造船械，并延西洋柁师，司教行船演炮之法，如钦天监夷官之例。而选闽粤巧匠精兵以习之。工匠习其铸造，精兵习其驾驶攻击……必使中国水师可以驶楼船于海外，可以战洋夷于海中”。为了改变轻视海洋的思想和做法，他提出了六条办法：一设立铸造局，二购买火炮，三在虎门沙角、大角设置炮台，四整饬水师，五大力发展海运，六科举考试增加水师科。[①]魏源提出的依海强国思想顺应了历史发展潮流，后来的洋务运动将这一思想变为实践，迈出了中国近代海洋强军第一步。洋务派代表左宗棠就明确提出：“欲防海之害而收其利，非整理水师不可；欲整理水师，非设局监造轮船不可。”[②]胡燏棻也说：“凡地球近海之邦，苟非海军强盛，万无立国之理。”[③]洋务派建立的海军虽然在中法马尾海战和中日甲午战争中失败，但中国重新走上向海发展的道路则表明了中国海洋意识的觉醒，海权意识逐渐增强。

中国民主革命的先行者孙中山常年奔走海外，对海洋的重要性有深刻认识。他说：“自世界大势变迁，国力之盛衰强弱，常在海而不在陆，其海上权力优胜者，其国力常占优胜。”[④]他还说：“海权之竞争，由地中海而移于大西洋，今后则由大西洋而移于太平洋矣……太平洋问题，则实关于我中华民族之生存，中华国家之命运者也。盖太平洋之重心，即中国也；争太平洋之海权，即争中国之门户权耳。谁握此门户，则有此堂奥，有此宝藏也。人方以我为争，我岂能付之不知不问乎？”[⑤]孙中山从欧美海洋争霸历史看到了海权之争演进的过程，为中国近代海权丧失深感焦虑。为改变中国在海洋发展方面的落后局面，他在《建国方略》中提出了建设“北方大港”“东方大港”

---

① 魏源：《海国图志》，中州古籍出版社，1999年，第99–101页。

② 左宗棠：《左宗棠全集·奏稿三》，岳麓书社，1989年，第60–61页。

③ 丁守和：《中国历代奏议大典》第4卷，哈尔滨出版社，1994年，第766页。

④ 孙中山：《孙中山全集》第2卷，中华书局，1982年，第564页。

⑤ 孙中山：《孙中山全集》第5卷，中华书局，1985年，第119页。

和“南方大港”的宏伟计划。他还认为，应在沿海建设种种商港与渔港，在通商河流沿岸建商场船埠，在铁路中心及终点等地设立新式城市。[①]孙中山计划以海港为重点，通过点（海港）线（铁路、河流）面（城市），将各类海港、港口与陆地连接起来，建设海洋大国。他的向海洋求生存、求发展的实业计划，十分具有前瞻性。可惜，囿于残酷的现实，孙中山并没有将这些计划付诸实施，但为后继者完成其未竟事业提供了奋进的动力。

从近代以来中国人的重海自强梦可以看出，建设海洋强国既是历史的担当，也是对近代中国屈辱教训后的反思。新时代建设海洋强国既是中华民族复兴的强烈要求，也是改变近代中国在海洋方面落后形象的重要举措。

四、实践基础：新中国70年经略海洋经验

中国共产党成立后，由于长期在农村进行武装斗争，并没有形成系统的海洋思想与实践。随着革命的发展和胜利的到来，中国共产党逐步形成防御性海洋战略。1949年1月，中共中央在《目前形势和党在1949年的任务》中指出，“一九四九年及一九五〇年我们应当争取组成一支能够使用的空军及一支保卫沿海沿江的海军”。这是中国共产党首次正式提出建立海军，这对于取得革命最后胜利是十分必要的。遵照中央决议，1949年4月23日，中央军委急电第三野战军组建海军。第三野战军在江苏泰州白马庙渡江作战指挥部宣布成立中国人民解放军华东军区海军，张爱萍任司令员兼政委，中国人民海军正式诞生。[②]1950年8月，人民海军召开建军会议，制定了人民海军建设的具体实施方案，即“从长期建设着眼，由当前情况出发，建设一支现代化的、富有攻防能力的、近海的轻型的海上战斗力量”[③]。从新中国成立后的海洋发展重点可以看出，“近海防御”战略思想是新中国成立后第一个海洋战略，主要强调以防御性的海洋军事为主，建立一支强大的海军和与之相联系的海洋科技与工业体系。这是以毛泽东同志为核心的党的第一代中央领导集体对新中国海洋发展的规划，是在面临西方国家海上封锁和不利的国际环境

---

① 孙中山：《建国方略》，华夏出版社，2002年，第126页。

② 王伟健：《中国人民海军从泰州起航》，《人民日报》（海外版）2011年6月27日，第8版。

③ 刘笑阳：《海洋强国战略研究——理论探索、历史逻辑和中国路径》，中共中央党校博士学位论文，2016年，第184页。

形势下进行的艰苦探索。为了推动新中国海洋研究事业的发展，中国海洋学家在1956年组成科学规划委员会海洋组，起草了《1956—1967年海洋科学发展远景规划》，建议进行中国近海综合调查，并由军、地双方联合组成国家科委海洋组，主持全国的海洋科技工作。[①]该远景规划的编制与实施对于维护我国海洋权益和促进我国海洋科技事业的发展产生了重大影响。不过，从总体上看，新中国成立后，由于西方国家的封锁，中国海洋规划以防卫为主要特征，重点投资面向内陆，沿海投资少，海洋产业并没有全面发展起来。

改革开放以后，中国开启了面向海洋发展的新阶段。以邓小平同志为核心的党的第二代中央领导集体形成了“以海洋为通道的对外开放思想、海洋资源的开发与利用思想、海军战略防御思想和海军建设以及和平解决海洋争端等思想”[②]。在这些思想指导下，中国在沿海地区逐步形成了经济特区—沿海开放城市—沿海经济开放区的多层次对外开放新格局。这种由点到线再到面的开放模式，是中国有史以来第一次主动面向海洋的大范围深度开放，掀开了中国全面走向海洋大国的新征程。1995年10月，江泽民指出：“我们一定要从战略的高度认识海洋，增强全民族的海洋观念。”1996年10月18日，他为中国海洋石油工业题词：“开发蓝色国土，发展海洋石油。”这是中国最高领导人第一次使用“蓝色国土”这个概念，表明了陆海统筹、向海发展成为时代号召。21世纪，建设海洋强国日益成为保障中国国家安全与发展、维护海洋权益和拓展国家战略利益的现实需求。2004年，胡锦涛在人口资源环境工作座谈会上强调：“开发海洋是推动我国经济社会发展的一项战略任务。要加强海洋调查评价和规划，全面推进海域使用管理，加强海洋环境保护，促进海洋开发和经济发展。”海洋开发作为中国的一项战略性任务，得到进一步强调和重视。

习近平总书记对“建设海洋强国”也做出许多重要论述。党的十八大以前，他对海洋在国家走向富强过程中的重要作用已有深刻体会和思考。他曾指出，经略海洋、发展海洋经济是一项功在当代、利在千秋的大事业，“‘靠山吃山唱山歌，靠海吃海念海经’，稳住粮食，山海田一起抓，发展乡镇企

---

① 孙志辉：《回顾过去　展望未来——中国海洋科技50年》，《海洋开发与管理》，2006年第5期。

② 王历荣：《论邓小平的海权思想及其实践》，《中共浙江省委党校学报》，2012年第1期。

业，农、林、牧、副、渔全面发展”[1]。他强调，在发展过程中要注意沿海与山区的经济形态，在政策的制定上不能搞一刀切，在措施的推行中，要注重沿海与山区的差异和协作。

党的十八大以后，习近平总书记进一步提出要抓紧“建设海洋强国”。党的十八大做出了建设海洋强国的重大部署。“实施这一重大部署，对推动经济持续健康发展，对维护国家主权、安全、发展利益，对实现全面建成小康社会目标、进而实现中华民族复兴都具有重大而深远的意义。”同年8月，习近平总书记在考察大连船舶重工集团海洋工程有限公司时再次强调：“海洋事业关系民族生存发展状态，关系国家兴衰安危。”[2]党的十九大报告明确提出“坚持陆海统筹，加快建设海洋强国”，进一步增强了中国共产党的使命感和责任感。

为了深入阐述建设海洋强国的重点任务，习近平总书记利用考察和纪念大会等场合对发展海洋经济和海洋科技的重要性做出许多重要指示。他在考察大连船舶重工集团时说：“要顺应建设海洋强国的需要，加快培育海洋工程制造业这一战略性新兴产业，不断提高海洋开发能力，使海洋经济成为新的增长点。”[3]2018年4月13日，在庆祝海南建省办经济特区30周年大会上，习近平总书记指出：“海南是海洋大省，要坚定走人海和谐、合作共赢的发展道路，提高海洋资源开发能力，加快培育新兴海洋产业，支持海南建设现代化海洋牧场，着力推动海洋经济向质量效益型转变。要发展海洋科技，加强深海科学技术研究，推进‘智慧海洋’建设，把海南打造成海洋强省。”[4]2018年6月12日，他在青岛考察青岛海洋科学与技术试点国家实验室时说：“海洋经济发展前途无量。建设海洋强国，必须进一步关心海洋、认识海洋、经略海洋，加快海洋科技创新步伐。”[5]可见，发展海洋新兴产业和加快海洋科技

---

① 习近平：《摆脱贫困》，福建人民出版社，1992年，第5页。

②《深入实施创新驱动发展战略　为振兴老工业基地增添原动力》，《人民日报》2013年9月2日，第1版。

③《深入实施创新驱动发展战略　为振兴老工业基地增添原动力》，《人民日报》2013年9月2日，第1版。

④ 习近平：《在庆祝海南建省办经济特区30周年大会上的讲话》，人民出版社，2018年，第16页。

⑤《切实把新发展理念落到实处　不断增强经济社会发展创新力》，《人民日报》2018年6月15日，第1版。

创新，使海洋经济高质量发展，是海洋强国建设的核心要义。

海洋强国建设是中国实现伟大民族复兴的必由之路，也涉及与邻海国家的关系。为此，习近平总书记多次向国际社会传达在海洋发展上中国坚持走合作共赢道路的立场。2013年10月3日，习近平总书记访问印度尼西亚，首次提出“21世纪海上丝绸之路”。他在印尼国会讲演中指出，东南亚地区自古以来就是海上丝绸之路的重要枢纽，中国愿同东盟国家加强海上合作，使用好中国政府设立的中国—东盟海上合作基金，发展好中国海洋合作伙伴关系，共同建设21世纪海上丝绸之路。这表达了中国要继承历史上的海上丝绸之路，继续同各国维护和平安宁、合作共赢的立场。2014年11月，习近平总书记在访问澳大利亚时再次指出：“中国政府愿同相关国家加强沟通和合作，共同维护海上航行自由和通道安全，构建和平安宁、合作共赢的海洋秩序。”①2019年4月23日，习近平总书记提出了构建“海洋命运共同体”的新理念。他说：“我们人类居住的这个蓝色星球，不是被海洋分割成了各个孤岛，而是被海洋连结成了命运共同体，各国人民安危与共。”②

习近平总书记对建设海洋强国的重要性、海洋强国的内涵和中国特色海洋强国的阐述，推动了中国海洋强国思想的深入发展，指引着未来中国各项海洋事业的前进。

综上所述，新时代海洋强国思想以马克思主义海洋观为思想指导，以中国上千年辉煌灿烂的海洋文明为文化基础，继承了近代中国志士仁人的重海自强梦，并以新中国70年经略海洋的经验为实践基础。百川汇海，多源汇流，作为马克思主义中国化的最新成果，新时代海洋强国思想不仅扎根于中国深厚的海洋文明历史传统，而且吸收了世界海洋强国的经验与教训，这是中国在走向伟大民族复兴过程中向海发展、依海而强的需要，尽管任务艰巨，但对于实现中华民族伟大复兴的中国梦意义重大而深远。

（原刊于《理论与评论》2019年第6期）

---

① 杜尚泽、范剑青：《习近平在澳大利亚联邦议会发表重要演讲》，《人民日报》2014年11月18日，第1版。

② 李学勇、李宣良、梅世雄：《习近平集体会见出席海军成立70周年多国海军活动外方代表团团长》，《人民日报》2019年4月24日，第1版。

新时代海洋强国思想内在要素及其关系探析

蔡勤禹　姜志浩

中国海洋大学马克思主义学院

摘　要：新时代海洋强国思想包括维护海洋权益、发展海洋经济、发展海洋科技和保护海洋生态环境四要素。四要素之间存在着紧密联系。维护海洋权益是发展海洋经济、海洋科技和保护海洋生态环境的前提保障。发展海洋经济是物质基础，发展海洋科技是动力，保护海洋生态环境是价值取向，这三者之间存在着耦合互动关系，反过来又维护着海洋权益。

关键词：新时代；海洋强国思想；内在要素；互动关系

海洋强国思想是系统性理论体系，它包括维护海洋权益、发展海洋经济、发展海洋科技、保护海洋生态环境四要素。海洋强国四要素虽各有其所属范畴和内涵，但它们相互之间又构成了双循环结构：第一重循环是维护海洋权益为发展海洋经济、发展海洋科技、保护海洋生态环境提供战略空间，后三者的发展反过来又维护着海洋权益；另一重循环是海洋经济、海洋生态和海洋科技三者耦合互动，形成相互促进的紧密联系。目前，学界虽围绕海洋强国思想研究的理论成果较多，但对这一思想包含的四个要素的作用及其内在关系进行深入分析的较少。本文主要分析海洋强国思想的四要素，探讨它们对于建设海洋强国的重要作用及其之间的关系，为我国早日建设成海洋强国做出贡献。

一、维护海洋权益是建设海洋强国的前提保障

在海洋强国思想中，维护海洋权益处于基础性、前提性地位：一方面，维护海洋权益是维护国家主权和领土完整、维护国家安全的应有之义；另一

方面，维护海洋权益是发展海洋经济、海洋科技，保护海洋生态环境的基础，是实现中国梦的重要前提。同时，发展海洋经济、推动海洋科技创新、保护海洋生态环境也为维护海洋权益提供了重要支撑。

首先，维护海洋权益是维护国家主权和领土完整、维护国家安全的应有之义。习近平总书记指出："建设海洋强国是中国特色社会主义事业的重要组成部分。"[①]建设海洋强国作为重大国家战略，融入中国特色社会主义事业的发展进程中，统一于实现中华民族伟大复兴中国梦的历史进程中。目前，我国海上合法权益遭到争夺，周边国家纷纷抢占海上资源，我国与周边多个国家存在海洋划界争端。[②]维护海洋权益就是维护我国生存和发展的战略空间。

其次，维护海洋权益为发展海洋经济、发展海洋科技、保护海洋生态环境提供保障。海洋权益主要包括领海、大陆架、毗连区、专属经济区等国家管辖海域主权权益[③]，还包含一国在公海、极地海洋等地的经济、交通、安全、文化、科学研究等权益[④]。要推动海洋强国战略走向深入，既要维护我国主权范围内的海洋权益，又要维护我国海洋管辖范围外合理的海洋权益。面对我国海洋权益维护的复杂形势，中国坚持维权与维稳并重，致力于通过和平方式处理同有关国家的领土主权和海洋权益争端，奉行"主权属我、搁置争议、共同开发"的方针政策，推动海洋国际合作，寻找利益交汇点和共同点，既体现了人类海洋命运共同体的价值情怀，也是当前维护海洋权益最实际有效的做法。这一做法不仅为解决世界海洋争端提供了中国智慧、中国方案，更为海洋生态、科技和经济发展提供了稳定的国际环境和战略空间。

最后，发展海洋经济、发展海洋科技、保护海洋生态环境是维护海洋权益的重要抓手。习近平总书记于2015年在博鳌亚洲论坛的主旨演讲中指出："要加强海上互联互通建设，推进亚洲海洋合作机制建设，促进海洋经济、环保、灾害管理、渔业等各领域合作，使海洋成为连接亚洲国家的和

---

①《习近平在中共中央政治局第八次集体学习时强调：进一步关心海洋认识海洋经略海洋　推动海洋强国建设不断取得新成就》，《人民日报》2013年8月1日，第1版。

② 郑汕：《中国边疆学概论》，云南人民出版社，2012年，第212页。

③ 国家海洋局海洋发展战略研究所课题组：《中国海洋发展报告》，海洋出版社，2007年，第16页。

④ 国家海洋局海洋发展战略研究所课题组：《中国海洋发展报告》，海洋出版社，2007年，第16页。

平、友好、合作之海。”[①]2015年，国家发展改革委、外交部、商务部联合发布的《推动共建丝绸之路经济带和21世纪海上丝绸之路的愿景与行动》，强调将海水养殖、远洋渔业、水产品加工、海水淡化、海洋生物制药、海洋工程技术、环保产业、海上旅游等涉海领域作为合作重点。[②]可以看出，海洋经济、海洋科技、海洋生态是海洋开发的重点，我国首倡的“和平合作、开放包容、互学互鉴、互利共赢”的海上丝绸之路就是力图在海洋经济、科研、环保等方面加强与沿线国家的交流合作，实现利益共享，增强互信。在实现合作共赢的同时，实现各国海洋权益深度融合，拓展我国的“蓝色朋友圈”，提高我国的“蓝色话语权”，实现我国海洋权益维护效果的最大化。

要言之，在海洋强国思想中，维护海洋权益和发展海洋经济、发展海洋科技、保护海洋生态环境互为条件，形成紧密的内在逻辑关系。

二、发展海洋经济是建设海洋强国的物质基础

海洋经济直接体现一个国家对于海洋的开发能力，是国民经济的重要组成部分，是海洋科技、海洋生态环境保护等海洋事业发展的物质基础。

党的十八大以来，努力使海洋产业成为国民经济的支柱产业是国家建设海洋强国的重要目标，海洋经济日渐成为中国经济新的增长点。根据《2019年中国海洋经济统计公报》，我国海洋经济总产值已经超过8.9万亿元，同比增长6.2%，增长幅度相较国内生产总值高0.1个百分点，占国内生产总值的比重也达9.0%。在海洋强国思想中，海洋经济起到串联发展海洋科技、保护海洋生态环境的关键作用。

在我国建设海洋强国的过程中，发展海洋经济是海洋科技发展的重要导向。推动海洋经济高质量发展，既要保持传统产业优势，又要把转变经济发展方式、发展海洋新业态作为海洋经济发展的主攻方向，这就需要突破科技瓶颈，为海洋科技提供市场需求。国家海洋局2008年颁布的《全国科技兴海规划纲要（2008—2015年）》规定，为“促进产业升级、培育新兴产业、促进海洋经济从资源依赖型向技术带动型转变”，将“海洋关键技术成果的

---

① 习近平：《迈向命运共同体　开创亚洲新未来》，《人民日报》2015年3月29日，第1版。

② 中共中央文献研究室：《十八大以来重要文献选编》（中），中央文献出版社，2016年，第448页。

深度开发、集成创新和转化应用、海洋装备技术的发展”作为科技兴海的重点任务。2016年，国家海洋局和科技部联合颁布的《全国科技兴海规划纲要（2016—2020年）》将加快高新技术转化作为重要任务，着力推动“海洋工程装备制造高端化”“海洋生物医药与制品系列化”“海水淡化与综合利用规模化”等。2017年，国家发展改革委、国家海洋局发布的《全国海洋经济发展“十三五”规划》中，对海洋科技发展提出了新的要求，强调“海洋研究与试验发展经费投入强度”由2015年的2%增长到2020年的2.5%，“海洋科技成果转化率”由2015年的50%增长到2020的55%。同一时期，科技部、国土资源部、国家海洋局联合颁布《“十三五”海洋领域科技创新专项规划》，突出强调了发展海洋经济对“海洋新技术、新装备、新产品”的迫切需求。可以说，正是海洋经济的发展带动了海洋科技攻关、海洋科技人才的培养。

高质量发展的现代海洋经济体系赋予建设绿色可持续海洋生态体系新的内涵。习近平总书记高度重视海洋高质量发展和海洋现代产业体系建设，他指出：“海洋是高质量发展战略要地。要加快建设世界一流的海洋港口、完善的现代海洋产业体系、绿色可持续的海洋生态环境，为海洋强国建设作出贡献。”[①]推动海洋经济高质量发展、建立海洋现代产业要求海洋产业结构优化，海洋经济发展方式由粗放型向集约型转变，减少对海洋生态的破坏，进一步深化海洋生态环境保护的内涵。“十三五”规划提出“优化产业结构”，将“发展远洋渔业，推动海水淡化规模化应用，扶持海洋生物医药、海洋装备制造等产业发展，加快发展海洋服务业”等作为壮大海洋经济的重要任务。[②]根据自然资源部发布的《2019年中国海洋经济统计公报》，我国海洋第一、第二和第三产业增加值占海洋生产总值的比重分别为4.2%、35.8%和60.0%。我国海洋经济从发展方式上来说，呈现出由粗放型向集约型转变的特点；就海洋经济结构而言，产业结构不断优化，呈现出第三产业所占比重不断扩大的特点。

高质量发展的海洋经济对海洋科技发展提出新的目标和要求，海洋科技的发展又反过来推动海洋经济高质量发展，海洋经济与海洋科技的发展又共同作用于保护海洋生态环境。

---

①《习近平谈治国理政》第三卷，外文出版社，2020年，第243页。

②《中华人民共和国国民经济和社会发展第十三个五年规划纲要》，人民出版社，2016年，第100–101页。

三、发展海洋科技是建设海洋强国的动力源泉

发展海洋科技是建设海洋强国的动力源泉。海洋科技不仅是提高海洋探索能力、拓展海洋经济广度和深度的关键，更是推动海洋经济良性发展、加快海洋经济发展方式转变、突破海洋经济高质量发展瓶颈的决定性因素。

首先，发展海洋科技是海洋经济突破海洋开发空间限制的动力。新时代，中国面临着如何实现海洋经济突破，如何探索海洋未知领域、开拓海洋经济发展新空间等问题。针对这些问题，习近平总书记指出："深海蕴藏着地球上远未认知和开发的宝藏，但要得到这些宝藏，就必须在深海进入、深海探测、深海开发方面掌握关键技术。"[①]目前，世界范围内掀起深海科技发展热潮，围绕深海勘探装备、深海观测网络、深海作业等加快海洋科技布局。[②]近年来我国在深海开发、探测等方面加大科研投入，载人深潜器"蛟龙"号、深海自持式剖面浮标"浮星"、4500米级遥控潜水器"海马"号等海洋科研成果相继取得突破，对于提高我国深海开发能力、拓展我国海洋经济活动空间具有重要意义。

其次，发展海洋科技对于推动海洋经济发展、加快转变海洋经济发展方式具有重要意义。海洋产业按照技术标准可以分为三类：一是20世纪60年代之前兴起的以海洋捕捞、运输、制盐业为代表的传统产业；二是20世纪60年代至21世纪初由于科技进步而发展起来的以海洋油气业、海洋药物等为代表的新兴海洋产业；三是21世纪兴起的以深海采矿、海水综合利用等为代表的对高新技术高度依赖的未来海洋产业。[③]海洋科技进步推动海洋产业结构革新，促进海洋经济发展。2013年8月28日，习近平总书记在大连视察时指出，"加快培育海洋工程制造业这一战略性新兴产业，不断提高海洋开发能力，使海洋经济成为新的增长点"[④]，体现了对于依靠海洋科技突破海洋经济发展瓶颈和障碍的谋划与思考。随着我国海洋科技产品供给的增加，以海洋工程制造业、海洋药业、海洋能源、海底矿藏开采等为代表的海洋新兴战略产业加速布局，海洋科技对于海洋经济高质量发展的支撑作用日益明显。

---

① 《习近平谈治国理政》第二卷，外文出版社，2017年，第269页。

② 李双建：《主要沿海国家的海洋战略研究》，海洋出版社，2014年，第61页。

③ 刘洪滨：《中国海洋经济发展现状与前景研究》，广东经济出版社，2018年，第4页。

④ 刘洪滨：《中国海洋经济发展现状与前景研究》，广东经济出版社，2018年，第4页。

发展海洋科学技术是保护海洋生态环境的重要手段。在建设海洋强国思想中，中共中央始终将发展海洋科技作为突破海洋生态环境保护、监管、治理科技瓶颈的重要手段。2015年颁布的《国家海洋局海洋生态文明建设实施方案（2015—2020年）》将海洋科技创新作为海洋生态建设的重要支撑。《全国科技兴海规划（2016—2020年）》提出要“推动科技成果应用，培育生态文明建设新动力”。在海洋生态环境保护的实践中，海洋科技的发展为其赋予科技动能，提供了很多解决方案。例如，海洋工程装备制造技术为“蓝色海湾”“南红北柳”等生态修复工程提供治理修复的科技装备、技术，现代海洋生物技术为海洋污染治理提供治理途径。可以说，海洋科技深度融入海洋生态保护、监测、治理中，为海洋生态安全提供保障，是保护海洋生态环境的重要动能。

要言之，拓展海洋经济的发展空间，实现海洋经济高质量发展，关键在于发展科技，突破海洋探索能力制约瓶颈；海洋生态环境的保护和持续发展，最终要靠科学技术的持续推动，海洋污染才能得到根本性治理，海洋生态环境才能得到改善。在发展中依赖科学技术的创新来应对海洋环境问题，坚持海洋开发与海洋保护并重，使发展与环境相协调，才是我们所追求的海洋强国建设。

四、保护海洋生态环境是建设海洋强国的价值取向

无论怎样发展，都要始终坚持人民立场，都要实现好、维护好最广大人民的根本利益，这是建设海洋强国思想的价值指南。因此，保护海洋生态环境理应作为海洋强国思想的应有之义。

在海洋开发过程中，海洋环境污染、海洋生态系统退化等问题日益成为人民群众“意见大、怨言多”的问题，故而保护海洋生态是海洋强国思想中人文情怀最浓厚、民本思想最强烈的重要内容，保护海洋生态环境不可避免地成为海洋强国战略的基本要求。2013年，习近平总书记在中共中央政治局第八次集体学习时强调，要下决心采取措施，全力遏制海洋生态环境不断恶化趋势，让我国海洋生态环境有一个明显改观，让人民群众吃上绿色、安全、放心的海产品，享受到碧海蓝天、洁净沙滩。[①]这体现了海洋强国思想

①《习近平在中共中央政治局第八次集体学习时强调：进一步关心海洋认识海洋经略海洋　推动海洋强国建设不断取得新成就》,《人民日报》2013年8月1日，第1版。

的人文情怀，也是海洋强国思想的价值取向。实际上，让海洋发展成果更多、更好、更广地惠及全体人民，增强人民在海洋发展中的幸福感和获得感，需要紧紧围绕保护海洋生态环境这一要求来发展海洋经济、海洋科技。

将保护海洋生态环境作为海洋强国思想的价值取向，势必要求我们把海洋生态治理的科研攻关作为重点。“十三五”规划规定，“发展海洋科学技术，重点在深水、绿色、安全的海洋高技术领域取得突破”①，明确提出海洋科技的发展必须以“保护海洋生态需求”为现实导向。《“十三五”海洋领域科技创新专项规划》强调我国海洋面临资源开发过度、环境污染严重、生态恶化、海洋灾害频发等困境，为此，我国亟须建设集监测与预警功能为一体的海洋环境质量监测体系，完善海洋生态环境灾害监控预警及应急机制，发展海洋生境修复技术，恢复海洋生态系统健康，构建海洋环境污染控制和生态保护技术体系。②2020年6月，国家发展改革委和自然资源部颁布《全国重要生态系统保护和修复重大工程总体规划（2021—2035年）》，指出要加强生态修复，将海岸带生态修复列为重点工程，重视科技在生态修复中的作用，特别指出要提升我国在生态修复方面的科技能力，在基础研究、技术攻关、装备研制、标准规范建设方面进行生态科研攻关，在有关生态保护和修复的科研平台的建设上加大推进力度。这就对海洋科技的发展方向提出了具体而明确的要求，也体现了维护海洋生态环境是海洋科技发展的动力因素。

维护好海洋生态环境对发展海洋经济具有深远意义。生态环境是影响海洋经济发展的主要因素之一，良好的海洋生态环境就是财富，保护好海洋生态环境就是保护海洋经济发展的潜力和后劲，有利于节约和减少海洋经济发展的代价与成本。首先，保护好海洋生态环境对海洋经济的可持续发展至关重要。当前，我国海洋资源趋紧、生物多样性遭到破坏，要实现海洋经济永续发展，关键是要保护好海洋生态环境，坚持保护与开发并重，实现海洋资源的可持续利用。海洋生物资源保护是生态环境保护的重要任务，近年来政府颁布法令设立“禁渔期”，实行“增殖放流”，就是要避免海洋经济开发走“寅吃卯粮、急功近利”之路，为海洋生态修复提供时间和空间。其次，海

---

①《中华人民共和国国民经济和社会发展第十三个五年规划纲要》，人民出版社，2016年，第101页。

② 中华人民共和国科学技术部创新发展司：《中华人民共和国科学技术发展规划纲要（2016—2020年）》，科学技术文献出版社，2018年，第406页。

洋生态破坏和环境污染会造成直接的经济损失，加大海洋生态治理的成本。一方面，以海洋渔业、滨海旅游业等为代表的海洋产业对生态环境有着不同程度的依赖，海洋环境污染会造成相关海洋产业的经济损失；另一方面，海洋生态的破坏加剧了海洋生态灾害，浒苔、绿潮、赤潮等海洋灾害频发，增加了海洋生态治理的成本，造成直接的经济损失。我国在经济发展过程中，一度走上了“先破坏、后治理”的路子，对于已经破坏的生态环境，再补回去，成本比当初创造的财富还要多。以牺牲海洋生态环境来换取海洋经济发展，得不偿失。因此，海洋经济的发展必须画出“生态红线”，把维护好海洋生态环境作为发展海洋经济的总体要求。2015年4月，《中共中央　国务院关于加快推进生态文明建设的意见》颁布，强调要控制海洋开发强度，加快海洋经济结构与产业布局，加强海洋生态保护。2017年，国家海洋局等部门联合发布《围填海管控办法》，规定要严格控制围填海活动对海洋生态环境的不利影响，要优先支持海洋战略性新兴产业、绿色环保产业、循环经济产业发展和海洋特色产业园区建设用海，以实现经济效益和生态效益相统一。

总之，保护海洋生态环境是实现海洋经济可持续发展的根本保证，坚持开发与保护并重，走人海和谐的海洋经济发展之路符合时代要求。海洋强国的最终走向是海洋科技发达、海洋经济雄厚、海洋生态环境优美。

五、结语

新时代海洋强国思想作为系统性、综合性的理论体系，是整体推进、协同发展的。建设海洋强国既要以维护海洋权益为前提，以保障海洋经济、海洋生态、海洋科技的发展空间，又要以海洋经济、海洋科技、海洋生态的发展为手段，以更好地维护海洋权益。这是海洋强国思想的第一重循环，即海洋权益与其他三个要素——海洋经济、海洋科技和海洋生态环境保护之间的循环。在维护海洋权益的前提下，要以发展海洋经济为抓手，以海洋科技创新为支撑，以海洋生态环境保护为取向，使海洋经济、海洋科技、海洋生态相互促进、相互协调，这是海洋强国思想的第二重循环。只有协调好四要素之间的关系，才能更好地建设海洋强国。

（原刊于《上海党史与党建》2020年第12期）

习近平海洋生态文明建设重要论述的理论价值及实践逻辑*

王　琪[1]　田莹莹[2]

1. 中国海洋大学国际事务与公共管理学院　2. 中国海洋大学法学院

摘　要： 习近平海洋生态文明建设重要论述是对我国海洋生态环境整体状况客观而全面的反映，也是习近平总书记对海洋生态文明建设实践经验加以总结提炼的理论成果。习近平海洋生态文明建设重要论述经得起时间的考验，具有重要的理论价值，是新时期我国海洋事业健康发展的指导思想，是建设海洋强国、实现生态文明的力量源泉。同时，习近平海洋生态文明建设重要论述在指导原则、体制构建、政策制度及示范模式等方面，体现了独特的实践逻辑，为我国新时代海洋生态文明建设提供了新的方向。

关键词： 习近平海洋生态文明建设重要论述；海洋生态；环境治理；理论价值；实践逻辑

一、引言

海洋是人类经济发展及城市拓展的重要战略资源，陆地资源的紧张加速了人类对海洋的开发。人类在海洋领域活动的频繁性，使得海洋的“外在与内在”均出现了各种各样的问题，海洋生态环境污染日益严重，海洋生态系统遭受破坏，海洋生物多样性锐减，海洋经济发展与生态环境间存在尖锐的矛盾。如何协调两者间的矛盾，实现海洋事业的可持续发展，是学术界研究的重点。以习近平同志为核心的党中央，高度重视海洋生态文明建设和海洋

* 国家社会科学基金重点项目“面向全球海洋治理的中国海上执法能力建设研究”（17AZZ009），中央高校基本科研业务费专项资助中国海洋大学研究生自主科研项目“国家机构改革背景下我国海洋环境治理督察制度优化研究”（202061044）的研究成果。

强国建设，转变海洋经济发展的思路，加大海洋生态环境修复力度，取得重大成就。习近平海洋生态文明建设重要论述正是当前时代背景的产物，习近平在复杂的海洋生态环境问题上，总结国内外生态环境的治理经验，结合自己在福建省、浙江省、上海市等地的工作实践，逐步形成了习近平海洋生态文明建设重要论述。

2018年，习近平总书记在全国生态环境保护大会上发表重要讲话引起了广大学者的共鸣，对习近平生态文明思想的研究成果也较为丰富。习近平生态文明思想内涵丰富，集中体现为“深邃历史观”“绿色发展观”“基本民生观”“整体系统观”“严密法治观”“全民行动观”“共赢全球观”[①]。习近平海洋生态文明建设重要论述，是习近平生态文明思想的重要组成部分，也是习近平针对我国的海洋生态环境问题，在海洋发展上提出的新论断。有部分学者对此进行了研究，例如，方世南提出海洋生态文明观是习近平生态文明思想中关于海洋生态文明建设的观念体系[②]；刘静暖从经济学的角度对习近平海洋生态文明思想进行了分析[③]；沈满洪、毛狄指出习近平海洋生态文明建设重要论述主要包括“海洋生态系统论”“陆海统筹治理论”“海洋生态红线论”和“海洋生态制度论”[④]。

本文在上述学者研究的基础上，总结习近平在海洋生态文明建设上的实践经验，认为习近平海洋生态文明建设重要论述主要包括“人与海洋和谐共生”的发展观、“实现陆海统筹”的整体观，“增强海洋立法”的法治观、“改善海洋生态环境”的民生观、“促进全球海洋治理”的全球观。它是“绿水青山就是金山银山”在海洋发展上的延伸，旨在更好地解决我国海洋生态环境问题。该论述无论是在理论上还是在实践上都对我国的海洋生态文明建设有着重要意义，将引领我们妥善处理海洋经济发展与海洋生态环境的关系，既是我国海洋生态文明建设的行动指南，又为全球海洋治理贡献了中国智慧。

---

① 李干杰:《以习近平生态文明思想为指导　坚决打好污染防治攻坚战》,《行政管理改革》2018年第11期。

② 方世南:《习近平生态文明思想中的海洋生态文明观研究》,《江苏海洋大学学报》（人文社会科学版）2020年第1期。

③ 刘静暖:《习近平海洋生态文明思想的经济学分析》,《社会科学辑刊》2020年第2期。

④ 沈满洪、毛狄:《习近平海洋生态文明建设重要论述及实践研究》,《社会科学辑刊》2020年第2期。

二、习近平海洋生态文明建设重要论述的理论价值

习近平海洋生态文明建设重要论述的产生离不开国际和国内海洋生态环境日益恶化的大背景。人类通过向海洋索取资源，从而获取利益，这不仅对海洋造成损害，最终还对人类的生存造成威胁。要想改变这种状态，实现人与海洋的和谐共处，就需要一种新论断、新观点来指导海洋经济与生态环境的有序发展，使我们找到一个平衡点，以此来改变我们的生产和生活方式，正确处理人与自然、海洋经济与生态环境之间的关系。而习近平海洋生态文明建设重要论述正是我们需要的指导思想，它的产生绝不是偶然的，能经得住时间的检验，具有重要的理论价值。

（一）新时代我国海洋事业健康发展的指导思想

21世纪是海洋的世纪，随着科学技术的发展，人们对海洋的认识逐步加深，摆脱了“重陆轻海”的思想观念，海洋作为新兴经济增长点登上历史舞台。然而，海洋的流动性及生态环境的脆弱性又制约着海洋经济的发展，因此海洋事业健康发展成为我国首先需要解决的问题。习近平海洋生态文明建设重要论述对于解决海洋生态环境问题做出了重要论断，成为新时代我国海洋事业健康发展的重要指导思想。

1. 生态文明思想在海洋发展方面的理论成果

新时代我国海洋事业健康发展离不开生态文明思想的指导，习近平生态文明思想涉及经济和人类社会发展的总体方向，为我国甚至全世界的生态文明建设提供了重要借鉴。[①]习近平海洋生态文明建设重要论述是习近平生态文明思想在海洋发展方面的理论成果，对于我国的海洋生态环境有着独特的见解，为我国海洋生态文明建设开辟了新的思路。我国高度重视海洋生态环境问题，加大海洋强国及海洋生态文明建设。在此过程中，习近平总书记还提出了一系列新的观点，提倡人类与海洋和谐共生的发展观、促进陆海统筹的整体观、重视海洋环境法律制度制定及执行的法治观、主张改善海洋生态环境的民生观、推动全球海洋治理的全球观，有利于促进海洋的可持续发展。总之，习近平海洋生态文明建设重要论述的发展观、整体观、法治观、民生观、全球观是习近平生态文明思想在海洋方面的丰富和发展，是习近平

① 姚修杰：《习近平生态文明思想的理论内涵与时代价值》，《理论探讨》2020年第2期。

生态文明思想的重要理论成果，是对我国海洋政治、经济、文化、社会、生态“五位一体”总布局最好的阐释，其理论意义深厚，极大地促进了我国海洋事业的健康发展。

2. 绿色发展理念和蓝色经济思想的深度融合

我国海洋事业要想健康发展，就不能仅仅以经济为中心，要改变以往“盲目粗放”的发展方式，以保护生态为主，开发与保护并重。在习近平海洋生态文明建设重要论述中，发展海洋事业，要求以绿色理念和蓝色经济为指导，以实现海洋资源的可持续利用，促进海洋经济与生态环境的可持续发展。在绿色理念上，习近平指出要牢固树立“绿水青山就是金山银山”的理念，把绿色发展与我国综合国力和人民生活环境联系起来。[①]在实现绿色发展方式的同时建设海上“绿水青山”，努力走向社会主义海洋生态文明新时代。[②]绿色发展理念为实现海洋生态文明建设、促进海洋事业健康发展奠定了基础。习近平海洋生态文明建设重要论述中同样强调蓝色经济的重要性。蓝色经济指的是清洁、集约、可持续发展的经济，而且蓝色是海洋的象征。蓝色经济是海洋事业未来发展的方向，倡导蓝色经济对于转变海洋经济增长方式、调节海洋产业结构、打击海上违法行为、保护海洋生态环境具有重要作用。由此可见，国家高度重视海洋生态环境，在海洋的开发与保护上，一直秉承绿色理念和蓝色经济的思想，合理布局海洋发展，建设美丽海洋。而绿色发展理念和蓝色经济的观点也贯穿于习近平海洋生态文明建设重要论述中，以防止海洋污染，保护海洋生态环境，建设海洋生态文明，最终促进海洋事业健康发展。

（二）建设海洋强国是实现海洋生态文明的力量源泉

党的十八大报告指出要建设海洋强国，海洋强国上升为国家战略的高度，实施海洋强国战略有利于海洋经济的可持续发展，保护海洋生态环境，建设海洋生态文明，维护我国海洋权益。习近平海洋生态文明建设重要论述为建设海洋强国、实现海洋生态文明注入了新鲜血液，是重要的力量源泉。

---

① 贾宇：《学习贯彻习近平海洋强国思想　推进海洋发展战略研究》，《中国海洋报》2017年10月11日，第2版。

② 郑苗壮：《深刻领会习近平海洋生态文明战略思想》，《中国海洋报》2017年10月26日，第2版。

1. 丰富党的执政理念

建设海洋强国与实现海洋生态文明，都离不开党的指导和群众的支持。在海洋经济发展与保护生态环境的矛盾下，迫切需要提升党的执政能力，而党的执政能力的提升也需要理论的指导。习近平海洋生态文明建设重要论述就是绿色政治、绿色经济、绿色生态的结合，有利于提升党的执政能力，并且把陆海统筹的思想也融入党的执政领域中，极大地丰富了党的执政理念。随着我国经济发展和人民生活水平的提高，人民群众的诉求从“温饱”转向“环保”，从“生存”转向“生态”，维护海洋生态环境有利于改善人民群众的生活环境，符合人民的生活需求。因此，党的执政理念突出生态理念，提升执政能力，以构建生态型和服务型政府。①同时，建设海洋生态文明作为党和政府的一项政治任务，把海洋生态文明建设上升到了政治高度。②党的执政能力的提升为我国建设海洋强国提供了坚实的基础，也使得习近平海洋生态文明建设重要论述深入人心。

2. 推动全球海洋治理深入发展

随着全球化的不断深入，世界各国紧密联系在一起。海洋是世界经济发展的重要战略资源，但海洋的生态环境却十分脆弱，在海洋经济发展的同时世界各国都在为海洋生态环境恶化而苦恼，因此全球海洋治理应运而生。在海洋强国思想的指引下，我国逐步从海洋大国向海洋强国迈进。在这一进程中，解决海洋生态环境问题至关重要。习近平海洋生态文明建设重要论述围绕海洋发展问题，提出构建“海洋命运共同体”、建立“蓝色伙伴关系”的主张，致力于促进全球海洋的可持续发展。海洋的自然属性是开放的，海洋是连接世界各国的纽带，这种属性决定了在我国海洋生态文明建设的过程中，要有序开发和使用海洋资源，积极主动顺应海洋生态系统的自然规律，促进我国海洋资源的有序利用与生态系统的维护。习近平海洋生态文明建设重要论述中的海洋发展观，对于我国积极参与全球海洋治理、促进全球海洋的可持续发展也有重要意义；海洋命运共同体是维护海洋和平、促进海洋发

① 李全喜：《习近平生态文明建设思想的内涵体系、理论创新与现实践履》，《河海大学学报》（哲学社会科学版）2015年第3期。

② 田恒国：《习近平生态文明思想的理论价值及实践意义》，《邓小平研究》2018年第2期。

展、保护海洋环境、推进全球海洋治理的中国智慧和方案。[①]要推动海洋与人类的可持续发展，实现海洋命运共同体，进而实现人类命运共同体，还要站在全球的视野，树立全球意识和整体观念，借助“一带一路”倡议实施，促使命运共同体成为全人类共同的海洋行动指南。[②]总之，习近平海洋生态文明建设重要论述对于我国海洋强国建设有重要的理论价值，对于我国参与全球海洋治理能力的提升也有着积极的借鉴作用，有利于促进全世界命运共同体的建立，进一步促进全球海洋事业的可持续发展，实现海洋生态文明。

三、习近平海洋生态文明建设重要论述的实践逻辑

习近平海洋生态文明建设重要论述是以习近平同志为核心的党中央集体智慧的结晶，是借鉴中西方的成功经验、针对我国国情及海洋生态环境的特性而形成的新思想、新论断。在注重生态环境的新时代，完善生态文明制度要做到整体与重点发展、制度与文化建设、管理与监督并重。[③]习近平海洋生态文明建设重要论述有其独有的实践逻辑，海洋发展及治理布局在其指导下，也将发生重大的变化，这对于解决我国的海洋经济与生态环境矛盾，进一步实现海洋的可持续发展，具有重要的现实意义。

（一）从指导原则上看，以绿色发展为主，开发与保护并重

党的十八大将生态文明建设纳入中国特色社会主义事业“五位一体”总体布局，这表明我国将生态文明建设提到了国家战略的高度。海洋是强国之本，是重要的战略资源，但海洋生态环境的脆弱性又要求我们不能仅以经济利益为主而盲目开发。习近平海洋生态文明建设重要论述中的发展观要求我们必须本着生态保护的原则进行海洋开发。现如今粗放的海洋开发方式已不再适用于长期的经济发展，要想实现蓝色经济，需要我们坚持做到以下几点。一是摒弃末端治理，加强环境保护。我国的海洋开发起步较早，早期的放任式开发造成的后果一时难以恢复，而且我国对海洋的依赖性较大，也未

① 陈秀武：《“海洋命运共同体”的相关理论问题探讨》，《亚太安全与海洋研究》2019年第3期。

② 鹿红、王丹：《我国海洋生态文明建设的实践困境与推进对策》，《中州学刊》2017年第6期。

③ 李娟：《中国生态文明制度建设40年的回顾与思考》，《中国高校社会科学》2019年第2期。

形成精细化的开发方式。理性经济人的思维也促使人们不顾海洋生态危机，最大限度赚取经济利润，引发社会发展与自然环境的矛盾。“绿水青山就是金山银山”具有深刻的思想内涵和实践价值，在海洋的环境保护方面也能够得到体现。[①]习近平海洋生态文明建设重要论述将绿色理念贯穿于整个思想中，强调海洋开发与保护并重，以有效解决海洋开发产生的问题。二是加强监督监察，做到实时动态监管。海洋开发是一项重大工程，持续时间长，在开发过程中若不遵守规则，就会对海洋环境造成危害。国家为此也加大防御力度，实施动态监督，以达到良好效果。三是强化利益补偿，改善生态环境。生态环境对人们的生存至关重要，过度的海洋开发使得海洋环境遭受破坏，对沿海居民生产生活造成了不良影响。在贯彻习近平海洋生态文明建设重要论述时，要把利益补偿机制纳入海洋开发中，可以对当地涉海民众进行补偿，用补偿款改善生态环境，实现人与自然的和谐统一。习近平海洋生态文明建设重要论述表明，我们要充分尊重海洋的自然规律，以海洋环境承载能力为基础，转变海洋经济发展方式，加强海洋生态文明建设。[②]总之，我们要加强海洋生态环境保护意识，促使公民积极参与，以绿色发展为基调，以蓝色经济为目标，提高海洋利用效率，保护生态环境，实现海洋经济发展与生态环境保护的平衡。

（二）从体制构建上看，以陆海统筹为主，实现区域联动

海洋开发与管理并存。海洋开发历史悠久，海洋管理也处于不断变革中。习近平海洋生态文明建设重要论述充分体现了生态系统观，强调在保护生态环境的基础上合理开发利用海洋，加速科技发展及人才队伍建设，打造海洋强国，推动海洋管理体制变革及区域联动，实现陆海统筹的大格局，共同维护海洋生态安全。

1. 变革管理体制，强化综合管控

随着我国对海洋的进一步重视及对海洋开发与生态环境问题认识的进一步深化，我国海洋管理体制也不断改革。我国海洋管理经历了由陆海分离到陆海统筹的转变，尤其是2018年国务院深化机构改革，组建生态环境部和自然资源部，打破了我国海洋管理陆海分离的状态，对于海洋的管理更加合理

① 徐祥民：《“两山”理论探源》，《中州学刊》2019年第5期。

② 刘赐贵：《加强海洋生态文明建设　促进海洋经济可持续发展》，《海洋开发与管理》2012年第6期。

和完善（表4–1），取消了地域限制，减少了多头领导，综合管控海洋开发与生态环境问题，建立以生态系统为核心的海洋生态环境保护治理体系。[①]这一系列管理体制的变革，体现了我国海洋生态文明建设的整体观，进一步推动海洋生态文明建设向高质量发展。

表4–1　我国海洋综合管理机构变革

时间	改革内容及机构设置
成立期（20世纪60—70年代）	①行业管理向海洋延伸 ②成立国家海洋局
发展期（20世纪80—90年代）	①逐渐为地方海洋行政管理机构的成立奠定基础 ②进一步加强对涉海行业的管理
调整期（20世纪90年代末至2012年）	①国务院机构改革，国家海洋局整合为隶属国土资源部的独立局 ②中国海监成立，形成海监、渔政、海警与海关缉私队伍、海事所构成的“五龙闹海”的格局 ③地方海洋管理机构整合为三种管理体制模式：海洋与渔业管理相结合体制、隶属于国土资源部管理体制、海洋局分局与地方海洋行政管理部门结合体制
完善期（2013年3月至2017年）	重组国家海洋局，设立高层次议事协调机构国家海洋委员会，国家海洋委员会的具体工作由国家海洋局承担；整合海上执法队伍，成立新的国家海警局，接受国家海洋局的领导及公安部的业务指导
深化期（2018年3月至今）	深化国务院机构改革：组建生态环境部和自然资源部（对外保留国家海洋局的牌子）；海警队伍转隶武警部队

2. 加强区域联动，开展协同治理

2018年国务院机构改革，实现了大范围的陆海统筹，党中央强调海洋生态环境的重要性，在海洋生态环境问题上加大治理力度，以遏制海洋生态环境恶化的趋势。山水林田湖草是一个生命共同体，要按照生态体系的整体性等规律统筹考虑陆地与海洋，进行综合治理。[②]要实现海洋生态文明建设的新格局，还必须加强区域联动。对于海洋污染问题，要坚持河海一体的原

① 郑苗壮、刘岩：《关于建立海洋生态文明制度体系的若干思考》，《环境与可持续发展》2016年第5期。

② 中共中央宣传部：《习近平新时代中国特色社会主义思想学习纲要》，人民出版社，2019年，第173页。

则，从河流污染治理出发，严格控制河流排污进入海洋，从源头上遏制，这需要河流治理部门与海洋污染治理部门密切配合，联合治理，减少重点海域的排污量，改善海洋环境。对于海洋灾害治理，需要多部门联合，甚至可以建立跨省市高级别防控机制。海洋灾害具有突发性、持续时间长、破坏力强的特点，如青岛的浒苔灾害。2008年，青岛海域出现浒苔，治理方式以人工打捞、围栏隔离为主，但浒苔灾害愈演愈烈。后经过源头查证及不断实践，黄海跨区域浒苔绿潮灾害联防联控工作协调组于2016年成立，山东、江苏联合治理浒苔，为浒苔整治提供了更高的跨区域合作平台，取得很好的成效。习近平海洋生态文明建设重要论述正是从海洋生态系统的整体性出发，强调加强区域联动治理，促进海洋生态环境建设，造福子孙后代。

（三）从政策制度上看，以生态保护为主，规划海洋发展

习近平海洋生态文明建设重要论述是我国进行海洋开发与生态保护的指导思想，是今后海洋事业发展的大方针，要求我们在海洋的发展与环境问题上不能空喊口号，关键是要落到实处。保护海洋生态环境要依法进行，法律制度是生态文明建设的保障，在海洋生态文明建设方面必须完善相关政策制度。[①]习近平海洋生态文明建设重要论述对我国海洋生态环境保护的影响巨大，对海洋管理的顶层设计、法律法规、相关政策、规划和指导文件的出台起到了良好的推动作用（表4–2），促进了我国的海洋生态文明建设。

表4–2　我国关于海洋生态文明建设的相关政策文件

分类	时间	机构	相关政策文件	主要内容
总体方案	2015年4月	中共中央 国务院	中共中央　国务院关于加快推进生态文明建设的意见	加强对海洋资源的科学开发和对生态环境的保护，编制海洋功能区划
	2015年7月	国家海洋局	国家海洋局海洋生态文明建设实施方案（2015—2020年）	推动海洋生态文明建设，细化责任目标，落实任务
	2015年9月	中共中央 国务院	生态文明体制改革总体方案	对生态文明体制改革及海洋生态环境做了规划，要求各地区贯彻执行

① 贾宇：《学习贯彻习近平海洋强国思想　推进海洋发展战略研究》，《中国海洋报》2017年10月11日，第2版。

续表

分类	时间	机构	相关政策文件	主要内容
生态保护	2016年11月	国务院	“十三五”生态环境保护规划	加强生态环境综合治理，严守生态保护红线，保护湿地、海洋等生态系统
	2017年5月	国家海洋局	国家海洋局关于进一步加强渤海生态环境保护工作的意见	加强海洋生态保护与环境治理修复，加强海洋生态环境监测评价及风险防控
	2018年2月	国家海洋局	全国海洋生态环境保护规划（2017年—2020年）	围绕“水清、岸绿、滩净、湾美、物丰”的目标，提出“治、用、保、测、控、防”六项工作布局
功能区划	2015年8月	国务院	全国海洋主体功能区规划	从海洋自然状况、面临的挑战及总体要求出发，划分区域，区别开发
	2017年11月	中共中央 国务院	中共中央　国务院关于完善主体功能区战略和制度的若干意见	建设主体功能区是我国经济发展和生态环境保护的大战略
国家公园	2017年9月	中共中央办公厅　国务院办公厅	建立国家公园体制总体方案	通过对其科学内涵、管理体制、保障制度等的界定与规划，对今后国家公园的建立也起到了良好的示范作用
污染防治	2015年4月	国务院	水污染防治行动计划的通知	保护水和湿地生态系统，加强河湖水生态保护，科学划定生态保护红线；保护海洋生态，开展海洋生态补偿，实施海洋生态修复
	2017年3月	环境保护部办公厅 发展改革委办公厅 科技部办公厅 工业和信息化部办公厅	近岸海域污染防治方案	划定并严守生态保护红线，严格控制围填海等开发活动，保护海洋生物多样性，推进海洋生态整治修复，加强监督，建立生态补偿

续表

分类	时间	机构	相关政策文件	主要内容
污染防治	2018年6月	中共中央 国务院	中共中央 国务院关于全面加强生态环境保护坚决打好污染防治攻坚战的意见	深入贯彻习近平生态文明思想，打好渤海综合治理攻坚战，全面整治入海污染源，强化陆海污染联防联控
管理办法	2017年4月	国家海洋局	海岸线保护与利用管理办法	强化了海岸线保护的硬举措，加大了海岸线节约利用的硬约束，提出了海岸线整治修复的硬要求
	2017年7月	国家海洋局	围填海管控办法	严格控制围填海活动对海洋生态环境的不利影响
	2018年7月	国务院	国务院关于加强滨海湿地保护严格管控围填海的通知	完善围填海总量管控，取消围填海地方年度计划指标，除国家重大战略项目外，全面停止新增围填海项目审批

从国家政策方面看，海洋生态文明建设已上升为国家战略，地方各级政府要积极响应，对海洋环境进行综合治理，恢复海洋生态，保护海洋环境。但从目前的政策文件看，法律性质的文件及专门针对海洋生态文明领域治理的规章制度相对较少。今后，我们还需要进一步深入践行习近平海洋生态文明建设重要论述的法治观。第一，从立法做起，完善立法机制，加强海洋生态文明法治化建设，把经得住实践检验的政策制度化；第二，加强海洋生态文明制度建设，可将其作为一项重要的制度进行重点实施，对生态环境保护做出系统部署；第三，健全海洋生态环境督察机制，实时督察，严格执法，把习近平海洋生态文明建设重要论述落到实处。

（四）从示范模式上看，以试点带动为主，推进生态文明建设

海洋生态文明建设，要以试点带动为主，并注重结合地方特色，因地施策，加强海洋生态环境的整治与修复。

1. 完善海洋生态文明示范区

海洋生态文明示范区，是政府在海洋生态文明建设上做出的有益探索，是海洋生态文明建设的重要载体，对于实现海洋环境治理融入海洋经济发展具有重要的意义。[①]海洋生态文明示范区的建设对于海洋生态文明的发展具有很好的示范作用。然而，海洋生态文明示范区刚开始建立的时候，由于陆海分治、体制机制尚未完善，在积累经验的同时也遇到了一些问题。[②]经过一段时间的实践，海洋生态文明建设示范区得到进一步发展，2015年国家海洋局印发《国家海洋局海洋生态文明建设实施方案（2015—2020年）》，计划到2020年新增40个国家级海洋生态文明建设示范区。[③]

2. 根据地方特色设立湾长制

海湾是海洋不可分割的组成部分，是连接陆地与海洋的纽带。海湾的生态环境问题严重影响着海洋的可持续发展，因此海洋生态文明建设也包括对海湾生态环境的治理。海湾比海洋更容易开发，而且海湾的生态破坏更为严重。海湾的整治与发展是习近平海洋生态文明建设重要论述中民生观的重要体现，青岛胶州湾的整治便是一个成功的案例。

胶州湾是青岛的“母亲湾”，胶州湾的开发促进了当地城市经济的发展，满足了人们的生活需求，但与之相伴的是生态环境的日益恶化。为挽救胶州湾的生态环境，青岛市政府根据胶州湾的生态环境特点采取相应措施，并取得了一定成效。在习近平总书记的领导下，我国各级政府积极探索海湾整治策略，出台了专门针对海湾生态环境问题的政策，开展“蓝色海湾整治”行动，恢复海湾生态环境，2017年，借鉴“河长制”，进一步设立“湾长制”，对海湾的开发与保护实施更加有效的管控。2017年，青岛市近岸海域98.5%的海水达到优良标准。“湾长制”实施以来，各个地区都取得了显著的成果，下一步我们应因地制宜、因湾施策，细化职责任务清单，建立特色功能区及行政运行机制，加强对海洋生态环境的保护，促进其可持续发展。

四、结语

当前，随着人们对海洋认知程度的加深及海洋科学技术的提高，世界范围内掀起了“蓝色圈地”运动，海洋的战略意义及经济价值显得格外重要，

---

① 刘潇然、刘颖：《12地区获批为国家级海洋生态文明建设示范区》，《中国海洋报》2015年12月31日，第1版。

② 曹英志：《海洋生态文明示范创建问题分析与政策建议》，《生态经济》2016年第1期。

③ 刘诗瑶：《蓝色国土　绿色发展》，《人民日报》2016年1月15日，第16版。

海洋开发愈演愈烈。海洋开发带来经济发展的同时，也使海洋生态环境遭受一定程度的破坏，打破了海洋生态系统的平衡。习近平总书记十分关注海洋发展及生态环境保护，他在我国沿海地区任职期间，不断实践，积极探索，逐步形成了习近平海洋生态文明建设重要论述。随着生态文明理念的提出，习近平海洋生态文明建设重要论述不断发展，既是习近平生态文明思想的重要理论成果，又是绿色发展理念和蓝色经济思想的深度融合，对于构建人类命运共同体及海洋命运共同体有着积极推动作用。

习近平海洋生态文明建设重要论述的实践逻辑是：在指导原则上，以绿色发展为主，开发与保护并重；在体制构建上，以陆海统筹为主，实现区域联动；在政策制度上，以生态保护为主，规划海洋发展；在示范模式上，以试点带动为主，推进生态文明建设。总之，习近平海洋生态文明建设重要论述是新时代海洋生态文明建设的根本遵循和行动指南，为我国海洋环境治理及参与全球海洋治理提供了重要思路，我们要在实践中持续贯彻、不断发展，才能更好地维护海洋生态环境，促进海洋事业健康发展。

［原刊于《江苏海洋大学学报》（人文社会科学版）2021年第5期］

全球海洋治理的现实困境与中国行动*

刘晓玮

中国海洋大学马克思主义学院

摘　要：当前全球海洋治理陷入制度碎片化、国际协议缺少执行程序、发展中国家普遍治理能力不足、传统海洋强国奉行利己主义和单边主义政策等发展困境。中国提出构建海洋命运共同体的倡议，维护以联合国为核心的全球海洋治理框架，提供多种形式的公共产品，致力于国家间建立蓝色伙伴关系，将参与全球海洋治理与区域海洋治理、国家间的海洋治理合作相结合，为全球海洋治理突破困境贡献了智慧与力量。未来中国应推进海洋命运共同体理念融入全球海洋治理的制度建设，继续维护联合国机构的核心作用并推动改革，不断提供公共产品，促进国际条约的有关实施。

关键词：全球海洋治理；海洋命运共同体；公共产品；蓝色伙伴关系

当前世界经济迅猛发展，各国对海洋资源的需求与日俱增，同时各国在工业化、现代化过程中也对生态环境造成巨大压力。受人类活动的影响，海洋面临着多方威胁，例如，来自陆地和船舶的污染、不可持续和破坏性的渔业捕捞、海洋酸化、海洋变暖、海平面上升、北冰洋和极地冰川融化、外来生物入侵，这些全球性海洋问题为跨国海洋治理带来了困难。1982年《联合国海洋法公约》（简称UNCLOS）通过，1994年正式生效。之后，国际社会逐步建立起以UNCLOS为核心的庞大制度体系，并实施了众多治理方案。然而，人类活动造成全球海洋的生态退化不仅持续存在，而且呈指数式增

* 山东省社会科学基金项目习近平新时代中国特色社会主义思想研究专项“人类命运共同体与中国推动全球海洋治理制度变革研究”（19CXSXJ45）的研究成果。

长。[①]2016年，全球海洋委员会发出警告，“人类不仅没有节约资源和提高海洋复原力，反而把全球海洋推向濒临崩溃的边缘，危及其在气候变化中适应和恢复（自身）的能力”，全球海洋治理出现严重失败。[②]全球海洋治理的主要现实困境是什么，中国在全球海洋治理中扮演了怎样的角色，成为亟待回答的问题。

一、全球海洋治理的现实困境

（一）制度体系的碎片化、缺乏有效执行程序等因素影响了全球海洋治理制度的有效性

全球海洋治理依赖于无数组织、条约和政策过程，涵盖众多问题和领域，在众多范围内运作，也具有各种不同的目标原则。如国家管辖海域以外海洋生物多样性（BBNJ）养护和可持续利用有关的治理架构，性质不同的治理机构在多个层面发挥作用，除有全球框架协议（UNCLOS）外，还有针对具体问题的多边协定，有的倾向于海洋开发利益，有的则倾向于海洋保护利益。区域渔业机构（RFB）和区域渔业管理组织（RFMO）属于前者。许多RFB和RFMO早在现代海洋法建立之前就已存在。几乎所有的RFMO都是由与渔业有直接经济利益的国家组成的，非政府组织（NGOs）的参与往往受到严格限制。[③]与渔业方面的不同，一些组织和协定则由保护主义思想主导。国际捕鲸管制公约现在是一个倾向于严格保护鲸类的公约。各个环保NGOs与渔业组织的宗旨和项目方案更是大相径庭。再如，环境影响评估（EIA）是政府间会议正在谈判的BBNJ一揽子计划的四个要素之一，谈判的背景包括在国家管辖以外地区（ABNJ）进行环境影响评估的标准和程序是零散的，在部门之间、区域之间，甚至有时在部门内进行EIA的义务差异很大。因此，BBNJ协议的一个关键目标是使ABNJ进行EIA的行为连贯一致。

---

① Singh P and Jaeckel A, Future Prospects of Marine Environmental Governance, https://link.springer.com/chapter/10.1007/978-3-319-60156-4_32.

② Lobol R and Jacques P J, “SOFIA” S Choices: Discourses, Values, and Norms of the World Ocean Regime, *Marine Policy*, 2017, 78（4）: 26–33.

③ Gjerde K M, Currie D and Wowk K, et al, Ocean in Peril: Reforming the Management of Global Ocean Living Resources in Areas Beyond National Jurisdiction, *Marine Pollution Bulletin*, 2013, 74（9）: 540–551.

缺乏有效的执行机制，也使全球海洋治理制度的约束力低于预期。缺乏有效执行程序，很难确保各缔约方遵守这些制度，政府多年谈判的结果可能变成“空白条约”。自1882年以来，已有103个国家和地区签署了266个与海洋资源管理有关的多边条约，只有34个条约（13%）具有特定的执法机制。[①]南极旅游对南极环境及相关执法造成严重威胁，但南极条约协商国会议对其进行专门规制的“决议”，多为倡导性质，效力等级较低，且极为分散，不利于缔约方的执行。《里约热内卢环境与发展宣言》的部分原则虽然已转化为国际法律或国家文书，但尚有原则未落实为有意义的行动。一般情况下，联合国大会的决议只限于建议各国执行，许多决议几乎没有产生任何结果。例如，联合国大会每年都在其关于可持续渔业的决议中呼吁船旗国如果不能控制旗船，就暂停其登记，但仍无济于事。协议的数量庞大，但缺乏执法措施，对违规行为没有明确的处罚或者处罚措施低于违约成本，现有制度体系的缺陷显而易见。这一困境显示出国家对非约束性目标或指导方针的行为偏好，国家可以自由实施这些目标或方针，而无须履行某种切实的、明白无误的义务。

（二）国家一级无力将国际义务转化为国家政策、立法或实施执行计划

国际法和超国家治理方案的有效性和控制力取决于主权国家是否使其合法化以及执行的能力。受国际法或国际组织约束的国家集团往往没有主权权力或手段来执行各自体制框架中商定的法律，全球海洋治理的绩效很大程度上取决于国际公约规定的解决方案如何在国家一级实施。然而，成员方的立法并未跟上本国签署或批准的国际公约、协议或议定书，这些决议通常与大多数发展中国家的工作计划不同步。在签署或批准国际协议时，在参加联合国系统大会或会议时，在全体会议辩论和批准决议时，一些国家参与全球海洋事务的意愿达到顶峰，但在国内没有得到政治支持和资源来采取后续行动。

国家一级的执行差距可能与四个关键问题有关：政治意愿、经济发展议程设置、科学技术和治理能力、财政资源。在发达国家，行政体制结构、科技能力和支持海洋治理的年度预算通常能够到位。然而，大多数发展中国家缺乏组织/体制结构、科学技术和财政资源，无法在国家一级开展全面规范的

① Al-abdulrazzak D, Galland G R, Mcclenachan L, et al., Opportunities for Improving Global Marine Conservation Through Multilateral Treaties, *Marine Policy*, 2017, 86（11）: 247–252.

海洋治理活动：海洋治理活动能否进入国家议程受到其他优先事项和经济不景气等因素的影响；即使有政府单位负责海洋治理活动，它也一般只是农业或林业部的一个小部门，或者是环境部的一个下属单位；海洋治理活动通常缺乏科学和技术资源；部门方案的日常预算拨款不足。[①]简言之，大多数主权国家特别是发展中国家无力制定与联合国决议和国际公约相关的国家立法并为其执行提供资源，因此，需要帮助发展中国家建立激励措施以防止牺牲共同长期利益来实现短期发展收益。

（三）主权国家合作治理海洋的政治意愿不足

海洋威胁的全球性本质要求各国广泛地合作、管制和长期规范，才能使区域方法有效，或者说这些威胁只有在所有国家或世界大部分国家进行合作的基础上才能得到有效治理。但谈判各方往往具有不同的甚至相互冲突的经济利益和不同的自然价值观。资源开采、渔业、航运等是国家主权的核心领域：资源开采涉及能源和自然资源供应（能源主权），渔业涉及规划和保护粮食供应（粮食安全/粮食主权），航运管理可能会侵犯国家贸易和地缘战略利益。除了保护“明星物种”（如北极熊或鲸类）之外，海洋保护往往是相当抽象、复杂和遥远的，各个地区对问题的感知是不同的。通过UNCLOS，沿海国家取得了邻近海域的“产权”，对有生命和无生命资源享有主权权利，这为其实现自我利益的有效管理提供了动力。但海洋具有开放获取和共同财产特征，排他性治理成本高昂，这意味着一些国家或行为体可以从系统中获益，而无须支付成本，不可避免地存在“搭便车”现象。

近年来，主权国家特别是全球海洋治理的核心国家愈演愈烈的逆全球化思潮，严重制约了它们参与全球海洋治理的意愿与能力。特朗普政府时期美国民粹/民族主义兴起，“美国优先”泛滥，在政治、经济、军事、外交、文化等各个领域推行保守主义和单边主义，抛弃全球主义价值理念。之后拜登政府虽然部分逆转或废除了此前的政策，谋求气候治理全球合作，重返《巴黎协定》，但却加紧集结优势海空兵力，增加针对中国的海空军事行动，联合盟国在中国周边海域开展新一轮海权竞争，大行伪多边主义。欧盟一直致力于在全球海洋治理中扮演规则和规范建设引领者角色，然而其试图塑造全

① Markus T. Challenges and Foundations of Sustainable Ocean Governance, https://doi.org/10.1007/978-3-319-60156-4_28.

球海洋治理规范、规则的能力随着英国的“脱欧”而大大削弱。欧盟未能就2050年实现“气候中立”（climate neutrality by 2050）达成一致，这表明多边主义在欧盟遭遇到前所未有的危机。全球海洋治理的核心国家采取以相对收益为决策目标的单边主义立场，弱化全球主义，纷纷将注意力转向“大国竞争”，是以规则和制度性安排合作为基础应对全球性海洋挑战的历史性倒退。

二、参与全球海洋治理的中国行动

中国参与国际海洋合作可以追溯到1925年中国加入《斯瓦尔巴德条约》。1947年中国加入世界气象组织公约，1972年中国派代表团出席了联合国和平利用国家管辖范围以外海床洋底委员会会议，1973年中国参加联合国第三次海洋法会议，开始参与国际海洋事务。[①]参与全球海洋治理的中国行动总体可以归纳为以下几个方面。

（一）提出构建海洋命运共同体倡议，为全球海洋治理贡献中国智慧

2019年，国家主席、中央军委主席习近平在青岛集体会见应邀出席中国人民解放军海军成立70周年多国海军活动的外方代表团团长时，首次提出海洋命运共同体倡议。海洋孕育了生命、联通了世界、促进了发展。我们人类居住的这个蓝色星球，不是被海洋分割成了各个孤岛，而是被海洋联结成了命运共同体，各国人民安危与共。海洋命运共同体理念是构建人类命运共同体倡议在海洋领域的具体体现，是全球主义的价值观，是全球海洋治理的中国方案。

海洋命运共同体具有深刻内涵。第一，人类与海洋是生命共同体。海洋是地球整个生物圈中复杂和慷慨的生命支持系统，同时海洋因为人的生命生产活动而获得存在的价值，人海关系建构的终极意义仍是人类生存与发展，在保护海洋生态的同时，又要满足人活下去、活得好的愿望和人权。海洋资源开发和海洋环境保护相互促进，相辅相成，对立统一。人类与海洋是生命共同体，这是海洋命运共同体的客观前提和理论出发点。第二，海洋命运共同体阐明了人类是海洋利益共同体。全球的海洋除小部分区域被归为国家专有和管理外，其他部分是属于所有人（包括子孙后代）的公共空间。海洋命

---

① 国家海洋局海洋科技情报研究所中国海洋年鉴编辑部：《1986中国海洋年鉴》，海洋出版社，1988年，第5页。

运共同体提倡各国都公平地享有合理开发、利用海洋成为强国的权利，海洋开发者实现自身的需求不应以牺牲他人利益为代价，在实现自身发展的同时也应顾及其他国家的海洋利益，互利共赢。第三，海洋命运共同体说明了人类是治理海洋的责任共同体。海洋命运共同体主张海洋治理应立足于各国共担责任而非各国分割权利，它把生态上的相互依存嵌入国家间的关系中，而且还为对抗设定了原则底线，即道义上各国不再拥有任意选择是否合作保护环境的权利，而是必须共同承担环境保护责任。海洋命运共同体反对极端人类中心主义、利己主义、单边主义，为多元行为体合作创造了一个共同的空间，促进了处理海洋多方面问题所涉多种规制和组织机构之间的联系，是各国在充满不确定性的世界中合作治理海洋的理念基石。

（二）坚定支持和积极参与以联合国为核心的全球海洋治理机制

中国积极参与了联合国及其专门机构发起和组织的多边协议谈判。中国重返联合国后第一次参加的重要国际多边谈判就是1973—1982年第三次联合国海洋法会议，中国代表团完整地参与了各期会议，为UNCLOS的制定、通过做出了贡献。[①]中国也是UNCLOS开放签字之后率先签字的119个成员之一。中国还参与了联合国专门机构有关全球海洋治理的规则如CBD的谈判与磋商。IMO 1991年通过关于修订LC的决议后，中国参加了其1993—1995年的历次修改工作组会议和缔约国协商会议，参与了议定书草案的制定。[②]2004年，联合国大会建立不限成员名额非正式特设工作组，专门研究BBNJ养护和可持续利用问题，各方围绕着“海洋遗传资源（MGRs），包括惠益分享”“划区管理工具，包括海洋保护区”“环境影响评价”“能力建设和海洋技术转让”以及“跨领域问题”等激烈博弈，尤其是发展中国家和发达国家在MGRs等问题上存在原则性分歧。中国在各种利益之间合理平衡，寻求各方都能接受的最大公约数，推动BBNJ协议早日达成。中国在相关国际协定谈判过程中发挥了建设者的作用。

中国与联合国政府间组织（IGOs）及其所属机构保持良好的合作关系，有计划、有组织地参加了多个海洋项目。联合国系统在全球海洋环境保护和

---

① 洪农：《国际海洋法治发展的国家实践：中国角色》，《亚太安全与海洋研究》，2020年第1期。

② 中国海洋年鉴编纂委员会中国海洋年鉴编辑部：《1994—1996中国海洋年鉴》，海洋出版社，1997年，第302页。

资源利用管理中发挥了核心作用。1971年重返联合国后，中国迅速加入了联合国框架下的海洋相关专门机构。1972年加入世界气象组织，并从1973年起一直是该组织执行理事会成员。1973年恢复在IMO成员国地位（之后成为该组织A类成员国），同年成为UNEP成员。1977年，加入UNESCO政府间海洋学委员会（IOC），之后与IOC始终保持了良好的合作关系。中国选派专家参加IGOs牵头的重大科学计划，如全球海洋状况定期评估计划、全球海洋观测系统、国际ARGO浮标观测计划、国际数据交换计划、西太平洋制图计划和海啸预警系统建立。国际海底管理局（ISA）成立后，中国在国际海底区域的开发活动始终在其管理和双方合作框架下，目前中国是ISA获得资源矿区种类和数量最多的国家，是理事会A组成员。中国派出多名政府官员和科学家赴联合国IGOs工作，为相关国际组织贡献了人才。中国加入受FAO监督的养护大西洋金枪鱼国际委员会、印度洋金枪鱼委员会、中西太平洋渔业委员会、美洲间热带金枪鱼委员会、北太平洋渔业委员会、南太平洋区域渔业管理组织、南印度洋渔业协定、南极海洋生物资源养护委员会等RFMOs，按照上述RFMOs要求履行成员义务，并对尚无RFMO管理的部分公海渔业履行船旗国应尽的勤勉义务，既确保国际渔业资源可持续利用，也促进了中国远洋渔业在国际渔业管理框架下可持续发展。

（三）力所能及地供给多种形式的国际公共产品

除了提出构建海洋命运共同体倡议外，中国还向国际社会供给多种形式的公共产品，如牵头发起的多个海洋项目成为全球海洋治理的重要组成部分。中国牵头发起的东北亚（全球）海洋观测系统，将中国在内的检测资料输入国际互联网，为IOC的全球监测系统提供了支持。2003年，中国提出的《东亚海可持续发展战略》获得通过，为东亚地区建立了海洋事务合作框架，2004年中国在实施该战略的后续工作中发挥了领导作用。[①]在2007—2008年第四次国际极地年，中国科学家提出了16项科学计划，其中普里兹湾—埃默里冰架—冰穹A科学考察计划（PANDA计划），被确定为国际极地年核心计划之一。2010年，中国发起了首个海洋领域大规模区域国际合作调查研究计划——西北太平洋海洋环流与气候实验（NPOCE），该项目获得气候变化与可预报性（CLIVAR）国际科学组织批准。

---

① 中国海洋年鉴编纂委员会:《2005中国海洋年鉴》，海洋出版社，2006年，第521页。

中国也积极承办和主办了一些海洋治理国际会议，为各方交流合作搭建平台。例如，1996年中国举办第24届世界海洋和平大会；2001年承办第二届赤潮管理与减灾估计研讨会；2002年中国与全球环境基金共同举办第二届全球环境基金国际水域大会；2010年起连年举办大陆架和国际海底区域制度科学与法律研讨会；2017年青岛召开IOC西太分委会第十次国际科学大会、第十一次政府间会议；2021年CBD第十五次缔约方大国领导人峰会。

中国在有关国际法框架内开展海上执法行动。自2008年12月起根据联合国安理会有关决议，中国海军舰艇编队赴亚丁湾、索马里海域实施常态化护航行动，与多国护航力量进行合作，共同维护国际海上通道安全。十多年来，中国海军常态部署3～4艘舰艇执行护航任务，共派出31批100余艘次舰艇、2.6万余名官兵，为6600余艘中外船舶提供安全保护，解救、接护、救助遇险船舶70余艘。[①]2020 年，中国在NPFC注册执法船，截至2021年7月30日，依据联合国大会决议和《北太平洋公海渔业资源养护和管理公约》要求，中国海警舰艇编队已进行两次巡航，开展北太平洋公海登临检查工作。

中国切实为发展中国家能力建设贡献力量。2011年，中国与IOC合作建立IOC/WESTPAC海洋动力学和气候研究培训中心，这是中国第一个在海洋领域多边框架下的区域培训与研究中心。2012年，中国举办了发展中国家海洋可持续发展高级研讨班、国际海啸培训班、亚太经合组织海洋空间规划培训班，等等。2014年，国家海洋局和教育部共同设立中国政府海洋奖学金，旨在为南海、太平洋和印度洋周边国家和地区及非洲发展中国家的优秀青年来华攻读海洋及相关专业的硕士或博士学位提供资助。中国政府提供海洋奖学金，开展各类培训，每年为发展中国家培养海洋领域人才数千人。[②]

（四）提出构建蓝色伙伴关系的倡议，重视开展区域海洋治理和国家间海洋治理合作

中国以构建蓝色伙伴关系为路径，积极参与全球海洋治理。蓝色伙伴关系是伙伴关系的重要范式，是国家间基于共同的海洋利益，通过共同行动，

---

① 中华人民共和国国务院新闻办公室：《新时代的中国国防》，http://www.gov.cn/zhengce/2019-07/24/content_5414325.htm。

② 于建：《林山青参加联合国海洋大会　介绍中国海洋管理经验　共同承担全球海洋治理责任》，《中国海洋报》2017年6月12日，第1版。

为实现海洋可持续开发利用而建立的一种独立自主的国际合作关系。[①]它不针对任何第三方，摒弃结盟对抗的冷战模式，尊重文明的多样性。它的重点领域包括“海洋经济发展、海洋科技创新、海洋能源开发利用、海洋生态保护、海洋垃圾和海洋酸化治理、海洋防灾减灾、海岛保护和管理、海水淡化、南北极合作以及与之相关的国际重大议程谈判”[②]等。2017年以来，中国与葡萄牙、欧盟、塞舌尔就建立蓝色伙伴关系签署了政府间文件，并与相关小岛屿国家就建立蓝色伙伴关系达成共识。

中国重视参与区域海洋治理和开展国家间海洋治理合作。中国是UNEP区域海洋项目东亚海行动计划与西北太平洋行动计划的成员国之一。2002年，中国和东盟国家签署了《南海各方行为宣言》，原则上同意推动海洋合作的五个发展方向：海洋环保、海洋科学研究、海上航行和交通安全、搜寻与救助、打击跨国犯罪。2012年，中国倡议建立“中国—东盟海上合作伙伴”，先后发布《南海及其周边海洋国际合作框架计划（2011年—2015年）》《南海及其周边海洋国际合作框架计划（2016年—2020年）》，以指导中国及南海周边国家和地区开展海洋合作。2019年，IOC框架下建设的南中国海区域海啸预警中心正式运行，成为惠及该地区9个国家的海啸灾害监测与预警信息发布、风险评估、应急减灾的技术支持平台。至2017年，中国已与近50个国家在蓝色经济、海洋环保、防灾减灾、应对气候变化、蓝碳、海洋酸化、海洋垃圾治理等方面开展交流与合作，并签署了30余个双边合作协议，承建了8个国际组织在华机构和平台。[③]

三、全球海洋治理的未来展望

继全球海洋治理的基本框架UNCLOS之后，国际社会在能力建设、体制建设和资金方面进行了投入，但总体而言，全球海洋治理并没有达到预期效果，还处于早期发展阶段。制度碎片化，国际协议缺少执行程序；发展中国

① 门洪华、刘笑阳：《中国伙伴关系战略评估与展望》，《世界经济与政治》2015年第2期，第65–95页。

② 新华社：《国家海洋局：倡议有关各方共同建立蓝色伙伴关系》，http：//www.gov.cn/xinwen/ 2017–04/17/content_5186532.htm。

③ 于建：《林山青参加联合国海洋大会　介绍中国海洋管理经验　共同承担全球海洋治理责任》，《中国海洋报》2017年6月12日，第1版。

家普遍治理能力不足，难以将国际规制落实为有意义的行动；全球海洋治理的核心国家奉行以邻为壑的利己主义政策，民粹主义、单边主义甚嚣尘上。种种负面因素叠加影响，海洋治理合作变得更为艰难和充满变数。

中国提出构建海洋命运共同体的理念，为全球海洋治理突破困境贡献了智慧与力量。中国提供了具有高度包容性的、全球主义的理念认知，为多元行为体合作凝聚共识；坚持多边主义，维护了以联合国为核心的全球海洋治理框架，参与全球海洋事务规制的建设，使其从内容到形式更加均衡、公正地反映了各国特别是广大发展中国家的合法利益和合理诉求，兼顾不同体量、不同发展阶段的各类国家的利益；主动承担了大国责任，提供了多种形式的公共产品，弥补西方国家留下的“供给真空”；反权力逻辑、冷战思维而行之，致力于与世界主要海洋国家和重要经济政治共同体全面建立开放包容、具体务实、互利共赢的蓝色伙伴关系；将参与全球海洋治理与区域海洋治理、国家间的海洋治理合作相结合，为促进地区和谐，为和平与永久解决有关国家间的分歧和争议创造有利条件。

全球海洋治理方兴未艾，市场需求、科技进步以及气候变化的影响都在推动其向公海、国际海底区域和极地等区域深入发展，新的全球性海洋问题不断进入政策议程。中国是世界第二大经济体，是远洋捕捞产量全球第一、水产养殖量全球第一、远洋捕捞船队规模世界第一的国家，深度参与全球海洋治理，责无旁贷。

第一，推动海洋命运共同体理念融入全球海洋治理的制度建设。中国不仅要做参与者、贡献者，还应做引领者，在BBNJ协议谈判以及公海渔业、极地等政策领域，推行海洋命运共同体理念。例如，坚持“人类共同继承财产”原则，反对“先到先得、公海自由”，公平分配海洋生物遗传资源；建立有效的合作机制，确保各国在相关协议中履行义务；平衡苛刻的环境标准和大规模资源开发，适当界定和采用全球方法管理公海保护区；推动基于生态系统的渔业管理方式。

第二，继续支持联合国机构在未来全球海洋治理中的核心作用并推动其改革。在UNEP、IMO、UNESCO、FAO等海洋治理相关专门机构之间构建和完善合作备忘录，以效率为先，创新工作机制。加强联合国系统在海洋环境保护和资源利用管理中的核心作用，维护多边主义机制，支持发展中国家扩大在联合国机构的话语权。

第三，力所能及地为全球提供海洋公共产品。中国可以发起如全球海洋论坛之类的协商对话，探索降低成本、增加收益的方法。独立或与国际组织合作开展海洋培训，举办培训班、研讨班，扩大中国政府海洋奖学金资助力度和覆盖面，继续帮助发展中国家提升海洋治理能力。继续支持和参与各项重大国际海洋项目和活动，与国际组织和友好国家开展海洋遥感、海洋数据信息共享等项目，与“一带一路”海上合作项目做好对接。

第四，中国海上执法力量应适度扩大在ABNJ的执法行动，促进国际条约的实施。中国海上执法力量除在国家管辖海域开展海上维权执法活动外，还应深入研究传统海洋强国在ABNJ的执法经验，制定相关细则，加强能力建设，在ABNJ参与处置涉外海上突发事件，协调解决海上执法争端，管控海上危机，与外国海上执法机构和有关国际组织合作打击海上违法犯罪活动，保护海洋资源环境，共同维护国际和地区海洋公共安全和秩序。

［原刊于《江苏海洋大学学报》（人文社会科学版）2022年第1期］

第五章

“一带一路”建设的实践与路径

国际倡议与中国贡献：“一带一路”建设对国际经贸规则构建的现实意义

闻　竞　王圆月

河北农业大学马克思主义学院

摘　要：2013年中国提出的“一带一路”倡议已由理念指导进入实施发展阶段，在推动“一带一路”建设过程中，国际经贸规则在协调各方利益、减少冲突、实现合作共赢方面起到了无可替代的作用。“一带一路”倡议始终坚持多元化的参与主体，以发展为目标导向，以共赢为建设理念，以最终实现人类命运共同体为最终目的和追求。这种以共赢为核心的新发展理念对国际经贸规则的构建起到了促进和协调作用，具有现实意义，也是中国智慧和中国理念的体现，这同西方发达国家构建国际经贸机制的目的是完全不同的。

关键词：“一带一路”倡议；经贸规则；国际经济；中国方案；合作共赢

一、“一带一路”倡议为构建更加公平合理的国际经贸规则提供了中国方案

2008年世界经济危机之后，整个国际社会经济增长乏力，发达国家货币政策的“负溢出效应”使得新兴经济体的经济普遍遭受“二次冲击”。与此同时，逆全球化现象、单边主义势力抬头。特别是2017年特朗普就任美国总

统以后，美国不但拒绝承担应该承担的国际责任，还坚持“美国优先，美国第一”理念，单方面退出《巴黎协定》、联合国教科文组织、万国邮政联盟等，并且还威胁要退出世界贸易组织，这些都进一步加剧了全球治理危机。此外，第二次世界大战之后建立起来的以西方国家为首的国际经济秩序，并不能代表广大发展中国家的利益，存在利益分配不公、治理失效等问题。而以中国、巴西等国为代表的新兴经济体快速发展，这些国家对世界经贸规则的发展与完善有利益需求，追求更加公平、公正的国际经贸规则。在这种国际形势 下，2013年中国提出的“一带一路”倡议，秉承“共商、共建、共享”原则，力促沿线国家共同发展，合作共赢，给世界经济发展提供了新的增长点和新动力，响应了国际经贸规则亟待完善和优化的时代呼唤，提出了世界经济发展的新理念，也在一定程度上弥补了全球治理的缺失。

（一）国际经济形势发生重大变化

当前，中国处于近代以来最好的发展时期，世界处于百年未有之大变局，两者同步交织、相互激荡。[①]中国人民大学的金灿荣教授认为，中国是不确定世界中的确定性正能量，也就是说，在世界处于百年未有之大变局之下，世界经济发展必然面临前所未有的不确定性，而中国经济发展是不确定环境中的确定因素。[②]这一情势具体表现为发展速度是否平稳向上，即国家经济发展趋势的变化可以用一个显著的标准——国民生产总值（GDP）来衡量。2020年中国的GDP总量超过100万亿元，人均GDP超过1万美元，而在1978年，中国的人均GDP只有200美元左右。从世界排名来看，2010年中国GDP总量超过日本，成为世界上仅次于美国的第二大经济体。随着中国经济的高质量、稳定发展，中美之间的经济总量差距在逐渐缩小。与此同时，美国的国际领导力在下降，特别是特朗普上台之后，不断退出国际组织，破坏现有国际秩序，使得全球治理面临“赤字”危机。2021年拜登上台执政后，宣布要重新加入一些国际组织，但美国的国家信誉已经受到严重影响，国际多边体系面临瓦解与重构的危机。中国提出的“一带一路”倡议经过近8年的发展，截至2021年6月23日，中国已经同140个国家、32个国际组织签署了206份共建“一带一路”合作文件，对双边和多边经贸规则的构建产生了重

① 新华社：《坚持以新时代中国特色社会主义外交思想为指导努力开创中国特色大国外交新局面》，《人民日报》2018年6月24日，第1版。

② 金灿荣：《不确定性世界中的稳定力量》，《人民日报》2019年3月27日，第10版。

要影响。

（二）现有国际经贸规则具有一定的不合理性

在全球化背景下，国际经贸规则对国家的约束力越来越强，任何国家都无法置身国际经贸规则之外。国际经贸规则的演进路径大致经历了从实力本位到规则本位的变化。所谓实力本位是指大国强权在经贸机制中具有整体控制权；而规则本位则是按规则解决问题，用严密细致的规则约束参与各方并解决争端，但规则本身的正当性以及操作过程中的合理性可能被忽视，也可能存在形式公平而在操作时难以实现的问题。现有的国际经贸规则大都是在第二次世界大战之后以发达国家为首建立起来的，如国际货币基金组织、世界银行和世界贸易组织，这三大国际性经济组织均为规则本位建立起来的机制，加上国际经贸规则的非中性及公共产品特性，必然会使规则带有某种倾向，双重叠加则会使现有的国际经贸规则更加不合理。现有的国际经贸规则大都由美国及其盟友主导。它们经常运用规则来调控国际经济和贸易活动，以便获得巨大的国家收益。这些行为对发展中国家来说是极不公平的。例如WTO规则，本应参与方平等，但事实上，发展中国家在运用WTO争端解决机制解决问题时却有很大的困难，出于调查复杂事实需要高额费用以及害怕政治性报复等诸多考虑，发展中国家很少运用争端机制解决问题。中国是新兴发展中国家的重要代表，“一带一路”倡议是中国引领国际规则的一个试点和创新点，中国应当抓住机遇，为构建更加公平公正的经贸规则贡献力量。

（三）中国参与国际经贸规则建设的经验积累

回顾中华人民共和国70余年的奋斗历程，我国经历了从处在国际经贸规则建设的边缘地带，到逐渐参与和主导国际经贸规则谈判的艰辛发展历程。中华人民共和国成立之初，外部形势严峻，以美国为首的西方国家对中国进行围堵，外交上不承认，经济上封锁，军事上威胁，在当时的特殊情况下，中国采取了“一边倒”的外交政策，倒向以苏联为首的社会主义阵营。这一时期，中国是国际经贸规则制定的旁观者。20世纪70年代，中国恢复了联合国合法席位，中美关系逐步正常化。到1978年，中国实行改革开放，积极加入经济全球化，主动参与国际经济事务，但仍是经贸规则制定的跟随者。2001年，中国加入世界贸易组织，进一步深化改革，扩大开放，吸引外资，学习国际经贸规则，为参与并引导国际经贸规则积累了丰富经验。2008年经济危机爆发以后，在全球治理中，中国的作用和影响开始逐步显现，如成功举办G20峰会、提出“一带一路”倡议、筹建亚洲基础设施投资银行、提出人类命运共同体理念，在国际经济治理进程中逐渐发挥重要作用。

（四）现有国际经贸机制需要对接合作

“一带一路”沿线国家相互依赖，这种依赖关系在经济领域表现得尤为明显。当前，沿线国家经济发展水平差距较大，且多为发展中国家，处在工业化、城市化的起步或加速阶段，面临着基础设施建设滞后、建设资金短缺、技术经验匮乏等困难。同时，沿线国家资源丰富、市场广阔、基础设施建设需求强烈，这与我国经济和贸易发展存在很大的差异性和互补性。随着中国—东盟（10+1）、亚太经合组织（APEC）等内部经济合作机制的建设和发展，“一带一路”沿线国家之间的经济联系会越来越紧密，对国际机制的需求也更加迫切。正如沃尔兹所言，考虑到各国的相互依赖，任何一个国家假如不遵守成功的惯例，就会处于不利境地。[①]对于长期处于经济洼地的亚洲腹地而言，虽然有上海合作组织（SCO）、中国—东盟（10+1）、欧亚经济联盟等多边经贸合作机制为“一带一路”建设提供经贸规则基础，但同时也带来了机制碎片化和机制重叠等问题。例如，“一带一路”倡议既有全球性的制度基础，如联合国、WTO规则，也有区域性的制度基础，如东北亚、中亚、北非、东南亚、南亚以及中东欧等区域性的经济制度安排。拥有众多合作机制虽然可以带来更多合作机遇，但在一定程度上也使其陷入机制碎片化和重叠化的尴尬境地。在经济全球化浪潮下，世界经济相互依赖程度不断加深，因此，为推动“一带一路”建设顺利推进，各参与主体需要不断促进机制之间的对接合作。

二、“一带一路”倡议为构建更加公平合理的国际经贸规则提供了原则和思路

“一带一路”倡议经过近8年的建设，已经实现由倡议到实施、由理念到落实的跨越式发展。2014年丝路基金和2015年亚洲基础设施投资银行的成立，2017年、2019年“一带一路”国际合作高峰论坛的成功举办，以及2019年“一带一路”税收征管合作机制的正式成立等，都说明“一带一路”倡议

---

①〔美〕肯尼思·沃尔兹：《国际政治理论》，信强译，中国人民公安大学出版社，1992年，第155页。

的发展理念符合沿线国家共同发展和合作共赢的强烈意愿，也符合世界发展趋势。“一带一路”倡议为构建更加公平合理的国际经贸规则提供了原则和思路。这些原则和思路与西方发达国家的传统思路不同，是对国际治理理念的创新发展。

（一）多元化参与主体

“一带一路”倡议是一个开放、包容的合作倡议，它欢迎各方参与，无排他性，也没有参与的门槛，这一点同欧美国家主导的国际经贸制度有很大区别。由美国主导的美洲自由贸易区，以坚持所有国家在关税减免上一步到位和严格保护知识产权为由，提高参与国家的准入门槛，加大了相关国家的国内改革压力，使拉丁美洲许多国家的愿望难以实现，最终使贸易区的谈判受阻。此外，欧美发达国家通过跨大西洋贸易与投资伙伴协议（TTIP）在知识产权、技术专利等领域制定了更高标准的规则，以此争夺国际经贸规则制定的领导权。与他们相比，“一带一路”倡议的参与主体多元化，无论是发达国家还是发展中国家，无论是经济实力强的国家还是经济实力弱的国家，都是平等对待、一视同仁。中国是倡议的主导者，但并不会以规则的构建来谋求自身的特殊利益，中国始终坚持“共商、共建、共享”原则，与其他国家合力共建“一带一路”，在平等、互惠和自愿的基础上开放建设，不排斥某些国家加入。因此，世界各国都可以参与进来，各方都是参与建设的主体。

（二）以经济发展作为目标导向

经济发展是国家强大、人民富裕的重要体现。中国经过40多年的改革开放，经济发展取得了举世瞩目的成就，中国模式也为世界所关注。中国经济发展走的是一条不同于西方国家的道路，是在“摸着石头过河”中走出了自己的特色之路，简单地说，中国没有成功的经验可以学习，更没有照抄、照搬西方的经验，而是在实践中探索，从而形成了自己的实践道路和理论。“一带一路”建设基本沿用这种探索方式。“一带一路”倡议是中国提出的为促进沿线国家共同发展的倡议，它以发展特别是沿线各国经济发展为目标导向，但并没有提出详尽的经济达成目标，也没有提前规划最终要建设成什么样的经济治理平台，可以说是“摸着石头过河”的国际版。“一带一路”最终会演变成什么治理模式并无确定的答案，这在一定程度上是由参与各方的多元化决定的。“一带一路”涉及沿线60多个国家和地区，其经济发展水平不一，整体上仍处于工业化发展的中后阶段，因此，提升各国工业化水平、发展经济、提高人民生活水平是“一带一路”合作的出发点和强大动力。

（三）以合作共赢作为建设理念

党的十八大以来，合作共赢已是中国外交的核心理念，无论是构建人类命运共同体，还是构建新型大国关系，我们都秉持着合作共赢的理念。“一带一路”是中国和相关国家共同的发展事业，需要大家齐心合力共同推动，因此就必须树立合作共赢的建设理念。《推动共建丝绸之路经济带和21世纪海上丝绸之路的愿景与行动》一文指明：“‘一带一路’相关的国家基于但不限于古代丝绸之路的范围，各国和国际、地区组织均可参与，让共建成果惠及更广泛的区域。”中国同参与各方按照不同情况签订双边或者多边均可接受的经贸合作协定，这是中国以合作共赢为核心的新型国际经贸关系的重要表现。当然，任何国际经贸机制的形成都需要规则协调，“一带一路”倡议也需要规则，只不过我们不以规则为前提设置准入门槛，在各方参与之后，我们秉承“共商、共建、共享”原则，以各方都能接受的方式制定规则。所以，“一带一路”并不是西方媒体所说的中国版马歇尔计划，两者的建设理念完全不相同。马歇尔计划是美苏“冷战”的产物，具有排他性，是美国用援助手段对西欧各国进行政治和经济渗透的计划，与“一带一路”合作共赢的理念具有本质区别。

（四）以实现人类命运共同体为最终目标

在经济全球化的今天，一国没有办法只关注自身发展，相反，世界已经越来越成为你中有我、我中有你的命运共同体，人类命运已经紧密联系在一起。自从党的十八大提出人类命运共同体理念之后，中国在多个国际场合表明了共建人类命运共同体的意愿。2017年，人类命运共同体被载入联合国人权理事会决议，成为国际共识。2020年初，在全球面临新冠疫情挑战的危急时刻，中国首先控制住疫情，并向世界各国伸出援助之手，先后向韩国、日本以及意大利等国提供医疗救援物资，在危机中展现出大国担当，也践行着人类命运共同体的理念。

人类命运共同体理念有利于维护世界各国的利益，也有利于各方通过协商来化解国际社会发展面临的难题，如气候变暖、恐怖主义。《论语》有云：“取乎其上，得乎其中；取乎其中，得乎其下；取乎其下，则无所得矣。”可以说人类命运共同体理念是取乎其上，将人类命运紧密相连，强调以人类整体为中心，突破了以自我为中心的传统意识。自2013年我国提出“一带一路”倡议后，始终秉持“共商、共建、共享”原则，促进各方互联互通，经过8年的发展，“一带一路”已经成为国际社会规模最大的经贸合作大平台。

三、“一带一路”倡议为构建更加公平合理的国际经贸规则提供了方向和路径

对于“一带一路”的具体制度建设，目前学界仍处于讨论阶段。就目前经济全球化和区域经济一体化的发展趋势，以及我国经济发展面临越来越多的规则限制而言，“一带一路”倡议的提出为构建更加公平合理的国际经贸规则提供了方向，只有基于这一方向坚定地走下去，我们才能为“一带一路”建设以及沿线国家的经济发展保驾护航。由此可见，“一带一路”倡议为构建更加公平合理的国际经贸规则提供了具体的建设路径。

（一）兼容并蓄，促进新老经贸机制结合

“一带一路”倡议现有的制度基础既有全球性制度，如世界贸易组织规则，也有区域制度，如上海合作组织、亚信会议、欧盟等的规则。“一带一路”建设主要沿用了已有的国际经贸通行规则，这样可以降低沿线国家间的合作难度，有助于双方或者多方达成合作，让更多国家参与“一带一路”建设，以促成互利共赢，实现沿线国家的合作与发展。除此之外，为了更好地促进“一带一路”建设，加快沿线国家互联互通，2014年中国主导设立了丝路基金，2015年在中国的倡导下建立了亚洲基础设施投资银行。这些措施对促进“一带一路”建设的资金融通起到了重要的保障作用。由此可见，在“一带一路”建设中，既有通用的国际经贸制度，也有在发展过程中随着时机成熟而形成的经贸机制创新，新老机制相互补充配合，共同促进“一带一路”建设繁荣发展，提升沿线国家之间的合作效益。

（二）以旧带新，实现经贸机制对接

在亚洲区域经济合作机制体系中，上海合作组织、欧亚经济联盟以及区域全面经济伙伴关系（RCEP）等处于领先地位，但地理范围影响有限，而“一带一路”倡议无论是在地理范围上，还是在共享、共赢、共同发展的合作理念上，都十分符合沿线各国的核心利益。“一带一路”沿线有60多个国家和地区，由于各自国情不同，在短期内达成统一的经贸规则较为困难，因此，沿线各国可以借助原有的国际经贸机制来发挥协调和沟通作用，同时，在已有的国际经贸机制基础上推陈出新，建立一套属于“一带一路”倡议的

经贸规则，进而推广到全世界。

上海合作组织作为欧亚地区具有重要影响的地区性国际组织，是一个理想的合作平台，因此，陆上丝绸之路的沿线国家可以借助上海合作组织的影响力加强彼此间的经贸合作。一方面，上海合作组织成员与欧亚经济联盟的成员存在着交叉，经济功能亦有重叠，各成员大多与中国有着良好的关系。另一方面，上海合作组织成立时间较长，基本上完成了区域经济法制化和机制化建设，在交通运输、金融、海关、电子商务等领域达成了众多的经贸协议，积累了比较丰富的合作经验。普京曾说：“建立上合组织与欧亚经济共同体以及未来与欧亚经济联盟的合作是一个全新的，且非常具有发展前景的工作方向。……这些组织的活动能够相互补充，相得益彰。”[①]

相较于陆上丝绸之路，海上丝绸之路的经贸合作现状则从另一侧面说明了一个新合作机制构建和推进的困难性。现行的合作机制与未来海上丝绸之路的多元合作机制之间并不存在矛盾，是可以完整对接的，随着《区域全面经济伙伴关系协定》的签署，中国同东盟及其他亚洲国家的经贸合作会更加紧密。

（三）创新理念，构建新的经贸机制

“一带一路”沿线国家和地区之间的国际经贸规则并不稀缺，反而是经贸规则太多，甚至出现了重复、冗长、多余的情况。一方面，这些国际经贸规则为“一带一路”经贸规则的构建提供了制度和规则基础，使得经贸规则可以相互贯通和重构；另一方面，这些规则功能相近，却又不可简单地相互替代，形成了密密麻麻的规则网，相互交织在一起，出现了“意大利面条碗”效应。这一现象使得国际经贸规则出现碎片化的尴尬，降低了国际经贸合作的预期效益。因此，在“一带一路”建设过程中，我们要注重在实践中创新规则，做规则的参与者和引领者，通过“一带一路”倡议和建设，在经贸规则制定的过程中，更多地体现中国的和平发展理念，注入中国元素，同时维护沿线国家的核心利益。

影响国际经贸规则构建的主要因素有市场规模、市场开放程度、国际竞争力（技术优势）、国际经济协调能力、参与区域经济合作的程度等。[②]综

---

① 普京：《俄罗斯与中国：合作新天地》，《人民日报》2012年6月5日，第3版。

② 李向阳：《国际经济规则的形成机制》，《世界经济与政治》，2006年第9期。

合以上种种因素来看，我国在市场规模、开放程度、经济竞争力等方面已经取得了很大成就，部分指标位居世界前列，我们有能力参与国际经贸规则的制定。

“一带一路”沿线国家众多，风土人情各异，各国的经济发展水平不一，政治和社会的差异性较大。因此，我们要考虑实际情况，因地制宜，因国变通，在国际经贸规则的构建过程中，先达成双边经贸规则，再向多边经贸规则转变；先达成非正式经贸规则，再向正式经贸规则转变；先从人文交流机制开始，逐渐再向经济规则转变。总而言之，通过“一带一路”建设，我们要积极探索构建对广大发展中国家更加公平合理的国际经贸规则，以发展为目标，以共赢为理念，为最终实现人类命运共同体做出中国贡献。

（原刊于《东北亚经济研究》2022年第2期）

陆海统筹视阈下的“一带一路”建设

成志杰

中国矿业大学马克思主义学院

摘　要:“一带一路”建设已经进入高质量发展的新阶段。在新的阶段，“一带一路”建设需要以陆海统筹为指导进行有效推进。陆海统筹是中国建设海洋强国的核心指导原则，“一带一路”倡议体现了中国的陆海统筹谋划，这些都说明陆海统筹对于中国建设海洋强国和共建“一带一路”的重要性。同时，作为陆海复合型国家，中国面临方向选择上的“两难”，需要依据现实情况，以发展经济为核心，明确陆地和海洋的先后顺序，并在不同方向分别发挥市场和政府的作用，集中力量有效推进“一带一路”建设。

关键词: 陆海统筹；海洋强国；“一带一路”建设

经过六年的推动和建设，“一带一路”倡议已经从理念转化为行动，从愿景转化为现实，从倡议转化为全球广受欢迎的公共产品[①]，而且“一带一路”建设已经从谋篇布局的“大写意”深化为精谨细腻的“工笔画”，进入高质量发展的新阶段。在新阶段，“一带一路”建设需要新的谋划和设计。从内涵上来说，“一带一路”倡议体现了陆海统筹的理念，而陆海统筹是推进“一带一路”建设的有效方式。因此，新阶段的“一带一路”建设可以在陆海统筹的理念下进行。同时，陆海统筹还是中国建设海洋强国的核心要义和基本原则。这些都说明陆海统筹的重要性。新时代，“一带一路”建设和海洋强国建设不仅突出强调了海洋的重要性，而且要在陆海统筹的指导下进行实

① 推进“一带一路”建设工作领导小组办公室:《共建“一带一路”倡议：进展、贡献与展望》，外文出版社，2019年，第3页。

践。但是，作为矛盾的统一体，无论是“一带一路”还是陆海统筹，都需要做到力量集中，只有这样才能真正推动“一带一路”建设。

一、陆海统筹是中国建设海洋强国的核心原则

海洋是生命的摇篮，是人类赖以生存的重要保障。向海之路是一个国家发展的重要途径。在新时代，中国要更加重视海洋，合理开发和利用海洋。为此，中国提出了建设海洋强国。新时代，中国建设海洋强国的核心原则是陆海统筹。

（一）中国建设海洋强国的重点是发展经济

面向未来，中国能否成为海洋强国对于中国崛起具有关键意义。[①]2012年11月，党的十八大明确提出了建设海洋强国的目标。这说明党和国家对海洋的重视程度得到空前的提高。海洋强国“既是指凭借国家强大的综合实力来发展海上综合力量，又是指通过走向海洋、利用海洋来实现国家富强，两者互为因果”[②]。新时代，中国建设海洋强国的内容主要体现为“依海富国、以海强国、人海和谐、合作共赢”[③]，主要是指发展海洋经济和海洋科技、维护海洋权益、保护海洋生态环境和建立新的海洋发展模式等。在中国经济由高速增长向高质量增长转变的时期，海洋是高质量发展的要地，需要我们大力发展海洋经济。

秉承以经济建设为中心的发展理念，中国海洋事业需要以发展海洋经济为重点，因为海洋经济是中国建设海洋强国的基石[④]和重要支撑。未来，中国的海洋经济将得到较大的发展。国家的规划是使海洋经济成为新的经济增长点，海洋产业成为国民经济的支柱产业。而且，海洋资源是保障中国经济未来发展的重要资源之一；通过航运进行的国际经济和贸易活动，使中国经济具有较强的外向型经济特征，并造就了中国的全球性影响力。这些都说明，建设海洋强国需要特别重视海洋经济的发展。

---

① 刘笑阳：《海洋强国战略研究：理论探索、历史逻辑和中国路径》，上海人民出版社，2019年，第2页。

② 王芳：《中国海洋强国的理论与实践》，《中国工程科学》2016年第2期，第57页。

③《习近平在中共中央政治局第八次集体学习时强调：进一步关心海洋认识海洋经略海洋　推动海洋强国建设不断取得新成就》，《人民日报》2013年8月1日，第1版。

④ 石家铸：《海权与中国》，上海三联书店，2008年，第175页。

（二）陆海统筹的核心主旨在于发展经济

陆地与海洋的关系一直是陆海复合型国家需要考虑的重大问题。对于西方国家来说，凭借长期形成的以海洋实现崛起的惯性，其习惯以海权为主导，陆权仅起到为其霸权提供战略支撑的作用。但对于陆海兼备的中国来说，做到陆海统筹是必然之举。一方面，改变长期以来“重陆轻海”的思维惯性，走向海洋是中国走向世界的题中应有之义，因此中国需要提高对海洋战略意义的认识；另一方面，人类未来的生存和发展有赖于海洋。为此，有学者提出了“陆海统筹、兴海强国”的理念，且这一理念逐步发展为指导我们实践的陆海统筹观念。

陆海统筹是指对陆地和海洋的统一规划和布局，进而实现陆海一体化协调发展。在当前背景下，陆海统筹主要是指统筹考虑陆地和海洋，实现中国经济的可持续发展。具体而言，陆海统筹是指从我国陆海兼备的国情出发，在进一步优化提升陆域国土开发和利用的基础上，以提升海洋在国家发展全局中的战略地位为前提，以充分发挥海洋在经济发展、资源保障和国家安全中的作用为着力点，通过陆海资源开发、产业布局、生态保护等领域的统筹协调，促进陆海两大系统的优势互补、良性互动和协调发展，增强国家对海洋的管控和利用能力，构建大陆文明与海洋文明相容并济的可持续发展格局。①

这样就可以看出，除了作为一个地缘概念，陆海统筹更加强调发展经济。在人类发展过程中，陆域经济长期居于核心和主导地位。陆海统筹概念的提出，意味着海洋经济重要性的提升。在现阶段陆地资源开发过度和环境污染加剧的情况下，发展海洋经济成为重要的突破口和实践路径。在陆海统筹的背景下，需要以统筹陆域经济和海洋经济的发展为途径，实现经济的可持续发展。

通过对中国海洋强国和陆海统筹概念的梳理，我们可以发现，它们都以强调发展经济为核心，特别是发展海洋经济，这符合中国发展中国家的定位，也符合中国走向海洋强国的实际需要。无论是海洋强国还是陆海统筹，最基本的出发点是基于中国的地理环境，即中国是一个陆海复合型国家。这就要求我们要由“以陆为主”向“倚陆向海、陆海并重”转变，实现陆地和

---

① 曹忠祥、高国力等：《我国陆海统筹发展研究》，经济科学出版社，2015年，第2页。

海洋之间的平衡。[①]这明确了陆海统筹在中国建设海洋强国中的地位和作用。

（三）陆海统筹是中国建设海洋强国的核心指导原则

面对中国陆海兼备的实际，推进陆海统筹是建设海洋强国的必然要求。可以说，陆海统筹在中国海洋强国建设中具有引领作用。[②]而且，陆海统筹的地位日益凸显，成为中国建设海洋强国的核心要义和重大理念。在实践中，陆海统筹已经成为新时代中国加快海洋强国建设的基本原则[③]，甚至可以说是核心指导原则。

陆地和海洋是全球生态系统的两大主要载体，存在着内在的密切联系，相互影响，不可分割。目前，社会经济活动对海洋的压力和需求不断增加，由此带来的海洋环境污染以及陆海经济间的不协调等问题，日益影响到沿海地区的可持续发展。如何统筹陆海关系，加强陆海经济协调，已经成为陆海复合型国家实现可持续发展的关键所在。

2016年3月通过的《国民经济和社会发展第十三个五年规划纲要》提出，坚持陆海统筹，建设海洋强国。2017年10月，习近平在党的十九大报告中指出，“坚持陆海统筹，加快建设海洋强国”。2018年3月，国家将国土资源部、国家海洋局等部门和机构的职责进行整合，组建自然资源部，实现了对陆地和海洋资源的统筹管理。这些都说明，陆海统筹越来越多地应用到中国海洋强国建设的实践中，日益成为指导中国海洋强国建设的核心原则。它对于中国建设海洋强国具有重要的指导意义。

二、“一带一路”倡议体现了中国的陆海统筹谋划

“一带一路”倡议体现了中国统筹国内和国际两个大局、统筹陆地和海洋两个空间的思维。从本质上说，“一带一路”倡议对内是中国的经济发展规划，对外是中国的开放规划，意图打造陆海内外联动、东西双向互济的对外开放格局。实践中，“一带一路”倡议践行了陆海统筹的思路，力图实现陆地和海洋的统筹谋划和协调发展。

---

① 曹忠祥：《对我国陆海统筹发展的战略思考》，《宏观经济管理》2014年第12期。

② 史育龙：《充分发挥陆海统筹的战略引领作用》，《人民日报》2018年7月1日，第5版。

③ 何广顺：《坚持陆海统筹　形成建设海洋强国的合力》，《光明日报》2018年12月1日，第9版。

（一）多维理解“一带一路”倡议

“一带一路”倡议是中国对外开放的一种规划，同时它又是中国对地理空间设计的一次重大尝试。

从经济上来说，“一带一路”倡议是中国促进全球经济发展的重要举措。在全球经济复苏乏力、逆全球化愈演愈烈的情况下，中国主动承担国际责任，提出“一带一路”倡议。目前，“一带一路”倡议已经成为当今世界规模最大的合作平台，越来越多的人意识到，“一带一路”绝不是什么“债务陷阱”，而是惠民的“馅饼”；绝不是什么“地缘政治工具”，而是共同发展的机遇。

从地理上来说，“一带一路”倡议提供了一种认识世界地理空间的新颖想象[①]，而且该倡议为21世纪的中国发展指明了地理空间上的方向。“一带一路”倡议不仅面向陆地，而且面向海洋，是陆海统筹理念的体现。同时，“一带一路”倡议真正的切入点是空间规划，是创新中国、联动世界的主导空间布局和策略。[②]因此，它又是内外统筹理念的体现。这样，我们就需要从陆地和海洋、国内和国外的角度统筹规划“一带一路”沿线的地理空间布局。

推动“一带一路”建设，本质上是通过提高有效供给来催生新的需求，实现世界经济再平衡。同时，“一带一路”倡议跨越了亚欧大陆的地理空间规划，意图实现亚欧大陆中心地带的发展，补齐亚欧大陆地理空间中发展的“短板”。因此，“一带一路”倡议可以从发展和地理两个维度进行理解，它是实现共同发展和进行地理空间规划的融合。

（二）“一带一路”倡议的核心是发展

“一带一路”建设以促进发展为核心。改革开放40多年来，中国始终坚持以经济建设为中心，其核心内容是发展。因此，“一带一路”倡议是中国坚持以经济建设为中心在对外开放上的延续，是以发展为导向的。[③]在新的时期，发展的基础理念发生了变化，由以往为中国发展创造良好的国际环境为

---

① 曾向红：《“一带一路”的地缘政治想象与地区合作》，《世界经济与政治》2016年第1期。

② 王贵楼：《当代空间政治理论的主导逻辑与“一带一路”倡议的内在契合》，《教学与研究》2018年第6期。

③ 李向阳：《论“一带一路”的发展导向及其特征》，《经济日报》2019年4月25日，第16版。

目标，到新时期为促进世界共同发展为目标。这体现了中国理念的变化，由被动发展到主动作为。这可以说是改革开放以来，除了十一届三中全会和加入世界贸易组织外，中国在对外理念上的第三次飞跃，也可以说是一次质的飞跃。十一届三中全会标志着中国开始融入世界，加入世界贸易组织意味着中国融入世界程度的深化。这些都是中国主动融入世界的行为，但实质上也是中国不断吸收借鉴西方理念的过程，是被动发展的过程；而"一带一路"倡议的提出，则是在以往融入世界的基础上，将中国的理念付诸世界，主动引领世界的发展。

面对纷繁复杂的国际局势，抓住和平与发展这两大主题是解决国际问题的关键。邓小平在改革开放之初就提出，世界上真正大的、带全球性的战略问题是和平和发展问题。其中，发展问题是核心所在。可以说，和平是前提；发展是根本，是基础，是解决一切问题的"总钥匙"。这也是"一带一路"倡议的核心主旨所在。近代以来，各个国家的主要目标是实现现代化。而"共同现代化"是"一带一路"倡议的本质所在。[①]在国际金融危机后的全球深度调整期，中国提出的"一带一路"倡议无疑为世界的发展注入了一针"强心剂"。

共建"一带一路"的主要内容是"五通"，其中尤为关键的是基础设施互联互通，它是"一带一路"建设的优先领域[②]，也是"一带一路"建设的主线所在。新时期要重点加强"六廊六路多国多港"建设，构筑共同发展的基础设施条件。为此，中国主动作为，发起成立亚洲基础设施投资银行（简称"亚投行"），并成立丝路基金，使它们成为推动"一带一路"建设的重要金融工具。截至2018年底，丝路基金协议投资金额110亿美元，亚投行累计批准贷款75亿美元。[③]中国的这些举动有利于引导各类资金共同关注"一带一路"建设，践行了长期以来以发展为中心的理念。

---

① 察哈尔学会课题组：《"共同现代化"："一带一路"倡议的本质特征》，《公共外交季刊》2016年第1期。

② 中共中央宣传部：《习近平新时代中国特色社会主义思想三十讲》，学习出版社，2018年，第306页。

③ 推进"一带一路"建设工作领导小组办公室：《共建"一带一路"倡议：进展、贡献与展望》，外文出版社，2019年，第37–38页。

（三）"一带一路"倡议体现了中国的陆海统筹谋划

"一带一路"倡议和陆海统筹之间的关系具有一定的辩证性。一方面，"一带一路"倡议体现了陆海统筹的谋划。"丝绸之路经济带"和"21世纪海上丝绸之路"，分别从陆地和海洋两个方向统筹规划了新时期丝绸之路的重点。另一方面，陆海统筹成为推动"一带一路"建设的重要指导思想。陆海统筹不仅有利于巩固与陆上国家和地区的关系，而且可以实现重心向海洋拓展，实现陆地和海洋的平衡发展。更进一步说，"一带一路"倡议成为推动陆海统筹的积极因素。

从地理位置上来讲，中国是位于亚欧大陆东部的陆海复合型国家。确切地说，是以陆地为主、面对封闭和半封闭海洋的国家。相对于海洋来说，中国是居于海洋边缘地带的陆海复合型国家。因此，与海洋型国家如英国和美国相比，中国走向海洋受到一定的限制。而且在古代，中国主要受来自北方游牧文明的影响，导致陆地自古以来就是中国的重心所在，但这并不意味着要忽略海洋的重要性。鸦片战争以后，中国的不利处境主要在海洋方向，中国的重要突破也在海洋方向，中国最终走向世界更需要海洋。因此，中国需要处理好陆地与海洋的关系。但是，鉴于当前人类在海洋方面能力的有限性，仍然需要陆地作为支撑和回旋的空间。①这就要求中国围绕亚欧大陆率先展开规划部署。

陆海统筹是推进"一带一路"建设的有效方式。陆海统筹不仅是中国领土（包括陆地和海洋）范围内的陆海统筹，而且是具有一定全球意义的陆海统筹。从经济发展的角度来看，"一带一路"倡议有利于中国摆脱长期以来对西方通过海洋进行贸易的依赖，转而通过陆地引领亚欧地区特别是其中心地带经济的发展。因此，"一带一路"倡议是陆海统筹的谋划，是中国坚持陆海统筹理念的体现，这将有利于打造陆海内外联动、东西双向互济的全面开放格局。

三、力量集中是推进"一带一路"建设的有效思路

陆海统筹和"一带一路"都是矛盾的统一体，因为陆地和海洋、"一带"和"一路"作为两对矛盾分别被置于陆海统筹和"一带一路"两个概念中，

---

① 路阳：《建设海洋强国应陆海统筹》，《光明日报》2015年4月16日，第12版。

这样在实践中，就始终面临着如何处理矛盾双方关系的问题。这就需要把握矛盾的主要方面，做到力量集中，因为力量集中是任何国家生存和取胜的前提。[①]这对于提出“一带一路”倡议的中国更是如此。力量集中是相对来说的，需要根据不同形势进行调整，不同时期的侧重点也有所不同。

（一）以发展经济为核心

与“一带一路”倡议一样，陆海统筹也是以发展经济为核心目标和核心目的的。从现实需求来看，现阶段陆海统筹和“一带一路”建设的关键点就是要提升海洋经济的地位和作用。[②]实践中，“一带一路”倡议较陆海统筹发展经济要更加全面，主要体现为促进中国周边的和平稳定发展，推进区域经济一体化和打造全面对外开放新格局。

1. 促进中国周边的和平稳定发展

周边环境是影响中国安全的重要因素，因此周边外交始终在中国外交中居于重要地位。2013年10月，中央专门召开了周边外交工作座谈会，凸显了新时期国家对周边外交的重视。新时代，中国周边外交以促进周边国家和地区的和平稳定发展为己任。周边的和平稳定是发展的前提，只有和平和稳定才能真正保障周边的发展繁荣。中国是促进这一地区和平稳定的重要国家，也是这一地区发展繁荣的引领者之一。首先，通过一定的合作机制建设，如上海合作组织和亚洲相互协作与信任措施会议，打造周边的和平稳定形势。其次，坚持陆海统筹思想，并践行亲诚惠容理念和与邻为善、以邻为伴的周边外交方针，发挥中国的基建优势和金融优势，致力于发展周边经济，促进周边的发展繁荣。

2. 推进区域经济一体化

面对区域贸易发展增强的新趋势，中国加快了推进区域经济一体化。一方面，立足国内，建设自由贸易港和推进自由贸易试验区建设，设立海南自由贸易港和18个自由贸易试验区，打造对外开放新格局。另一方面，立足国际，中国意图打造以周边为基础、辐射“一带一路”沿线、面向全球的高标准自由贸易区网络。截至2018年底，中国已经与25个国家和地区达成了17个自贸协定，目前正在推动区域全面经济伙伴关系协定（RCEP）、中日韩自贸

---

① 吴征宇：《海权与陆海复合型强国》，《世界经济与政治》2012年第2期。

② 张远鹏、张莉：《陆海统筹推进“一带一路”建设探索》，《太平洋学报》2019年第3期。

区和中欧投资协定等的谈判。其中，区域全面经济伙伴关系协定的谈判已经取得重要进展。

新时代，中国将探索更具实质性、更大规模开放的重大举措。“一带一路”倡议即是这一思路的重要体现。与境内核心区相对应，“一带一路”倡议的境外核心区——中亚和东亚都是中国的周边地区。中国在推动“一带一路”建设的过程中，可以优先考虑推动这两个地区的区域经济一体化和自由贸易区建设，在此基础上构筑范围更广、规模更大的自由贸易区网络，如亚太自由贸易区和东亚经济共同体。

3. 打造全面对外开放新格局

改革开放以来，中国逐渐形成了全方位、多层次、宽领域的对外开放格局。新时代，“一带一路”成为中国对外开放的新载体，将打造中国全面对外开放的新局面。与陆海统筹理念相一致，“一带一路”的开放格局不仅面向海洋，而且面向陆地；不仅面向发达国家，而且面向发展中国家。同时，通过自由贸易港和自由贸易区建设，深层次挖掘国内地区对外开放的潜力，会惠及国内百姓，促进世界共同发展。

中国始终奉行互利共赢的开放战略，将努力实现更大力度、更高水平的对外开放，打造陆海内外联动、东西双向互济的对外开放格局。一方面，利用现有机制和平台，如“一带一路”国际合作高峰论坛和中国国际进口博览会，加强与外部的交流和合作，“引进来”和“走出去”相结合，不仅有利于促进各国共同发展， 而且有利于不断满足人民群众日益增长的对美好生活的需要；另一方面，强化内功，实行高水平的贸易和投资自由化便利化政策，全面实施准入前国民待遇加负面清单管理制度，持续放宽市场准入，打造对外开放新高地。

（二）明确陆地和海洋的先后顺序

在推进“一带一路”建设的过程中，需要重点处理好陆地与海洋的关系。对此，古人有过相关的论述：“夫作事者必于东南，收功实者常于西北”，即强调起事于东南、成功于西北这个道理。从地理上看，中国的东面和南面是海洋，西面和北面是陆地。这意味着中国处理陆地与海洋关系的优先顺序，即近期海洋优先，未来陆地是重点。这样的设计将在一定程度上避免国家注意力的分散，做到力量集中。基于西方强国主要通过海洋崛起的经验，中国现代化发展和走向世界都需要从海洋出发；但是，未来的中国需要继续重视陆地，尤其是亚欧大陆。处理好陆地与海洋的关系，重心在于处理好中国主权范围内领土与领海的关系；在此基础上，逐步扩大范围，处理好全球范围内陆地与海洋的关系。处理好陆地与海洋的关系，要坚持陆地的核心地位。自从人类诞生以来，陆地始终是人类赖以生存的空间。虽然科技不断取得新的进步，但是人类仍然以陆地为根基从事各种行为和活动。当前人类的发展仍然以陆地为核心，海洋的开发和利用离不开陆地的支持。而且，近代以来，海洋虽然成为造就欧美崛起的重要路径，但“一带一路”倡议的提出，一定程度上意味着陆权的回归。同时，中国的地理空间具有相对的独立性和封闭性，整体上呈现以陆地为中心的格局。因此，对中国来说，陆地仍然居于核心地位。处理好陆地与海洋的关系，要突出海洋的优先地位。这是因为海洋的地位在提升。面对陆地资源枯竭和经济发展受限的困境，海洋无疑为经济发展提供了新的空间。

因此，根据目前的实际情况，首先需要明确近期海洋的优先地位，同时需要明确陆地的核心地位。也就是说，以陆地为核心是长期的，近期则突出海洋的优先性。坚持陆海统筹理念，未来的目标是实现陆海一体化，因为陆海一体化是陆海统筹的高级形态。[①]

（三）注重发挥市场和政府在不同方向的作用

鉴于亚欧大陆的重要性，共建“一带一路”要重点布局亚欧大陆，通过“一带一路”发挥中国在亚欧大陆的重要作用。中国，无论是在海洋方向，还是在陆地方向，都处于一种拓展的状态，这样就需要处理好陆地与海洋的关系。为避免国力的分散，需要在陆海方面保持恰当的平衡。那如何做到呢？基于中国的周边形势，陆地方向的作为要更多借助市场的力量，以发展经济为核心和前提；海洋方向的作为要更多借助政府的力量，以维护权益为核心和前提。

在陆地方向，尤其是亚欧大陆中心地带，面临的核心问题是发展，这也是“一带一路”倡议的核心命题。所以，共建“一带一路”符合沿线国家需要。但是，历史上西方国家的殖民让人记忆犹新，也会引起一些国家的猜疑。为了避免这种猜疑，从经济发展的角度，中国需要发挥市场的力量来推

① 韩立民、叶向东：《2008中国海洋论坛论文集》，中国海洋大学出版社，2008年，第6页。

动陆地上的“一带一路”建设。而且，从实践的结果来看，共建“一带一路”恰好证伪“新殖民主义”论。[①]在海洋方向，除了要不断加强对海洋的探索与开发，发挥海洋对经济发展和对外开放的重要作用外，中国必须以维护国家主权、安全、发展利益为目标，维护好自己的海洋权益，寻求与相关国家的利益汇合点，重点做好“六廊六路多国多港”建设，使亚洲经济圈与欧洲经济圈的联系越来越紧密，为建立和加强各国互联互通伙伴关系、构建高效畅通的亚欧大市场发挥重要作用。

四、结语

建设海洋强国，是中国全面建设社会主义现代化强国的重要组成部分。中国是一个陆海兼备的国家，要坚持陆海统筹，推进“一带一路”建设。一方面，陆海统筹和“一带一路”都是以发展经济为核心的。中国提出陆海统筹，推进“一带一路”建设，目标是发展经济，实现国家的强大。另一方面，陆海统筹和“一带一路”需要辩证地处理陆地与海洋、“一带”与“一路”的关系。基于现实的需要，中国优先走向海洋；但根据长期以来形成的惯性和中国的地理环境，中国需要以陆地为依托，在海洋方向推行改革开放[②]，同时要看到陆海统筹需要正确处理政府与市场的关系[③]，“一带一路”建设也是如此。根据实际，陆地方向需要多发挥市场的力量，海洋方向需要多借助政府的力量。这样的设计和举措将在一定程度上避免国力的分散，集中精力推动“一带一路”建设。在新时代，中国需要坚持陆海统筹，进一步推动“一带一路”建设，使其真正成为改善全球经济治理体系、推动构建人类命运共同体的中国方案和实践平台，这也是“一带一路”倡议的最高目标所在。

（原刊于《石河子大学学报》2019年第6期）

---

① 李双双：《一带一路实践证伪“新殖民主义”论》，《中国社会科学报》2018年8月16日，第8版。

② 邵永灵、时殷弘：《近代欧洲陆海复合国家的命运与当代中国的选择》，《世界经济与政治》2000年第10期。

③ 曹忠祥、高国力：《我国陆海统筹发展的战略内涵、思路与对策》，《中国软科学》2015年第2期。

小岛屿发展中国家与“一带一路”发展
——以航运经济为视角

何　丹

武汉大学国际问题研究院

摘　要：海洋是小岛国的生命线，航运则是其突破海岛自然隔绝的主要途径，而这些国家的航运经济发展面临着海上经贸市场局限、与海洋环境的冲突以及涉海制度供给的不足等问题。小岛国航运经济与“一带一路”倡议具有高度耦合性，其合作需求与“一带一路”倡议理念契合，利益与“一带一路”发展共生。具体合作路径上，可以以蓝色经济发展原则作为合作基础，对小岛国实行差别待遇，建立利益互换的合作关系，同时在小岛国引入第三方市场机制。对我国而言，积极同这些国家建立合作关系，不仅能够拓宽我国海上经贸航线布局，增加海洋资源数量和种类的外部供给，亦可以提升我国在海洋方向的国际影响力，真正实现沿线国家的互利共赢。

关键词：小岛屿发展中国家；航运经济；蓝色经济；“一带一路”

引　言

近年来，小岛屿发展中国家（Small Island Developing States，简称“小岛国”）的海洋经济发展问题得到了国际社会的广泛关切。小岛国拥有极为特殊的海洋地理环境，其四面环海，以海为生，是一个特殊的群体。根据联合国可持续发展目标知识网的数据，截至2019年1月，全球共有58个小岛国[①]，它们的陆地面积较小，岛内资源极其有限，尤其是非洲地区的小岛国

① UN. Sustainable Development Goals. https://sustainabledevelopment.un.org/topics/小岛国/list.

陆地总面积仅为6244平方千米。加之小岛国通常地处偏远、人烟稀少，导致其常常处于地缘政治隔绝、经济发展局限的状态。在此背景下，航运作为全球贸易的主要推动者，不但有广阔的发展前景，更是小岛国经济增长和就业的重要引擎。

通常，海上贸易往往发生在大国之间，具有一定航运经济实力的国家更是占据绝对优势。这使得不具备市场竞争力的小岛国越来越边缘化。航运经济是小岛国突破地理隔绝、参与海上经贸市场的突破口。要提升小岛国在海上市场的话语权，可以航运经济的视角为切入点，探讨一种互利共赢的合作方式，而不仅仅依赖单一的国际救助。因此，从小岛国自身利益出发，研究其航运经济的国际合作，既有助于其自身的可持续发展，亦可促进我国同小岛国建立和深化蓝色伙伴关系，丰富“一带一路”倡议的内涵。实际上，中国已在2018年《平潭宣言》中同佛得角共和国、斐济共和国、几内亚比绍共和国、马尔代夫共和国等12个小岛国建立了蓝色伙伴关系，为未来同更多的小岛国开展合作形成了良好的开端。

一、小岛国航运经济发展的制约因素

联合国可持续发展大会、第三次小岛屿发展中国家问题国际会议等，都强调了航运在小岛国海洋经济发展中的重要作用。这些国家高度依赖密集型进口产品以满足自身的消费需求，海运对其生存与发展意义重大，港口和机场是这些国家的生命线。然而，小岛国航运经济发展面临着诸多制约因素，如面临着海上经贸市场局限、与海洋环境的冲突和涉海制度供给不足等方面的问题。

1. 海上经贸市场局限

小岛国海上贸易成本较高，难以形成海上经贸市场竞争力，最终游离在全球市场的边缘。大量的能源消耗提高了小岛国的航运成本，2012年图瓦卢38%的进口燃料和64%的运输燃料用于海运。而石油燃料的市场价格受到海洋生态环境、燃料的不可再生性以及国际政治等因素影响，导致高度依赖能源进口的小岛国极易受到价格浮动的影响。[①]再者，小岛国常常处于国际

① Franziska Wolf. Dinesh Surroop. Anirudh Singh, Walter Leal, Energy Access and Security Strategies in Small Island Developing States. *Energy Policy*, 2016（98）: 663-673.

贸易航线的边缘，如位于加勒比区、太平洋区、印度洋和西非区的小岛国在东一西海上贸易航线之外[①]，加勒比区域的小岛国与全球主要市场的加权平均距离约为8200千米，太平洋区域的小岛国约为11500千米。地处偏远是造成这些国家航运成本较高的一项重要因素，这一因素又影响了小岛国的海上航运市场，增加了其融入国际市场的难度，使其愈加边缘化。

航运市场的成本因素还包括港口基础设施、港口生产率、港口运营商模式以及港口收费等，例如，港口基础设施中的起重机数量、最大吃水深度、发航港与目的港的储存面积等变量相互作用，可能影响航线的总体成本。[②]因此，港口设施对小岛国航运经济发展具有不可忽视的作用。考虑到低贸易量与高航运成本，一些小岛国将主要港口服务模式定位为转运中心，如巴哈马、牙买加和毛里求斯将港口作为运输国际货物的转运站，以此增加港口的经济收入。[③]此外，小岛国旅游业的兴盛带来了巨大的邮轮旅游市场，邮轮服务的需求也正不断增加，邮轮旅游业结合航运业形成新的市场，间接带动了航运产业的发展。[④]不过港口市场的发展和转型也带来了一些负面影响，多数小岛国存在港口规模较小、政府管理效率低下、基础设施承载力较弱等问题，使包括邮轮在内的船舶常常面临无法停泊的困难。在船舶没有专门的停泊设施的情况下，小岛国往往允许其优先停靠在货物装卸区，这又导致延误其他船舶货物装卸，增加了进口成本，降低了出口竞争力。

2. 与海洋环境的冲突

当下，小岛国经济的发展加剧了对海洋环境的破坏，同时海洋环境的恶化反过来又制约着其航运经济的发展，因此，对于以海洋为载体的小岛国航运产业而言，与海洋环境的冲突成为制约小岛国航运经济的外因。

在航运过程中，小岛国使用的航运设备多数为安全性能不足的传统船舶，在远航时容易因船舶碰撞毁损导致油污泄漏、产生事故等，从而造成海洋环境污染。小岛国港口建设和管理制度的缺失常常引发近海环境污染问题，如大量废水排入海中、滨海垃圾处置不当。除却海洋污染问题，海洋环

① UNTCAD. Review of Maritime Transport 2014. United Nations Publication, 2014.

② UNCTAD. Review of Marine Transport 2015. United Nations Publication, 2015.

③ UNTCAD. Review of Maritime Transport 2014. United Nations Publication, 2014.

④ 例如，加勒比区域是游轮的主要目的地之一，2008年接待邮轮旅客1820万人次。佛得角、斐济和塞舌尔等其他小岛国国家也是环球航行的主要停靠港。

境的变化也使小岛国的发展面临挑战。当前海洋正经历全球气候变暖、海平面不断上升以及海洋自然灾害频发等问题，使得所有低地国的沿岸居民都面临着来自海洋的潜在危险。在小岛国中，这些威胁更加凸显，因为它们很少有空间或机会能够重新安置灾民或为灾民提供其他生计。随着海平面的上升，一些小岛国被迫向内陆转移，如斐济为了应对海平面上升和沿海灾害的威胁，将被迫内移40多座村落。[①]在1990—2013年，小岛国遭受的自然灾害总数高达554次。经合组织对小岛国自然灾害的承受能力作过评估，小岛国是最容易受灾害影响的群体。[②]预计未来100年内，海平面将以每年5厘米的速度上升，这可能会造成小岛国土地和财产的损失、人类迁移加剧、风暴潮的风险增加、沿海生态系统恢复能力降低、海水倒灌，以及应对这些变化的高额费用等问题。[③]申言之，小岛国的港口运营面临着自然灾害的冲击，海平面上升不仅会对港口基础设施和货物造成破坏，还会导致港口淤积、船只无法靠港、港口建设和维护成本上升、人员和企业搬迁等问题。另外，小岛国灾后急救措施和应急处置机制不完善，导致防灾减灾效率低下，易使损害扩大化。总之，一方面，小岛国的海洋环境面临的潜在威胁巨大，另一方面，小岛国的国民生计又严重依赖海洋，对海洋环境的反应极为敏感，海洋灾害承受能力较弱。

3. 涉海制度供给的不足

小岛国在航运管理制度上存在明显不足，立法缺位现象较为普遍，导致航运产业运作往往无法可依。从不同区域的小岛国航运经济相关立法来看，其普遍存在管理制度滞后等问题。例如，瑙鲁近年设立了海洋管理局，虽然公布了三部航运法案，包括《通讯和广播法案》(2018)、《外国船舶注册法案》(2018)和《船舶注册法案》(1968)，但在航运立法上仍存在诸多空白。有的小岛国甚至没有设立本国的航运立法，而是遵照他国法律执行，如马尔代夫、佛得角、几内亚比绍以及圣多美和普林西比均无国内相关航运立

① Reuters. Fiji to Move More Than 40 Villages Inland as Seas Rise. https://af.reuters.com/article/africaTech/idAFL8N1NL7CK.

② OECD. Making Development Co-operation Work for Small Island Developing States. https://www.oecd.org/dac/financing-sustainable-development/development-finance-topics/OECD-小岛国-2018-Highlights.pdf.

③ 朱述斌、朱红根:《气候变迁经济学》，清华大学出版社，2015年，第111页。

法。在国际规范中，多数小岛国高度依赖国际海事组织（IMO）制定的国际规则，如《防止船舶污染国际公约》《国际海上人命安全公约》《航海人员训练、发证及航行当值标准国际公约》。

二、小岛国航运经济与“一带一路”倡议的耦合性

全球气候变化和海平面上升正不断威胁着全人类，最受影响的小岛国成为国际社会重点关切的对象，越来越多的国际组织为小岛国提供包括资金、技术、人员等方面的援助，同时小岛国已经慢慢参与全球治理，甚至有时能够利用特定领域的外交资源发挥重要作用[①]，如它们在改变国际规则、提出国际议题等方面发挥了重要作用，尤其是在全球气候和海洋环境治理方面。1992年，小岛国作为一类特殊的发展中国家群体在联合国环境与发展会议上得到确认，而航运作为小岛国海洋经济的主要部分，是其发展的关键所在。小岛国参与“一带一路”国际合作具有充分的内外部需求，包括当前的国际合作平台存在一定的局限性，而“一带一路”倡议为小岛国航运经济发展提供了诸多可能，也契合小岛国自身的利益诉求。

1. 小岛国合作需求与“一带一路”倡议理念的契合

小岛国受限于地理方位和经济规模，国家综合实力尚不能支撑其航运经济的可持续发展，因此，国际合作是小岛国发展航运经济的主要方式，对推动小岛国国民经济发展有着不可忽视的作用。世界上最依赖外部援助（政府开发援助占国民收入比例高）的十个国家都是小岛国。然而，当下小岛国的国际合作面临不可预测的阻碍。一方面，西方国家主导的全球治理体系面临深刻的变革，单边主义和保护主义不断抬头，逆全球化思潮泛起，以美国为首的发达国家正在挑起全球范围内的以其自身利益为中心的国际合作规则重塑，尤其是在“退群风波”的影响下，许多国际合作平台面临着不可预期的风险和挑战，这也为小岛国参与国际合作带来一定阻力。例如，瑙鲁的经济和外交严重依赖澳大利亚；帕劳的经济发展严重依赖美国、日本的经济援助。这些援助合作具有极大的不确定性，一旦单边支援被切断或大幅减少，将严重危及这些小岛国的经济发展。另一方面，国际官方援助、国家单边经

---

① 徐秀军、田旭：《全球治理时代小国构建国际话语权的逻辑——以太平洋岛国为例》，《当代亚太》，2019年第2期。

济支援很大程度上限制了小岛国的对外话语权和主动参与权。国际上已有诸多政府组织或非政府组织为小岛国搭建了不同领域的国际合作平台，并提供了包括资金、技术、人力等方面的支援。然而，这种非营利性的国际合作使得小岛国处于极为被动的地位，对推动小岛国航运经济的可持续发展作用有限，况且不同的国际合作平台自身也受到输出局限，通常某一国际合作平台只针对某一领域。因此，国际多边合作是提升小岛国话语权和参与权的平台，而“一带一路”倡议正是这种多边合作的典范。

现行全球贸易治理体系的一个突出问题就是发展赤字，主要表现为其无法有效解决广大发展中国家的发展问题，而“一带一路”倡议以发展为导向，致力于解决治理体系的“发展缺位”。①与上述国际合作不同，作为为广大发展中国家输出公共产品以及推进区域经济合作的国际平台，“一带一路”倡议合作的本质是共建人类命运共同体，包括在海上多边合作中共建海洋命运共同体。海洋是孕育生命、联通世界的载体，同全人类的生存和发展休戚与共，也是小岛国社会经济发展的命脉。面对来自气候和海洋方面的威胁，我们不是被海洋分割成了各个孤岛，而是被海洋联结成了命运共同体，中国提出的“21世纪海上丝绸之路”倡议就是希望共同增进海洋福祉。小岛国要实现其社会经济的存续，就必然要同海洋连为一体，寻求主动参与权和提升国际话语权是其投身全球治理以及参与气候、海洋相关国际事务的重要环节。作为多边合作的积极倡导者和推动者，中国提出的“一带一路”倡议表达了新的国际合作理念，秉承“共商、共建、共享”的多边合作原则，以实现沿线各国多元、自主、平衡、可持续发展，是所有国家不分大小、贫富，平等相待、共同参与的合作。因此，“一带一路”平台可以赋予小岛国进行双边或多边合作的主动权，具有开放性和包容性，符合小岛国多边合作的利益诉求。截至2019年4月，“一带一路”倡议框架下形成的国际多边合作项目共6大类283项，多边合作成果丰硕，同小岛国多边合作诉求具有高度耦合性。

2. 小岛国航运经济利益与“一带一路”倡议的共生

突破地理隔绝和实现海上互联互通是小岛国当下面临的最紧迫的任务。“一带一路”海上贸易互联互通为小岛国打破地缘经济隔绝提供了一条可靠

① 刘志中：《“一带一路”背景下全球贸易治理体系重构》，《东北亚论坛》2018年第5期。

的出路，而这一点主要依靠航运来实现。由于国家间关系并非简单地受到地缘空间环境的制约，而是可以通过主观能动性在一定程度上改变和重塑地缘空间环境[①]，因此航运是小岛国主观能动地改变地缘劣势的主要载体，“一带一路”海上贸易互联互通可以为其提供契机。作为“一带一路”倡议国，中国对“一带一路”国家进出口以水路运输的进出口额占比最高。2017年，以水路运输的进出口额分别达5679.3亿美元和3841.9亿美元，分别占中国对“一带一路”国家出口额的73.4%、自“一带一路”国家进口额的57.7%。《2017新华・波罗的海国际航运中心发展指数报告》指出，香港、上海位居2017年全球综合实力前五，青岛、广州等城市位居排名前三十。而经济增长疲软的欧洲地区受益于“一带一路”效应，其贸易航运相对稳定，德国汉堡位居第四。[②]正如《“一带一路”建设海上合作设想》（简称《设想》）所提出的，“一带一路”建设旨在推进海上互联互通，加强国际海运合作，完善沿线国之间的航运服务网络，共建国际和区域性航运中心，同时提升海运便利化水平。数据表明，我国港口已与世界上200多个国家的600多个主要港口建立了航线联系，海运互联互通指数保持全球第一；海运服务已覆盖“一带一路”沿线所有沿海国家，参与希腊比雷埃夫斯港、斯里兰卡汉班托塔港、巴基斯坦瓜达尔港等34个国家42个港口的建设经营。[③]因此，“一带一路”有能力、也正在搭建一个对小岛国有利的航运市场国际合作平台。

海洋生态的可持续性和小岛国的社会经济发展是一种正相关关系，由此可见“一带一路”倡议和小岛国的海洋生态保护的核心利益形成耦合关系。《设想》提出了共享蓝色空间、发展蓝色经济，合作重点包括保护海洋生态系统的健康和生物多样性、推动区域海洋保护、加强海洋领域应对气候变化的合作、提升海洋防灾减灾能力等，同时鼓励沿线各国开展多边合作。以可再生能源为例，光伏发电供能技术、风能辅助推进技术、仿生减阻及推进技

---

① 吴泽林：《“一带一路”倡议的功能性逻辑》，《世界经济与政治》，2018年第9期。

② 新华社：《2017年十大国际航运中心揭晓》，http://www.xinhuanet.com/mrdx/ 2017-07/21/c_136461351.htm.

③《“一带一路”这五年：互联互通交出亮丽成绩单》，https://www.yidaiyilu.gov.cn/xwzx/gnxw/67936.htm#P=3.

术和生物燃料技术在船舶中的运用可以大幅节省燃料消耗[①]，这对于严重依赖燃料的小岛国而言将是未来航运经济发展的重心区。但目前小岛国受制于匮乏的资金和有限的可再生能源开发能力，难以提升可再生能源利用率，而“一带一路”倡议可以为其填补这一短板。以中国的产业优势为例，2017年末，中国可再生能源装机约占总发电装机的36.5%，可再生能源发电量约占总发电量的25%，风力风电、太阳能光伏发电、太阳能集热面积的安装应用连续多年稳居世界第一。可见，在能源领域合作，小岛国参与“一带一路”倡议可拓展合作空间。互联互通是贯穿“一带一路”的血脉，而基础设施联通则是“一带一路”建设的优先领域。[②]在港口基础设施方面，绿色港口是小岛国形成陆海联动的重要媒介，也是建立基础设施互联互通的核心领域。小岛国未来的绿色港口建设将得益于“一带一路”充足的资金、先进的技术和管理经验等，使其保持了海上活力的同时又激发了陆地潜力。

三、小岛国参与“一带一路”倡议的路径

“一带一路”倡议是一个全方位的、立体的、开放包容的合作平台，主张沿线各国在平等互惠、互利共赢的原则下加强经贸往来，而绝非一个国家的独角戏。小岛国参与“一带一路”倡议有充分的动因和需求，在吸引小岛国参与“一带一路”倡议的过程中，应当以蓝色经济发展原则作为合作基础，对小岛国实行差别待遇，建立利益互换的合作关系，同时引入第三方市场合作模式。

1. 遵循蓝色经济发展原则

对小岛国而言，海洋之于岛屿正如水之于鱼一样重要，岛屿的社会文明发端于海洋，从海洋中汲取养分并不断发展。小岛国对外合作必须顾及海洋的可持续发展，在航运经济合作中应当遵循蓝色经济发展原则。蓝色经济是近年来国际海洋治理融合全球经济发展的关键词，国际社会提倡的蓝色经济

---

① 张诗雨、张勇：《海上新丝路：21世纪海上丝绸之路发展思路与构想》，中国发展出版社，2014年，第146–148页。

②《“一带一路”这五年：互联互通交出亮丽成绩单》，https://www.yidaiyilu.gov.cn/xwzx/gnxw/67936.htm#P=3.

理念，兼顾了可持续、循环和环保等元素。[①]其理念来源于绿色经济倡议，是绿色经济与海洋可持续发展相结合的产物，即将海洋生态价值纳入经济建模和经济决策中，创造人类福祉与社会公平。实际上，国际社会提倡对小岛国进行蓝色经济支援已有相当的实践基础。例如，1992年，联合国在巴巴多斯会议上达成《小岛屿发展中国家可持续发展行动纲领》（简称《巴巴多斯行动纲领》，BPoA），明确了14个优先发展领域。2005年，大会对BPoA的十年执行情况进行审查，形成了《关于进一步执行小岛屿发展中国家可持续发展行动纲领的毛里求斯战略》（MSI）。2010年，大会继续对MSI的五年实施情况进行审查，继续呼吁国际社会大力支持小岛国。2012年，“里约+20”峰会上的《维护海洋健康与生产力推动减贫宣言》得到了多方的公开支持，其中小岛国的蓝色经济发展被列入重点议程。联合国在其“2030年可持续发展议程”中，特别将小岛国海洋经济可持续发展列入第14号发展目标。蓝色经济对小岛国的重要性毋庸置疑，是小岛国可持续发展的战略堡垒。在航运经济的蓝色发展上，小岛国也可以依托诸多国际公约或其他国际文书的相关规定。例如，《联合国海洋法公约》在第十二部分对保护和保全海洋环境做出了规定；《国际海事组织公约》规定了海洋环境保护委员会作为相关机构，制定《防止船舶污染国际公约》《国际海上人命安全公约》《航海人员训练、发证及航行当值标准国际公约》来规范海上航运污染与安全作业等问题。此外，有关海洋保护的公约还包括《伦敦倾废公约》《联合国公海公约》《控制危险废物越境运输和处置公约》等，以及区域性立法如《保护波罗的海区域海洋环境公约》《保护地中海免受污染公约》《加勒比海区域海洋环境保护和开发公约》《保护东北大西洋海洋环境公约》。可见，蓝色经济理念纳入航运产业已成为国际普遍共识，它要求人类在海上活动过程中，应注重海洋环境的可持续性和生物多样性的存续，并应以此作为经济发展的前提。因此，在与“一带一路”倡议对接的过程中，小岛国海上运输的国际合作同样应当以蓝色经济理念作为合作原则，在航运产业链的不同阶段倡导“人海共存”。正

---

① 例如，欧盟积极提倡“蓝色增长”和“蓝色经济”，其在2012年9月通过了《蓝色增长倡议》，将海洋与经济提升到国家发展战略的高度，在欧盟主办的2017年海洋会议上，新的太平洋—欧盟海洋伙伴关系计划（PEUMP）得到欧盟4500万欧元的支持。经合组织在其《2030年海洋经济》报告中提出了发展海洋经济、保护海洋生态环境的重要性，特别强调要建立海洋保护区。

如《设想》中提及的，海洋环境保护和治理是形成海上丝绸之路绿色生态链的重要议题，是“一带一路”海上国际合作的重点，应加强与沿线国在海洋生态保护与修复、海洋濒危物种保护、海洋环境污染防治、海洋垃圾、海洋酸化、赤潮监测、海洋领域应对气候变化以及蓝色碳汇等方面的国际合作。

2. 在多边合作中实行差别待遇

前已提及，共同发展和多边合作仍是当下全球治理的主流方式，“一带一路”倡议提供的新全球治理方案与小岛国的切身利益相耦合。但应当指出的是，小岛国参与“一带一路”倡议有权享受差别待遇，因为小岛国在全球化进程中享用的资源最少、获取的利益最小，却在世界范围内承受许多大国工业发展造成的最糟糕的后果。《联合国宪章》在序言中表明了大小各国权利平等，而这种平等应当建立在对弱者差别待遇的基础上，此种实践可以在WTO的特殊和差别待遇以及《国际环境法》的共同但有区别原则中窥其一二。差别待遇的公正性来自弱国享有平等的发展机会和发展权利①，那些政治、经济弱小的国家在全球资源分配上有权享受优惠待遇。实际上，差别原则本质上仍是一种互惠性的原则。②在“一带一路”多边合作框架下，小岛国应当获得更为优惠的待遇条件。例如，可以提倡在双边或多边合作框架下对其减少贸易壁垒，包括在进口产品上实行关税减让；在多边合作协议中鼓励更多国家对小岛国降低或取消投资准入限制；亚投行可以为小岛国港口基础设施建设等方面提供比他国更为优惠的可持续发展项目贷款；丝路基金可以为其提供更多的获取可再生能源、港口基础设施建设、近海治理等方面的资金保障。中国在同小岛国建立蓝色伙伴关系的过程中，应当在合作协议中明确小岛国作为特殊的群体享有特殊待遇，并且中国在国际道义层面愿意为其提供更多援助，尤其是在港口基础设施建设、船舶清洁设备和可再生能源供给等方面。

3. 建立利益互换合作关系

在“一带一路”合作中，小岛国无法仅通过单边受益来破解自身困境，还要有一定的利益输出，简言之，基于利益互换增进合作。这主要有两方面

---

① 冯颜利：《全球发展的公正性：问题与解答》，中国社会科学出版社，2008年，第177页。

②〔美〕约翰. 罗尔斯：《作为公平的正义——正义新论》，姚大志译，中国社会科学出版社，2011年，第81页。

考虑。一方面，小岛国自身存在利益输出需求。通常，国家利益是当今各国政治经济外交的主要动机，国际合作是当下和平外交政策下各国攫取利益的主要方式。由于小岛国对外输出的符合他国之利益极为有限，甚至常常能被替代，使其自身利益诉求在大国博弈及力量对比的世界格局中显得微不足道。站在小岛国的立场上，国民社会的存续是当下面临的生死攸关的国家利益，国际救援固然是其保证“存”的重要依托，但利益交换的国际合作是其“续”的主要方式。因此，通过利益互换的方式主动参与市场和不断提升市场话语权，小岛国航运经济才有可能繁荣发展。另一方面，关于“一带一路”倡议的目的和影响的国际舆情仍在不断发酵，可能影响小岛国参与“一带一路”倡议的相关决策。考虑到部分国家对“一带一路”倡议作为全球公共产品输出平台存在一些质疑，为消除小岛国可能存在的顾虑，应利用合理的、切实的利益互换激励小岛国主动表达其自身利益诉求。具言之，小岛国与沿线国家的利益互换应通过谈判协商的方式进行，使小岛国主动参与合作，并明确合作各方的利益诉求。中国同小岛国建立蓝色伙伴关系时，应当明确自身也存在一定的利益诉求，如船舶靠港、海上过境便利。

在航运市场合作中，小岛国同沿线国家利益互换的内容可以分为以下两种：其一是通过同类利益互换达成合作意向，形成同种类或同领域的利益互惠关系。以海上贸易为例，小岛国可以借助自身的海洋资源，为沿线国家提供不同种类的海产品；作为利益互换，合作国家可以为其提供海产品、农产品或其他商品，双方可在价格、进口补贴等领域协商具体的互惠待遇。小岛国有能力提供这种利益输出是因为其虽囿于隔绝的海洋地理区位，但却因此合法获得了更广袤的专属经济区以及相关权利。小岛国人口较少，人均实际使用的海洋资源量较少，使得可对外供给的海洋资源相对富足，在海上贸易市场中具备一定的供给能力。其二是通过非同类利益互换达成合作意向。例如，小岛国为沿线国家开放旅游入境便利或港口停靠服务；作为利益互换，沿线国家可以为其提供优惠的船舶或港口基础设备、人才输送或者减免关税等。总而言之，“一带一路”倡议合作平台应当以利益互换为合作基调，鼓励小岛国主动参与国际合作，积极表达相关的利益诉求，与沿线国家共同分享发展红利，实现互利共赢。

4. 开展第三方市场合作

小岛国参与“一带一路”倡议还可以通过加入中国与发达国家的第三方

市场合作项目的方式实现。2015年，中国同法国正式发表《中法关于第三方市场合作的联合声明》，首次提出“第三方市场合作”这一概念。第三方市场合作是中国首创的国际合作新模式，将中国的优势产能、发达国家的先进技术和广大发展中国家的发展需求有效对接，实现“1+1+1>3”的效果，目前第三方市场合作已经成为共建“一带一路”的重要内容。对于小岛国航运产业而言，其在港口基础设施、海上交通、能源供给、海洋环境、社会经济的可持续发展等方面都存在发展赤字，因此在“一带一路”倡议下发展小岛国航运产业的第三方市场存在现实需求。中国、发达国家和小岛国共同建立新三方市场合作模式的优势显而易见。首先，这种新合作模式是以小岛国自身的航运经济发展需求与中国和发达国家的合作形成对接，小岛国可以获得双方援助，形成“双保险”的效果。其次，第三方市场合作中引入发达国家主体能够更有效地消除小岛国对中国和“一带一路”倡议对其本国可能产生负面影响的顾虑，尤其当发达国家是其宗主国或原宗主国时。最后，第三方市场合作能够整合最优资源，小岛国不仅能够接受最好的市场服务，而且能从中借鉴最先进的管理和技术经验。

具体的第三方市场合作领域可以包括港口基础设施建设、船舶制造产业或开发可再生能源等方面，由中国与发达国家在资金、技术、设备、人员等方面合理分配、合作互补，将最终的产出效益投入小岛国航运经济产业。考虑到第三方市场在发展中国家的最终收益可能更长远，因此应当鼓励建立第三方市场合作基金，并开放更多的资金输入通道，如国际捐赠、国际官方援助，让更多关注小岛国社会经济发展的主体参与到多边合作中。第三方市场合作模式将提高小岛国参与“一带一路”倡议的积极性，同时中国又能够同发达国家推进合作，真正实现合作共赢。

结　语

当今世界正处于百年未有之大变局中，仅凭一国之力妥善处理现实的和潜在的风险和挑战是不可能的。中国提倡的“一带一路”是经济合作倡议，是开放包容的进程。小岛国参与“一带一路”倡议具有充分的内外动因，“一带一路”多边合作契合小岛国的切身利益。航运作为小岛国蓝色经济的重要组成部分，对小岛国的经济、社会和环境的可持续发展有着重要作用。对小岛国而言，参与“一带一路”倡议合作不仅是其突破地理隔绝的理想途径，而且能够提升其航运经济实力和海洋环境抗风险能力。对我国而言，在“一带一路”倡议框架下同小岛国建立航运经济的国际合作，一方面符合我国扩大“蓝色朋友圈”的战略之举，有益于将海外港口作为我国对外投资企业面对海洋环境和气候风险的重要避风港，拓宽我国海上经贸航线布局，增加海洋资源数量和种类的外部供给。另一方面，对小岛国的援助能够在国际道义层面上彰显我国的大国形象，提升我国在全球治理中国际话语权，是践行人类命运共同体的具体作为。国际实力并非国际话语权的唯一来源，一国的话语权既取决于国家实力，也取决于国际道义。[①]小岛国所要应对的海洋和气候风险问题已经成为超越国界的全球问题，为谋求全球利益、增进全球福祉，同小岛国进行合作既是实现国家利益的应然之举，也是彰显一国国际道义的表现。

随着全球交往不断深入，全球性问题的解决已无法仅靠单个或少数几个国家协作，需要更多国家的广泛参与、协调与合作，共同商讨和解决问题，这便是“一带一路”倡议所体现的合作价值。未来，我国应当积极与小岛国建立蓝色伙伴关系，在航运经济领域同小岛国形成战略对接，深化同小岛国的海上经贸合作，并积极与小岛国共同化解严峻的海洋环境和全球气候带来的威胁。在“一带一路”倡议框架下同小岛国进行合作，为沿线国家谋求合作的最大公约数，彰显了“一带一路”同舟共济的命运共同体意识，真正实现了“一带一路”倡议沿线国家的共建共享、互利共赢。

---

① 徐秀军、田旭：《全球治理时代小国构建国际话语权的逻辑——以太平洋岛国为例》，《当代亚太》2019年第2期。

中国企业参与极地治理的行为机制和路径选择
——基于利益与责任的视角

王晨光

中共中央对外联络部当代世界研究中心

摘　要：随着极地进入“开发时代”以及中国经济快速发展，企业逐渐成为中国参与极地治理的新兴主体。在这一进程中，中国企业既受到了自身利益和国家利益的驱动，也受到了法律责任和伦理责任的制约。这些因素共同影响并塑造了企业参与极地治理的行为机制。但是，利益和责任之间并非简单的矛盾对立，而是相辅相成、相互促进的关系。因此，中国企业在参与极地治理进程中，还需政府、科研团体、非政府组织等的支持与配合，在保障企业合法利益、促使企业承担社会责任的前提下寻求进路。

关键词：中国企业；极地治理；行为机制；利益；责任

一、引言

近年来，受全球气候变化和经济全球化影响，南北极地区的经济价值和战略地位迅速提升，已成为全球治理的新议题和大国博弈的新疆域。在此背景下，除国家、国际组织、科学家团体等传统参与主体外，企业作为全球治理的重要主体，也开始在认识极地、利用极地和保护极地的过程中发挥作用。随着中国参与极地治理不断深入，日益发展壮大并迈向国际市场的中国企业正成为中国在南北极彰显有效存在、维护和实现极地利益的“排头兵”。但从现有研究成果看，其多是探讨中国企业参与北极事务并聚焦加拿大、格陵兰等特定地区或航运、渔业等具体领域[①]，尚缺乏整体性、框架性的分析。中国是极地治理的“后来者”和“外来者”[②]，且市场经济起步较晚，这使中国企业参与极地治理面临一些问题。鉴于此，本文将在梳理中国企业参与极地治理现状的基础上，从利益和责任两个维度分析其行为机制，进而就优化参与路径提出若干建议。

二、中国企业参与极地治理的现状

随着极地步入“开发时代”以及中国经济快速发展，中国企业开始积极参与极地治理。目前，除参与极地能源和矿产、航道、渔业、旅游等资源的开发利用外，还涉足极地考察后勤保障、极地科研与装备制造等事务。

（一）北极能源和矿产资源开发利用

南北极地区的能源和矿产资源十分丰富。南极蕴藏着500亿～1000亿桶石油、3万亿～5万亿立方米天然气、可供全世界利用200年的“世界铁山”以及超过现存所有化石燃料总和的可燃冰等；北极蕴藏着900亿桶石油，47万亿立方米天然气，440亿桶液态天然气，1万多亿吨煤炭，以及可观的铁、锰、金、镍、钻石、磷灰石等。但就开发利用而言，为避免政治纠纷和环境破坏，1991年10月，南极条约协商国特别会议通过了《关于环境保护的南极条约议定书》，规定50年内禁止在南极进行一切商业性矿产资源开发；俄罗斯、加拿大、丹麦等北极国家则高度重视北极资源对本国经济发展的意义，欢迎国外企业投资参与。因此，中国的能源和矿产企业目前只能在北极地区活动。例如，2007年，中国石油天然气股份有限公司（简称“中石油”）在加拿大艾伯塔省北部获得11块油砂矿开发权，总面积258.6平方千米；2009年，江西联合矿业有限公司在格陵兰岛詹姆斯盆地进行铜多金属矿勘探，这

---

① 相关研究参见王燕平、李励年、林龙山等：《中国远洋渔业企业参与北极渔业的可行性分析》，《渔业信息与战略》2015年第1期；李振福：《企业如何参与北极航线开发》，《中国船检》2016年第5期；孙凯、张佳佳：《北极“开发时代”的企业参与及对中国的启示》，《中国海洋大学学报》（社会科学版），2017年第2期；等等。

② 中国的极地事业起步于20世纪80年代前后，而欧美国家对北极、南极的探索和发现则分别始于16世纪和18世纪，因此中国是极地治理的“后来者”。同时，虽然南极地区的主权问题目前处于冻结状态，在很大程度上属于“全球公域”，但北极大部分地区属于俄罗斯、美国、加拿大、丹麦、挪威、冰岛、瑞典、芬兰8个国家的领土、领海、专属经济区、大陆架等，因而就北极事务来说中国属于“外来者”。

是中国企业在北极圈内的首个项目；2013年，中石油获得亚马尔液化天然气（LNG）项目20%的股份，现已投产并成为北极能源合作的典范；2015年，俊安集团从伦敦矿业公司手中接管格陵兰伊苏亚铁矿石项目，这既是中国民营企业在格陵兰的首个资源项目，也是中国首个全资拥有的北极资源项目。

（二）北极航道资源开发利用

受气候变暖影响，北冰洋冰层变薄、冰融期变长，使经过俄罗斯北部的东北航道和经过加拿大北方水域的西北航道的通航条件大为改善。与传统航道相比，这两条航道优势显著：从鹿特丹出发，经东北航道前往横滨比走苏伊士运河—马六甲海峡节省近5000海里和40%的成本，经西北航道前往西雅图比走巴拿马运河节省约2000海里和25%的成本。①中国作为海运大国，高度重视北极航道特别是东北航道的开发利用。2013年，中远航运②旗下的“永盛”轮首次经东北航道到达欧洲；2015年，“永盛”轮再走东北航道并实现往返；2016年，中远航运采取“永盛+”模式派出6艘船舶；2017年，中远海运特运5艘船舶往返北极，初步实现项目化、常态化运营的目标。随着极地航行经验的增长，中远海运特运也将目光投向南极。2016年9月，中远航运为中企承揽的巴西费拉兹南极科考站建设项目提供物流服务，成为全球唯一运营南北极航线的航运公司。此外，中远海运港口、招商局港口等还积极参与东北航道沿线港口建设，目前列入规划或正在磋商的项目包括俄罗斯阿尔汉格尔斯克深水港、立陶宛克莱佩达集装箱港口、挪威希尔克内斯港等。

（三）南极磷虾等渔业资源养护利用

南北极地区渔业资源丰富，吸引了包括中国在内的渔业大国的关注。不过，中国的北极渔业活动不多，这主要是因为北极渔场基本位于北极国家境内。另外，中国、美国、俄罗斯、加拿大、丹麦、挪威、冰岛、日本、韩国和欧盟的政府代表在2017年底就《防止中北冰洋不管制公海渔业协定》文

① 丁煌、王晨光：《正确义利观视角下的北极治理和中国参与》，《南京社会科学》2017年第5期。

② 中远航运，全称为中远航运股份有限公司，是隶属于原中远海运集团的特种船运公司。2015年12月11日，中远海运集团与中国远洋运输集团合并，成立中国远洋海运集团。2016年12月7日，中远航运正式更名为中远海运特种运输股份有限公司，简称“中远海运特运”。

本达成一致，规定未来16年禁止在北冰洋中部公海进行商业捕捞。[①]中国的南极渔业活动主要是磷虾捕捞。南极磷虾是地球上数量最大的单种生物之一，总量有6.5亿～10亿吨，年可捕量为400万～600万吨。中国于2006年加入《南极海洋生物资源养护公约》，次年成为南极海洋生物资源养护委员会（CCAMLR）成员，具备了捕捞南极磷虾的资格。2009年，农业部将南极磷虾列为国家经济战略资源并发布探捕令，年底辽渔集团和上海水产集团开展了首次联合探捕。[②]2010年，两家集团的远洋渔轮共捕获南极磷虾1846吨，实现了从科学研究向商业探捕的突破。2011年，中国捕捞南极磷虾逾1.6万吨，跻身世界第二梯队。随着捕捞量的增加，辽宁、上海、山东等地的渔业或生物公司开始探究南极磷虾深层次加工和提取技术，进一步发掘其经济和社会效益。

（四）极地旅游资源开发利用

南北极环境特殊，风景独特，是人们感知天地之灵、认识自然之美的圣地。南北极旅游是和平利用极地的主要方式，二者均始于20世纪50年代，但运营方式有所差异。南极旅游主要在1991年成立的国际南极旅游业者协会（IAATO）框架下进行，会员包括数十个国家和地区的逾100家企业和组织。北极旅游主要是前往北极国家，俄罗斯、芬兰、冰岛等都将之视为新的经济增长点。[③]中国的极地旅游业起步较晚但发展迅速，有调查显示，南北极正成为不少中国民众特别是高收入群体最想去的旅游目的地之一。就南极旅游而言，中国游客已从2007—2008年的不足100人次增长到2016—2017年的5289人次，中国成为南极仅次于美国的第二大旅游客源地。[④]北极旅游也日渐火爆，芬兰、挪威、冰岛等每年接待中国游客的数量都增长50%～100%。在此背景下，很多旅行社创设了极地主题，价格从几万元到几十万元不等。一些旅游平台推出的南北极线路增加到1000多条，包括跟团游、自由行、目

---

① Greenpeace, Historic agreement reached to protect the Arctic, https://www.greenpeace.org/international/press/11864/historic-agreement-reached-to-protect-the-arctic/, 2017-12-01.

② 刘勤等：《南极磷虾商业化开发的战略性思考》，《极地研究》2015年第1期。

③ 李振福、彭琰：《北极旅游政治研究》，《南京政治学院学报》2016年第5期。

④ IAATO, Tourism Statistics, 2016—2017 Tourists by Nationality（Total）, https://iaato.org/documents/10157/1941394/2016—2017+Tourists+by+Nationality+%28Total%29/02b7219b-1f74-4cd3-97e0-6748cc2a0517?t=1516133438522.

的地参团、定制旅游等多种形态。[1]

（五）极地考察后勤保障建设

极地考察是人类认识极地、保护极地以及开发利用极地的前提，具有巨大的国家显示度和政治影响力。中国的极地考察始于20世纪80年代，截至2019年底，在国家海洋局的组织安排下，已开展了35次南极考察和9次北极考察，形成“五站一船一飞机”[2]的考察平台。极地考察需要相应的后勤保障，而在市场经济体制下，后勤保障工作中也活跃着企业的身影。比如，2002年以来中国铁建股份有限公司承担了中山站、长城站的拆旧建新工作，宝钢集团承包了泰山站的设计、采购、施工等工作，东航食品公司长期为中国南极科考队提供餐食保障，长城润滑油从2004年至今为“雪龙”号提供润滑产品和服务。据极地考察办公室网站显示，支持中国极地考察事业的企业还有青岛康普顿、广东纽恩泰、成都诸葛家具、福田汽车、衡水老白干、奥克斯空调、光明乳业等。中国企业在南北极的成功实践，对其他国家产生了吸引力。2015年5月，中国电子进出口总公司（简称“中电子”）中标巴西费拉兹南极科考站重建工程，项目金额近1亿美元，这是中国企业首次承担国外南极科考站建设项目。

（六）极地科学研究和装备制造

为保障各类极地活动顺利开展，企业不仅要关注极地地质、冰川、洋流、大气、生物、空间物理等领域的最新科学进展，还承担着极地船舶建造、测绘勘探、工程装备、绿色能源、应用环境建筑、油气运输和存储等技术领域的研发任务。因此，中石油、中国石油化工集团有限公司（简称“中石化”）、中国海洋石油集团有限公司（简称“中海油”）、中远集团、五矿集团等根据自身目标及客户需求，一方面，加强与中国科学院、中国工程院、中国极地研究中心以及武汉大学、上海交通大学、中国海洋大学等涉极地科研院所的交流合作，通过委托立项、共建实验室等方式支持相关基础科学发展并促进成果转化；另一方面，也在一线生产和经营过程中搜集信息，积累经验，推动技术装备的研发创新。如2016年夏，中海油先进的物探船

---

① 孟妮：《极地旅游成中国高收入人群新宠》，《国际商报》2017年12月18日，第A06版。

② “五站”是指南极中山站、长城站、昆仑站、泰山站以及北极黄河站，“一船”指“雪龙”号极地考察船，“一飞机”指“雪鹰”号极地专用直升机。

“海洋石油720”历时100天，圆满完成对北极巴伦支海两个区块的作业，填补了中国对北极海域实施三维地震勘探的空白。2017年底，中石油宝石机械公司生产的两台4000米低温钻机运往俄罗斯亚马尔地区，其采用耐低温材料、配备加热设备并创新移运方式，攻克了在零下45度严寒环境下正常作业的难题。

三、中国企业参与极地治理的利益和责任

综上可见，在中国企业发展壮大以及政府支持企业“走出去”的背景下，企业已成为中国参与极地治理的重要力量。但需注意的是，南北极的法律性质、自然环境、治理制度等具有特殊性，中企在参与过程中不仅要考虑利益因素，还需承担社会责任，关注行为结果的规范性和正确性。[①]

（一）利益考量

（1）企业利益。从本质上讲，企业是以追求利润为宗旨的经济组织，在南北极地区投资布局的最大动力无疑是经济利益。其实，极地作为“资源宝库”早已不是什么新闻和秘密，只是从成本—收益角度考虑，这些资源在之前不具备商业开发利用的条件。在21世纪，随着全球气候变暖、极地冰雪消融以及科技水平的发展进步，极地资源开发利用的条件改善、成本降低，因而才真正对企业产生了吸引力。中国企业也是如此。例如，中石油在加拿大投资油砂矿，是因具备良好的稠油炼制技术和一体化实践经验，日产可达22万桶，只要油价在30美元/桶以上就有利可图。再如，中石油作为亚马尔LNG项目大股东之一，推荐中国的海工、造船、航运等企业承揽了全部工厂模块建造的85%、7艘运输船的建造、14艘LNG运输船的运营等，工程建设合同额78亿美元，船运合同额85亿美元，获得了可观的经济收益。另外，旅游公司关注极地，也主要是由于国内客源群体激增，市场潜力巨大。同时，极地旅游属于高端项目，如南极旅游平均消费在10万～20万元，直飞南极点、南极豪华邮轮产品的价格更是在30万元以上。

（2）国家利益。当前参与极地事务的中国企业大多为国有企业特别是国务院国资委监管的中央企业，因而其进军极地一定程度上属于国家行为，受

---

① Edwin M. Epstein, The Corporate Social Policy Process: Beyond Business Ethnic, Corporate Social Responsibility and Corporate Social Responsiveness, *California Management Review*, 1987, 29（3）: 99–114.

到国家利益的推动。具体来看，第一，保障国家能源利益。由于经济发展对能源需求巨大而国内油气储量有限，中国自1993年起便成为石油净进口国，目前石油对外依存度已突破60%，天然气对外依存度也逼近30%。[①]同时，一半以上进口石油都来自局势动荡的中东地区，这使中国政府一直致力于扩展油气来源，因而大力支持中石油、中石化等参与北极油气开发项目。第二，保障国家航运利益。作为世界贸易大国，中国90%的进出口货运量依赖海运，特别是依赖马六甲海峡—苏伊士运河航线。北极东北航道的开通不仅使海运贸易缩短了周期、降低了成本、免遭海盗袭扰，还可破解马六甲海峡的困境，实现航运选择多元化。第三，保障国家科技利益。南北极素有“天然实验室”之称，是很多科学试验的理想场所，也是一国彰显科技实力和综合国力的重要舞台。经过多年发展，中国已算得上极地科技大国，但还不是极地科技强国，需要企业在资金、技术、装备、人员等方面提供更多支持。

（二）社会责任

（1）法律责任。在现代经济制度下，企业必须承担相应的社会责任，考虑自身行为对社会的影响，满足社会期望。[②]在极地事务上，中国企业承担的社会责任首先是法律责任，即遵守相关法律法规。具体来看，一是国际条约和国际制度。南极存在以《南极条约》为核心，涉及领土主权、科研合作、资源开发和环境保护等领域的制度框架；北极虽然没有发展出类似的整体性制度，但存在由《联合国海洋法公约》《斯瓦尔巴德条约》、北极理事会等构成的“多维度北极治理集合”。[③]中国是上述法律制度的参与者、维护者和建设者，中国企业必须恪守相关规定。二是北极国家的法律法规。与全球公域性质的南极不同，北极除北冰洋中部属于公海外，其他都属于北极国家的领土、专属经济区、大陆架等。因此，中国企业在北极还要遵守当地的法律法规，这是国际法属地管辖原则使然。三是中国的法律法规。中国企业在南北极不仅应遵守国内公司法、劳动法等一般性法律法规，也需要专门的极

① 王晨光：《“一带一路”视角下的中国油气安全建设》，《江南社会学院学报》2017年第1期。

② Archie B. Carroll, A Three-Dimensional Conceptual Model of Corporate Social Performance, *Academy of Management Review*, 1979, 4（4）: 497–505.

③ Oran R. Young, If An Arctic Ocean Treaty Is Not the Solution, What Is the Alternative?, *Polar Record*, 2011, 47（4）: 327–334.

地立法予以规范。目前，中国的极地立法不多，与企业相关的有《国家旅游局关于加强赴南极等生态脆弱地区旅游活动管理的意见》（2017年）、国家海洋局公布的《南极活动环境保护管理规定》（2018年）等。

（2）伦理责任。除法律责任外，企业还需回应或追求公平、正义等道德原则，承担那些为社会期望或禁止但尚未形成法律条文的活动和做法，即伦理责任。①鉴于极地特殊的自然环境和中国当前的国际地位，中国企业需承担的伦理责任至少包括三方面。一是执行严格的环保要求。环境保护是企业在生产经营过程中必须关注的问题，直接与企业形象甚至国家形象挂钩，且在极地问题上尤甚。中国企业在南北极不仅要遵守相关环境法律法规，还应自觉执行更高的环保标准，把对极地生态环境的负面影响降到最低。二是关注北极原住民的生存与发展。北极地区生活着200多万名原住民，如因纽特人、萨米人，他们享有一定的自治权利并在北极治理中发挥着特殊作用。②中国企业在北极进行经济开发时，需充分尊重他们的各项权利和传统习俗，促进当地科教文卫事业发展并开展社会慈善活动。三是顾及他国利益和全人类福祉。极地是关乎人类生存、发展的新疆域之一，集中体现了人类的共同利益和共同关注。③作为中国参与极地治理的“排头兵”，中国企业应积极践行正确的义利观，顾及其他国家的合法利益，实现各方互利共赢。

（三）利益与责任之间的张力

中国企业参与极地治理，一方面受自身利益和国家利益的驱动，另一方面受法律责任和伦理责任的制约（图1），现实利益与社会责任之间存在很大的张力。事实上，虽然承担社会责任已成为必然要求，但在逐利本性的驱使下，一些企业仍可能铤而走险。也就是说，有时企业为了最大限度追求利益，不仅不会自觉承担伦理责任，还可能违反法律法规。之所以如此，除企业主观层面缺乏社会责任意识外，还与盈利空间有限以及相关法律制度建设滞后、执行乏力等客观因素有关。第一，相较于一般环境，企业在极地环境

---

① Archie B. Carroll, The Pyramid of Corporate Social Responsibility: Toward the Moral Management of Organizational Stakeholders, *Business Horizons*, 1991, 34（4）: 39–48.

② 彭秋虹、陆俊元：《原住民权利与中国北极地缘经济参与》，《世界地理研究》2013年第1期。

③ 杨剑、郑英琴：《“人类命运共同体”思想与新疆域的国际治理》，《国际问题研究》2017年第4期。

下进行经济作业往往需要特殊的资质和装备，付出更高的人力、物力、管理等成本；第二，无论是从内容上看还是从层级上看，中国的极地立法工作都尚不完备，无法对企业行为进行很好的指导和规范；第三，国内极地立法滞后使得企业在很多时候只能遵循国际法，而国际法又缺乏强制执行力，难以进行有效的监管和惩罚，这导致中国企业在参与极地事务时违法动机较高而成本较低。

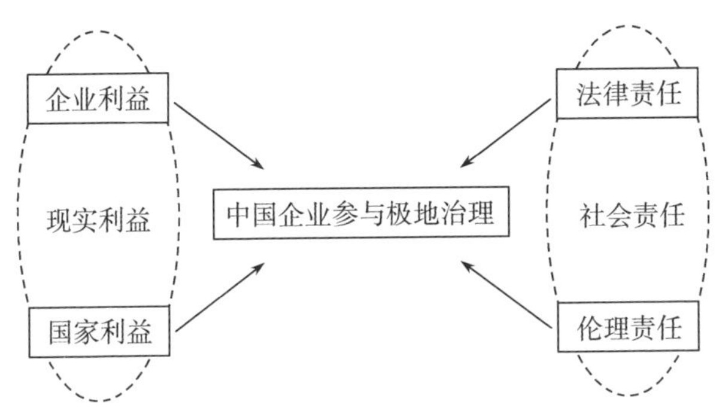

图1 中国企业参与极地治理的影响因素

同时，各利益主体之间的关系也有待进一步优化。一是企业利益与国家利益的关系。如前所述，中国参与极地事务的企业大多是受国家意志和利益支配的国有企业。但在经济全球化和市场经济体制下，个别企业有时也会像一般跨国公司一样，试图摆脱政府束缚而追求更高的利润。二是中国利益和他国利益的关系。近年来，中国政府虽已通过多种渠道和方式想向国际社会阐述极地政策立场，但在“中国威胁论”的聒噪下，一些国家特别是北极国家仍然怀疑中国的参与意图[①]，这将给中国企业特别是国有企业造成不利影响，因为有些西方国家对国有企业的独立性和透明度持怀疑态度。[②]三是中国利益和人类共同利益的关系。作为负责任大国，中国是极地治理的参与者、建设者和贡献者。但不可否认，中国的极地利益和人类共同利益也并非总是协调一致的。在此情形下，中国政府和企业都面临着如何在极地事务上践行正确义利观、推动各方互利共赢的考验。

① 孙凯、王晨光：《国外对中国参与北极事务的不同解读及其应对》，《国际关系研究》2014年第1期。

② 王泳桓：《中国企业投资北极地区，为何引发西方疑虑》，https：//www.thepaper.cn/newsDetail_forward_1360603。

四、中国企业参与极地治理的路径选择

基于中国企业参与极地治理的现状，如何在利益与责任之间寻求平衡是必须妥善处理的问题。不过，利益和责任并非简单的矛盾对立，而是相辅相成、相互促进的关系，因而应双管齐下，多方联动，在最大限度维护企业合法利益及促使企业承担社会责任的前提下寻求进路。

（一）维护企业合法利益

（1）中国政府应积极开展极地外交，为企业参与极地治理营造良好的国际环境。具体来看，一是要进一步加入并利用相关国际组织和条约，增强中国在极地事务中的话语权。当前，南北极地区都存在一系列国际制度，在规范企业行为的同时也为企业参与提供了法律依据。例如，正是得益于中国在1925年加入《斯瓦尔巴德条约》，中国公民和法人才享有自由进出斯瓦尔巴德群岛并从事科学考察、商业生产等的权利；中国政府在加入《南极海洋生物资源养护公约》并成为南极海洋生物资源养护委员会成员后，中国的渔业公司才有资格捕捞南极磷虾等。二是要巩固和加强与北极国家的友好关系，为北极经济合作牵线搭桥。事实证明，除遵守和参与相关国际制度外，企业参与北极事务还需以国家间关系作为基础。如中国与冰岛自2012年签署关于北极合作的政府间协议并于次年签订自贸区协定后，中海油、华为、吉利等企业开始在冰岛投资布局；亚马尔LNG项目顺利实施很大程度上是以中俄全面战略协作伙伴关系为依托，东北航道的开发利用离不开中俄共建“冰上丝绸之路”的推进等。

（2）中国政府应大力支持极地科研科考，为企业参与极地治理提供更多智力支持。极地科研科考水平的高低不仅决定着一国在极地事务上的发言权和影响力，也决定着企业是否有资格、有实力进军极地以及在极地商业竞争中处于什么位置。因此，在现有极地科研科考支持机制下，如自1995年起国家自然科学基金委员会将极地问题从海洋学科中单列出来，2012年国家发改委、财政部启动了最大规模的“南北极环境综合考察与评估专项”[①]，政府应进一步增加资金数额、扩展资助领域、细化项目设置。同时，鼓励极地研究院所优化人才引进机制和培养模式，力争在各学科领域形成领军人物—中

① 赵进平：《我国北极科技战略的孕育和思考》，《中国海洋大学学报》（社会科学版）2014年第3期。

年骨干—青年博士的梯级人才队伍，扩大专业研究团队的规模。在夯实科研科考实力、提升认识水平的基础上，还需促进产、学、研协同创新，实现极地科研成果与企业实践需求的良性对接。对此，中国政府应通过支持校企联合实验室和企业实验室建设、推行科研成果商业转化专项补贴、为科研人才自由流动“松绑”等措施，降低企业在极地作业时的各项成本，增加其经济收益。

（3）中国企业应根据国家需要和自身情况，制定科学的极地战略。鉴于南北极的自然环境和法律性质，企业在投资布局时不能盲目，而应有周全细致的考量。一是积极响应国家政策，将国家利益和自身利益结合起来。如2018年1月国务院新闻办首次公布的《中国的北极政策》白皮书指出，中国鼓励企业参与北极航道基础设施建设，依法开展商业试航，稳步推进北极航道的商业化利用和常态化运行。在此情形下，航运、交建、造船等领域企业应顺势推进。二是密切关注国际形势，把握参与时机和方向。如2008年格陵兰通过自治公投，开始实施旨在完全脱离丹麦的“渐进式独立”战略，将欢迎国外企业进行矿业开发作为谋求经济独立和提升国际影响力的重要途径[①]，这为中国的能源和矿产企业提供了机遇。三是客观评估自身实力，采取适当的参与策略。中国企业在资金、市场等方面具有优势，但在技术、经验等方面存在不足，故应通过加强合作取长补短。其中，既包括与国外企业合作，降低投资风险并避免西方国家对中国的猜忌；也包括与其他国内企业携手，分享极地经济开发红利并形成“抱团效应”。

（二）促使企业承担责任

（1）中国政府应完善相关政策法规，为企业参与极地治理提供指导和规范。中国政府于2017年5月出台《中国的南极事业》白皮书、2018年1月发布《中国的北极政策》白皮书，阐述中国在南北极事务上的目标、理念、原则等，为企业参与提供了必要指导。与此同时，近年来国家针对极地事务也制订了一系列行政规章[②]，2017年底十二届全国人大常委会环境与资源保护委员

---

① Mark Nuttall, Self-Rule in Greenland：Towards the world’s first independent Inuit state. *Indigenous Affairs*, 2008,8（3/4）: 65–70.

② 如《南极考察活动行政许可管理规定》（2014年）、《南极考察活动环境影响评估管理规定》（2017年）、《北极考察活动行政许可管理规定》（2017年）、《南极活动环境保护管理规定》（2018年）、《中国极地考察数据管理办法》（2018年）。

会更是建议将南极立法列入第十三届全国人大常委会立法规划。但需要注意的是，这些政策法规主要集中于极地考察领域，涉及极地经济活动的并不多，且主要针对南极地区，专门的北极立法屈指可数。因此，中国政府在提升极地立法层级的同时，应加强对日益活跃的极地经济活动以及法律性质更为复杂的北极地区的关注。另外，企业参与极地经济开发项目属于海外投资的范畴，可中国还没有出台专门的海外投资法，仅有一些部门条例。这既不利于规范企业在南北极的投资行为，也不利于保护企业和国家在南北极的利益。

（2）中国的非政府组织应关注极地问题，监督企业行为并提出批评建议。在极地治理领域，一些国际环境非政府组织，如世界自然基金会（WWF）、绿色和平组织（Greenpeace），基于专业知识和共同理念汇集力量并组织行动，在舆论宣导、社会监督乃至条约制定等方面发挥着重要作用。[①]相较而言，中国的环境非政府组织——无论是官办性质的中华环保联合会、中华环保基金会、中国环境文化促进会等，还是民间性质的自然之友、北京地球村、绿家园志愿者等，都未关注极地事务，更遑论监督企业在极地治理中的行为。除环境非政府组织外，中国的行业协会商会，如中国石油和石化工程研究会、中国机械工业联合会、中国旅游协会等也还很少关注极地问题。行业协会商会是介于政府与企业之间的自治性组织，主要功能在于纵向沟通、横向协调以及通过行业规则实现行业自律。在中国加快政府职能转型、创新社会治理格局背景下，非政府组织应增强独立性、积极性和国际性，配合国家极地法律政策的实施和推进，为企业参与极地治理提供帮助并进行监督。

（3）中国企业应树立正确的利益—责任意识，在极地治理实践中自觉承担社会责任。在现代经济制度下，企业的社会责任与经济利益可谓一枚硬币

---

① Margaret L Clark, The Antarctic Environmental Protocol: NGOs in the Protection of Antarctica, in Thomas Princen and Matthias Finger, eds., *Environmental NGOs in World Politics*, London: Routledge, 1994: 160–185; Spectar JM, Saving the Ice Princess: NGOs, Antarctica and International Law in the New Millennium, *Suffolk Transnational Law Review*, 1990, 23（1）: 57–100; Rob Huebert, Canada, the Arctic Council, Greenpeace, and Arctic Oil Drilling: Complicating an Already Complicated Picture, http://www.cgai.ca/canada_the_arctic_council_greenpeace, 2014-01-11; 郭培清：《非政府组织与南极条约关系分析》，《太平洋学报》2007年第4期；郭培清、闫鑫淇：《环境非政府组织参与北极环境治理探究》，《国际观察》2016年第3期。

的两面。如果一个企业只讲经济效益不讲社会责任，只讲商品发展不讲人的发展，只讲眼前利益不讲长远利益，只讲生产成本不讲环境资源代价，法律惩罚和社会压力会使其走向衰败。[①]因此，中国企业在参与极地治理时，应清醒认识到社会责任与现实利益的辩证关系，将承担责任置于与追求利益同等重要的位置。具体来看，首先，在遵守相关国内外法律法规的基础上，执行更加严格的管理制度和技术标准，形成崇尚伦理道德的企业文化。其次，主动昭示应该担负的社会责任，随时接受社会评估和监督，与科研团体、非政府组织、新闻媒体等保持沟通与合作。再次，积极向社会提供信息数据，支持政府机构及相关国际组织的工作，不追求只符合自身特殊利益的法律政策。最后，通过经验积累、技术改造、制度创新等措施，使生产经营活动更加符合极地治理要求，并对他国企业形成示范作用。

五、结语

在极地迎来“开发时代”以及中国经济快速发展的背景下，中国企业已成为极地治理领域最具活力的参与主体之一。在这一过程中，中国企业既受到了自身利益和国家利益的驱动，也受到了法律责任和伦理责任的制约。这些因素共同影响并塑造了企业在极地治理中的行为机制。随着中国参与极地治理的程度不断深入，中国企业在维护和实现国家极地利益、促进构建极地人类命运共同体等方面的作用将更加凸显。这不仅要求企业正确认识和处理利益与责任的辩证关系，更需要政府、科研团体、非政府组织等其他力量的支持和推动。从更深层次看，中国企业参与极地治理既是对当前全球治理模式从国家中心治理转向多中心治理的积极回应，也是在推进国家治理现代化进程中实现多主体协同治理的必然要求。因此，探讨企业及其他非国家行为体参与极地治理是一个颇具理论和现实意义的问题，需予以进一步关注。

（原文刊于《企业经济》2020年第4期）

① 杨剑等:《北极治理新论》，时事出版社，2014年，第277页。

后　记

2018年10月和2019年6月，中国灾害防御协会灾害史专业委员会第十五届年会暨“海洋灾害与海洋强国建设”学术研讨会、中国高校社会科学前沿论坛——“新时代海洋强国理论与实践”研讨会先后在青岛由中国海洋大学承办。两次会议得到学术界的大力支持，提交参会论文130多篇。会议结束至今已经有三四年，我们遴选了与海洋关系较为密切的论文编为此书，以此纪念两次会议成功举办。因篇幅和主题所限，还有一些优秀论文无法收入，至为遗憾。

本书在出版过程中，得到了各方面的鼎力支持，使得这项工作能够顺利完成。首先要感谢收录论文作者的大力支持，保障了本书的学术质量；其次，感谢中国海洋大学文科处金天宇处长、席静副处长及相关老师从会议的举办到本书出版，自始至终给予的支持；最后，感谢中国海洋大学出版社的编辑，他们以高水平的专业素质保证了本书的品质。

蔡勤禹　李　尹

2022年6月于青岛